"十四五"高等职业教育新形态一体化系列教材

Authorized Regional Training Provider
授权区域培训机构

iOS 开发基础入门与实战

郭敏强　蔡　铁　张运生　主编

U0316994

中国铁道出版社有限公司
CHINA RAILWAY PUBLISHING HOUSE CO., LTD.

内 容 简 介

本教材由院校 iOS 教学一线的苹果 ACT（Apple Certified Trainer）认证讲师与苹果授权区域培训机构（Apple Authorized Regional Training Provider，简称 RTP）以"校企合作"方式精心设计编著，以好玩有趣的 FlappyBird 游戏案例为整本教材主线，全面介绍最新 Swift 语言知识点与 iOS SDK 开发的关键技术。针对没有任何 iOS 开发基础的初学者，从零基础开始，直到独立开发 App 项目，成为 iOS 项目的开发者。

本教材包含 6 个任务，第 1～3 个任务主要覆盖 Swift 语言的基础知识，第 4～6 个任务主要围绕 iOS SDK 框架技术，每个任务都以 FlappyBird 游戏案例为目的背景，全程贯穿。教材以步骤化、模块化和任务化编写方式，通过详细的操作步骤分解、运行截图以及代码对照解析，将 Swift 开发语言和 iOS SDK 应用开发两大类基础知识点逐步展开，由浅入深，串联成一体，并充分考虑到初学者，细微处也讲解清楚，不留死角，使学生最终掌握 Swift 语言规范和 iOS SDK 开发能力。

本教材可作为高职高专院校、应用型本科院校以及普通本科院校的软件技术专业及其他计算机类相关专业的基础教材，也可以作为 1+X 职业技能等级证书认证、Swift Level 认证、iOS 初学者、开发爱好者、培训机构学员等读者的参考用书。

图书在版编目（CIP）数据

iOS 开发基础入门与实战 / 郭敏强，蔡铁，张运生主编 .—北京：
中国铁道出版社有限公司，2021.11
"十四五"高等职业教育新形态一体化系列教材
ISBN 978-7-113-28250-9

Ⅰ.①i… Ⅱ.①郭… ②蔡… ③张… Ⅲ.①移动终端-
应用程序-程序设计-高等职业教育-教材 Ⅳ.① TN929.53

中国版本图书馆 CIP 数据核字（2021）第 162511 号

书　　名：iOS 开发基础入门与实战
作　　者：郭敏强　蔡　铁　张运生

策　　划：王春霞　　　　　　　　　　　编辑部电话：（010）51873202
责任编辑：王春霞　贾淑媛
封面设计：尚明龙
责任校对：焦桂荣
责任印制：樊启鹏

出版发行：中国铁道出版社有限公司（100054，北京市西城区右安门西街8号）
网　　址：http://www.tdpress.com/51eds/
印　　刷：三河市兴博印务有限公司
版　　次：2021年11月第1版　2021年11月第1次印刷
开　　本：850 mm×1168 mm　1/16　印张：18　字数：383千
书　　号：ISBN 978-7-113-28250-9
定　　价：56.00元

前 言

编写目的

从 2013 年开始，笔者就针对大一和大二学生讲授苹果的上一代编程语言 Objective-C，直到今天仍然讲授苹果的新一代语言 Swift 开发技术，深知低年级学生们在学习计算机语言语法时的困难和抗拒，尤其是一门现代的、新的计算机语言。同时，笔者也了解到苹果开发课程在国外已经在小学阶段中逐步普及开设，笔者参考了数十种苹果开发入门课程后，发现还没有一本教材真正可以让学生很亲近主动地喜欢上这门开发技术。

于是，笔者设想以学生玩过或者可能喜欢玩的游戏案例为入口，将知识点全面融入游戏案例开发之中，边玩边理解，边理解边掌握。同时，内容步骤、操作截图和代码讲解全面覆盖。案例设计不能太难，环节不能太多，否则作为入门基础课程就不合格，学生的学习兴趣就很容易被浇灭。

编程本来就像独自坐在黑暗的山洞中，点着火把寻找古人留在洞壁的神秘文字，祈求获得顿悟，练成救世无敌神功。阅读代码更是需要非常好的专注力，超出常人的毅力以及必要的记忆能力，否则，踏入编程界将会是非常艰难的。为尽可能破解这些问题魔咒，本教材采用 Swift 语言和 SDK 模拟器（也可以是真机）可视化调试、交叉讲解、相互穿插、共生共荣的方法，尽可能降低阅读代码和编写代码的难度，让编程尽可能多地展示可爱的一面，而不是无趣的一面，这可算是本教材的特色之一。

教材结构

本教材围绕制作 FlappyBird 游戏案例，通过详细的操作步骤分解、运行截图以及代码对照解析，将 Swift 开发语言和 iOS SDK 应用开发两大类基础知识点全部覆盖串联，最终让读者掌握 Swift 语言和 iOS SDK 开发技能。

教材每一个任务通过承上启下的游戏情景引出操作任务目标，明确每一个任务要完成的最后效果。每个目标实现又分为知识点统筹分析和具体实现步骤。最后对每一个任务所涉及的知识点，对照实现的代码进行详细讲解，深入知识点，边做边学，形成系统化的知识体系，提升学生举一反三的能力。最后，每个任务结合相关教学重点和难点，给出课后思考题，以检验学习的内容，并消化总结和回忆巩固。

教材特点

1. 内容全面，案例实用

本教材以 iOS 开发程序员就业岗位群为导向，覆盖了全部 Swift 基础知识点和主要 iOS SDK 框架技术，循序渐进，直到具备 App 项目开发的基本技能。

2. 由浅入深，边玩边学

本教材内容按照案例开发过程的步骤，采用 "Step By Step" 的方式，细致入微地呈现完成过程，手把手教学，一目了然，轻松学习。

3. 代码对照，重点精讲

本教材每个步骤都给出全部代码，代码配色也尽可能与 Xcode 默认配色一致，代码之后尽可能给出每一行代码的对照解释，对于重点难点内容再配以多个案例给予讲解讨论，力求不放过任何一个难点，不孤立掌握知识点。

教材使用

1. 课时安排

本教材建议授课 64 学时，教学单元与课时安排如下：

任　务	任 务 名 称	课 时 安 排
1	创建运动原型	12
2	展示运动界面	12
3	控制运动界面	12
4	实现飞行背景	12
5	添加界面动画	8
6	播放动作声音	8
课 时 合 计		64

2. 课程资源

本教材开发了丰富的数字化教学资源，包括课程标准、授课课件 PPT、授课视频、案例源码、案例图片、音频素材、习题库、试卷以及实训案例等。

本教材由郭敏强、蔡铁、张运生主编，苹果官方授权区域培训机构（ARTP）——麦肯思维教育科技有限公司参与编写。由于编者水平有限，书中不足之处在所难免，恳请读者批评指正，联系邮箱：76094121@qq.com（郭老师）。

编　者

2021 年 6 月

目 录

网络出版资源明细表

（续表）

任务 1

创建运动原型

只要你对编程有兴趣，就可以从这一任务开始入门，从零开始轻松学习 Swift 编程规范和 iOS 开发方法，直到创建应用 App，并最终形成现代的编程思想和应用 App 开发设计思路。

Swift 程序开发语言，是由苹果公司于 2014 年 WWDC 开发者大会发布的最新编程语言，适用于搭建苹果 Mac、iPad、iPhone、Watch 等所有平台的应用程序。在 Swift 语言之前的上一代程序开发语言称为 Objective-C，简称为 OC 或 Obj-C，是一种在 C 语言的基础上加入面向对象特性扩充而成的编程语言，可以把 Objective-C 语言看成是 ANSI 版本 C 语言的一个超集，它支持相同的 C 语言基本语法，同时还扩展了标准的 ANSI C 语言的语法。Swift 语言在各个方面优于 OC 语言，具有更加快速、便利、高效、安全及开源的特性。开发语言类似于我们的普通话和方言，普通话是我们大多数人交流的工具，方言是局部地区交流的工具，而程序开发语言是机器交流的工具。iOS 是苹果公司开发的移动操作系统，仅用于 iPhone 手机。与苹果的计算机操作系统 macOS、iPad 操作系统 iPadOS、手表操作系统 watchOS 等一样，都属于类 UNIX 的商业操作系统。

1.1 任务描述

FlappyBird 是一款像素风格的游戏，只需要手指点击屏幕就可以操作。游戏主要控制屏幕上的一只小鸟顺利通过上下两根不同长度的水管空隙，穿过的水管越多，小鸟飞行持续时间越长，水平越高，其游戏界面如图 1-1 所示。在没有点击屏幕时，小鸟呈现自由落体运动，在点击屏幕时，给予小鸟瞬间能量，使其获得一个向上的初速度，小鸟

扫一扫

任务描述

1

呈现竖直上抛运动，小鸟在运动过程中触碰到水管任意部位都会导致游戏结束。

图 1-1　FlappyBird 游戏界面

本任务要求用 Swift 程序语言完成自由落体运动和竖直上抛运动的轨迹示意图原型，如图 1-2 所示，从而对 FlappyBird 核心运动控制部分有基础性的认识。

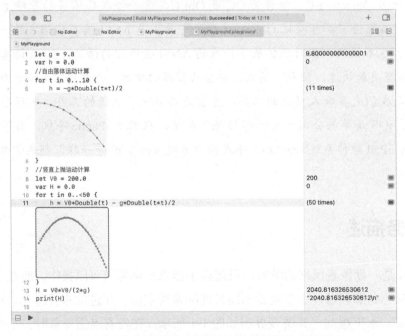

图 1-2　自由落体运动和竖直上抛运动轨迹示意图

1.2　任务实现

1.2.1　模型分析

数据运算是程序最重要的内容之一，首先需要复习下自由落体运动和竖直上抛运动的物理知识。

扫一扫

模型分析

自由落体运动源于地心引力，物体在只受重力作用下从相对静止开始下落的运动称为自由落体运动。自由落体运动的初速度为 0（V_0=0 m/s）。譬如用手握住某种物体，不施加任何外力的理想条件下轻轻松开手后发生的物理现象。

在忽略空气阻力情况下，自由落体运动下落高度 h 的计算公式为：

$$h = \frac{1}{2}gt^2 \tag{1-1}$$

其中，g 是重力加速度，在地球上 $g \approx 9.8$ m/s^2，重力加速度在赤道附近较小，在高山处比平地小，在本任务我们取值为 9.8，并保持恒定。t 是物体下落的时间，从物体下落开始计时，直到运动结束。

竖直上抛运动指物体以某一初速度竖直向上抛出（不考虑空气阻力），只在重力作用下所做的运动。竖直上抛运动是物体具有竖直向上的初速度，加速度始终为重力加速度 g 的匀变速运动，可分为上抛时的匀减速运动和下落时的自由落体运动两个过程。因此，竖直上抛运动是初速度为 V_0（V_0 不等于 0）的匀变速直线运动与自由落体运动的合运动，运动过程中上升和下落两过程所用的时间相等，只受重力作用且受力方向与初速度方向相反。竖直上抛运动的上升阶段和下降各阶段具有严格的对称性，即速度对称和时间对称，速度对称指物体在上升过程和下降过程中经过同一位置时速度大小相等，方向相反。时间对称指物体在上升过程和下降过程中经过同一段高度所用的时间相等。竖直上抛运动高度 h 的计算公式为：

$$h = V_0 t - \frac{1}{2}gt^2 \tag{1-2}$$

竖直上抛物体达到最大高度所需时间计算公式为：

$$T = \frac{V_0}{g} \tag{1-3}$$

竖直上抛物体达到的最大高度计算公式为：

$$H = \frac{V_0^2}{2g} \tag{1-4}$$

上述公式是物理模型的表述方式，为了让苹果机器设备（计算机、手机等）可以理解上述自由落体运动和竖直上抛运动高度 h 随时间 t 的变化，需要将上述计算公式用 Swift 程序语言进行表述。在正式使用 Swift 语言开始编程之前，需要做一点准备工作，即准备好集成开发环境（Integrated Development Environment, IDE）。集成开发环境是用于提供程序开发环境的应用程序，一般包括代码编辑器、编译器、调试器和图形用户界面等工具，集成了代码编写功能、分析功能、编译功能、调试功能等一体化的开发软件服务套件。IDE 集成开发环境类似于工厂生产产品所需要的生产设备。没有该环境，对于普通程序员而言，要生成适用于一定设备的软件应用会非常困难，或需要做更多底层的编码。对苹果开发者而言，集成开发环境就是 Xcode。

1.2.2 Xcode 安装和 Playground 编程

步骤 1：安装 Xcode

扫一扫

xcode安装

在苹果的 Mac 机器上，包括 iMac、Mac mini、MacBook 等设备上，以及用 VMware 或 VirtualBox 软件安装的 macOS 虚拟机上都可以安装苹果的开发环境 Xcode。Xcode 好像只是另一种文本编辑器。但你很快就会发现，Xcode 在编译和调试代码、构建用户界面、阅读文档以及向 App Store 提交 App 等时，是不可或缺的工具。安装 Xcode 主要可以通过 2 种途径。

（1）可以通过苹果的 App Store 直接获取下装安装。单击 macOS 系统下方"程序坞"内的 App Store 图标，或单击"程序坞"的"启动台"，然后找到 App Store 图标，输入 Xcode，在右边搜索结果内直接单击"获取"即可下载安装，如图 1-3 所示。这种安装方式都是安装 Xcode 的最新版本。正式下载之前需要注册并输入 Apple ID，注册为免费。

图 1-3　App Store 获取安装 Xcode

（2）先下载所需要的 Xcode 安装包文件，然后双击安装。最新版本的 Xcode 下载网址为 https://developer.apple.com/xcode，输入 Apple ID 即可进入下载页面。Xcode 的历史版本下载网址为 https://developer.apple.com/download/more/，可以通过左上角的搜索框或列表内找到所需要的 Xcode。Xcode 安装包的扩展名为 xip，文件大小 10 GB 左右。图 1-4 所示为苹果官网下载 Xcode 安装包。双击 xip 文件，即可进行验证、解压缩安装，双击 Xcode 图标即可使用，如图 1-5 ～图 1-7 所示。不推荐通过非苹果官网下载 Xcode，以避免恶意代码植入。

图 1-4　苹果官网下载 Xcode 安装包

图 1-5　Xcode 安装包验证

图 1-6　Xcode 安装包解压缩

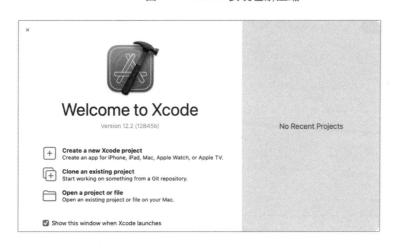

图 1-7　Xcode 运行首页

扫一扫

创建 playground
文件

步骤 2：创建 Playground 文件

在 Xcode 运行首页的屏幕顶部菜单栏内，单击 File 菜单，选择 New → Playground，新建 Xcode 的 Playground 模板文件，选择 iOS 的 Blank 类型，输入文件名称和保存位置，单击 Create 按钮即可完成创建并进入代码操作界面，如图 1-8 ～图 1-12 所示。创建的文件扩展名为 playground。下次只需要双击该文件名即可打开文件，对文件代码进行修改、验证等操作。

图 1-8 Xcode 菜单选项

图 1-9 Xcode 的 New → Playground 操作

图 1-10 选择 iOS 的 Blank 类型

图 1-11　输入文件名称和保存位置

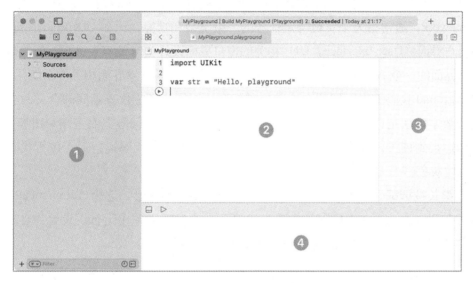

图 1-12　Playground 操作界面

Playground 即游乐场、操场的意思，寓意这是通过代码玩耍的地方。Xcode 的 Playground 功能让我们可以在不创建应用工程的情况下编写和运行实验性的代码。Playground 是随 Swift 一起发布的最重要的内容之一，其是一种特殊的 Xcode 文档类型，以简单格式运行 Swift 代码，而且结果轻松可见。

对于初学者来说，使用 Playground 编写 Swift 代码简单有趣，也可迅速得到自己所写的代码是对或者错的结果，更容易验证自己的逻辑和算法思路。通过使用更简单的界面，直接输入代码，然后每个表达式结果会立即出现在右侧栏中。若设置了自动运行，则可以在底下调试区域内自动输出运行结果，而不用每次输入完代码去单击"运行"之类的按钮或者使用快捷键。如果代码需要运行一段时间，可以在时间轴上看到进度。

Playground 对于 Swift 开发者也非常有用。使用 Playground 可以轻松地在一个界面内管理更多代码，并在右侧栏查看多个结果。开发者经常使用 Playground 对 Swift 代码进行原型设计，在测试之后，再将其移动到 Xcode 工程项目中。

从 Xcode 工具的技术层面上来说，Playground 工具是 main.swift 文件的文件包装器。每次只要编辑代码，Playground 就会自动运行 main.swift 文件并给出形象的结果。

图 1-12 界面中，❶是导航区域，❷是代码编辑区域，❸是每一行表达式代码结果区域，❹是调试区域或者控制台。控制台也称为 Console，是开发人员的信息中心和调试助手，用于显示有关程序运行的详细信息，包括输出运行过程、运行结果以及出错信息等。

```
1   import UIKit
2
3   var str = "Hello, playground"
```

对于上述默认的示例代码，第 1 行表示导入 iOS 系统平台的 UIKit 框架，从而可以在后续代码中调用该框架的任意组件。若不需要该框架则可以不导入。第 3 行是定义了一个字符串变量。框架即 framework，通常指为了实现特定任务的一组类型和功能，比如 UIKit 框架指管理 iPhone 应用程序用户界面（User Interface，UI）相关的窗口界面设计、触摸等人机交互的接口，也可以理解为操纵界面的一个 API 库，目的是为了让开发人员更容易开发界面相关的功能。

在 Playground 代码编辑区域的左边是行号数字，不同的颜色代表不同的含义。当编辑代码时候，行号数字默认是蓝色的，表示该行代码没有运行。单击行号上右三角▷图形就会从第 1 行代码开始运行到该行，或从上次运行代码之后运行到该行。代码运行后，该行代码前面的行号数字会变成灰色。

鼠标左键长按调试区域上方的空心右三角或空心正方形图形，选择 Automatically Run 即可自动运行所有 Playground 文件代码，如图 1-13 所示，无须手动单击运行。设置为自动运行后，原来空心右三角会变为蓝色的实心右三角图形，如图 1-14 所示。

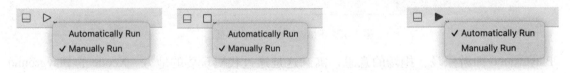

图 1-13　弹出 Automatically Run 选项　　　　　　　图 1-14　选择 Automatically Run 选项

步骤 3：自由落体运动和竖直上抛运动

在 Playground 代码编辑区域输入以下代码：

扫一扫

自由落体与竖直上抛运动代码

```
1   let g = 9.8
2   var h = 0.0
3   // 自由落体运动计算
4   for t in 0...10 {
5       h = -g*Double(t*t)/2
6   }
7   // 竖直上抛运动计算
8   let V0 = 200.0
9   var H = 0.0
10  for t in 0..<50 {
11      h = V0*Double(t) - g*Double(t*t)/2
12  }
13  H = V0*V0/(2*g)
14  print(H)
```

在上述代码中：

第 1 行定义了一个常量 g，g 取值为常数 9.8，即重力加速度，单位 m/s²，类型自动推断为 Double 类型。

第 2 行定义了一个变量 h，h 的初值为 0.0，类型自动推断为 Double 类型。

第 3 行是注释行，以 // 开头。

第 4 行为 for 循环语句，循环从 0 开始，直到 10 结束，共循环 11 次。

第 5 行为循环体，目前循环体只有一条语句，即使用自由落体运动计算公式来计算物体位移 h 随时间 t 的变化。计算表达式前面有个负号 -，主要是为了在传统坐标系内图示表示时，h 在 y 轴负方向增长。

第 8 行定义了一个常量 V0，V0 取值为常数 200.0，即竖直上抛运动的初始速度，方向为朝上，取正值，类型自动推断为 Double 类型。

第 9 行定义了一个变量 H，H 的初值为 0.0，H 表示竖直上抛运动最高点位移，类型自动推断为 Double 类型。

第 10 行为 for 循环语句，循环从 0 开始，直到 49 结束，不包含 50，共循环 50 次。

第 11 行为循环体，目前循环体只有一条语句，即使用竖直上抛运动计算公式来计算物体位移 h 随时间 t 的变化。在传统坐标系内图示表示时，计算结果为正表示位移在初始点之上，计算结果为负表示位移在初始点之下。

第 13 行计算竖直上抛运动最高点位移值。

第 14 行在调试区域输出竖直上抛运动最高点位移值。

代码完成后，在 Playground 内的显示如图 1-15 所示。这里设置了自动运行（调试区域上方表现为蓝色的实心右三角图形），代码都是从上到下运行。右侧显示了每个表达式的结果。

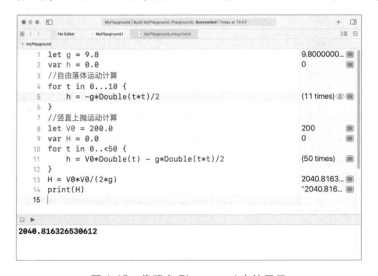

图 1-15　代码在 Playground 内的显示

单击第 5 行右侧的 ◉ 和 ▣ 图标，可以显示更丰富和详细的信息，比如 for 循环的每一个 t 取值和 h 结果的关系，第 11 行也可以有类似操作，显示结果分别如图 1-16 和图 1-17 所示。

从图 1-16 可以看出，随着时间 t 值（横坐标）变化，位移 h 值（纵坐标）增长加剧（若第 5 行没有负号，曲线是向上延伸）。从图 1-17 可以看出，随着时间 t 值（横坐标）变化，位移 H 值（纵坐标）增长缩减，并在达到顶点后，调头朝下且增长加剧。上述曲线变化符合自由落体运动和竖直上抛运动规律。

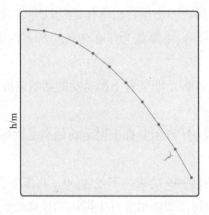 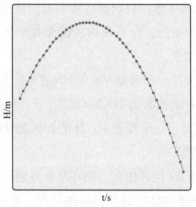

图 1-16　第 5 行代码关系图　　　　图 1-17　第 11 行代码关系图

对于上述代码，若修改第 2 行的 h 和第 9 行的 H 值为 0。从人类理解来看，其代表的值大小并没有实质性变化，但对于机器读取和理解，却发生了本质的不同，并最终导致程序运行失败，Playground 提示了 3 处飘红报错，并给出了修正错误的提示，如图 1-18 所示。

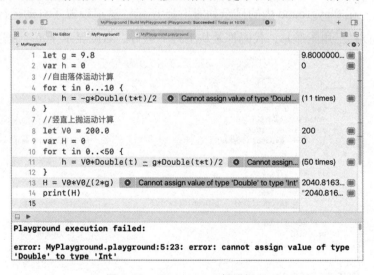

图 1-18　Playground 报错提示

1.3 相关知识

在正式进行知识点讲解前，先做一个约定，本教材根据知识点的是否经常使用及是否初学就必须掌握的情况，分为基础级别和高级级别。对于 Swift 知识点，分别用 ⬇ 和 ⬇⬇ 符号表示。同样的，对于应用 App 的 SDK 知识点，分别用 ⬈ 和 ⬈⬈ 符号表示。单个 ⬇ 表示侧重对苹果 Swift 语言的语法进行解释，此部分为基础级别内容，要求必须熟练掌握和使用。而两个 ⬇⬇ 表示侧重对苹果 Swift 语言的语法进行解释，此部分为相对高级级别内容，应尽量理解并在项目需要时逐步使用并掌握。单个 ⬈ 和两个 ⬈⬈ 符号含义类似。SDK 的英文全称为 Software Development Kit，即软件开发工具包，主要为了使开发者更容易完成针对特定平台的应用软件而开发。官方一般对底层代码进一步梳理，打包成半成品的开发工具集合。SDK 软件开发工具包类似于建造房屋铝合金门窗、开关、砖头等构件，开发者要做的工作不是如何让铝材加工成门窗，而是把加工好的铝合金门窗等构件应用于建造房屋成品。SDK 一般包括接口、编程工具及说明文档。

1.3.1 常量和变量

⬇ 常量

如图 1-15 所示，代码中的第 1 行定义的 g 和第 8 行定义的 V0 就是常量，常量定义的关键字是 let。let 在数学中是假设、设定的意思，比如 let x,y be real numbers,x ≤ y ≤ -1 and $2x^2$-xy+7x-y+9=0,then the value of 2x-3y is()，翻译为：设 x,y 为两个实数，x 小于等于 y 小于等于 -1，$2x^2$-xy+7x-y+9=0，求 2x-3y 的值为（）。答：x=y=-3，2x-3y=3。

扫一扫

常量与变量

如果希望对程序的生命周期内不会更改的值命名，就使用常量。Swift 中使用 let 关键字定义常量。

```
let name = "John"
```

上面的代码创建了名为 name 的新常量，并向该常量赋值"John"。如果希望在稍后的代码行中访问该值，可以使用 name 直接引用该常量。当在程序中需要多次使用某个值时，这一快速引用尤其实用。

```
let name = "John"
print(name)
```

此代码会向控制台（调试区域）输出"John"。

由于 name 是常量，所以不能在为其赋值之后再分配一个新值。例如，以下代码不会编译，并会报错。

```
let name = "John"
name = "James"
```

📐 变量

如图 1-15 所示，代码中的第 2 行定义的 h 和第 9 行定义的 H 就是变量，变量定义的关键字是 var。var 是单词 variety（多式多样）的缩写。

如果希望对程序的生命周期内可能会更改的值命名，就使用变量。Swift 中使用 var 关键字定义变量。

```
var age = 29
print(age)
```

该代码会向控制台输出 29。

由于 age 是变量，因此可以稍后在代码行中向其分配一个新值。下面的代码编译不会出错。

```
var age = 29
age = 30
print(age)
```

此代码会向控制台输出 30。

可以使用其他常量和变量为常量和变量赋值。

```
let defaultScore = 100
var playerOneScore = defaultScore
var playerTwoScore = defaultScore
print(playerOneScore)
print(playerTwoScore)
playerOneScore = 200
print(playerOneScore)
```

控制台输出：

```
100
100
200
```

常量和变量执行的任务非常类似。可能认为全部使用变量会更容易，而彻底忽略了常量。从技术上来讲，这样的代码可以工作。那么，究竟为什么要使用常量呢？

第一，如果将值设置为常量，那么编译器会理解为该值永远不可更改。这意味着如果在某种情况下有代码尝试去更改该常量的值，那么将无法构建或运行程序，并报错。编译器会通过这种方式强制实现安全性。

第二，编译器可以对常量值进行特殊优化。当将常量用于不会更改的值时，编译器可以对如何存储这些值进行底层处理。这些调整可以让程序执行得更快。

如果想成为优秀的开发者，就需要遵循类似的共用模式和惯例。

📐 常量和变量的命名

常量和变量名可以包含任何字符，包括 Unicode 字符：

```
let π = 3.14159
let 你好 = "你好，深圳"   // 中文也是 Unicode 字符
```

```
let 🐶🐮 = "dogcow"
```

常量与变量名不能包含数学符号、箭头、保留的（或者非法的）Unicode 码位、连线与制表符，也不能以数字开头，但是可以在常量与变量名的其他地方包含数字。

常量和变量命名还有一些最佳做法：

常量和变量名称应该清晰并具有描述性，使得再次看到这些名称时能更轻松地理解代码。例如，firstName 要比 n 好，restaurantsNearCurrentCity 要比 nearby 好。

要使名称清晰并具有描述性，通常会希望在一个名称中使用多个单词。当将两个或更多单词放在一起时，惯例是使用驼峰式拼写法，意思是将名称的首字母小写，然后将后面每个新单词的首字母大写。例如，defaultScore 即是以驼峰式拼写法处理 default 和 score 的组合。驼峰式拼写法比将所有单词直接混在一起更容易读懂。例如，defaultScore 比 defaultscore 更清晰，restaurauntsNearCurrentCity 比 restaurantsnearcurrentcity 更清晰。

常量和变量名称区分大小写，Person 和 person 代表不同的名称。事实上所有 Swift 的名称都是区分大小写的。

分号

与其他大部分编程语言不同，Swift 并不强制要求在每条语句的结尾处使用分号（;），当然，也可以添加分号。但有一种情况必须要用分号，即在同一行内写多条独立的语句：

```
let cat = "🐱"; print(cat)
// 控制台输出：🐱
```

1.3.2　数据基本类型

数据注解

在某些情况下，明确指定常量或变量的类型会十分有用，甚至是非常必需的，这称为类型注解。当声明常量或者变量的时候可以加上类型注解，也可理解为类型声明，说明常量或者变量中要存储的值的类型。如果要添加类型注解，需要在常量或者变量名后面加上一个冒号和空格，然后加上类型名称。

扫一扫

数据基本类型

下面这个例子给 welcomeMessage 变量添加了类型注解，表示这个变量可以存储 String 类型（即字符串类型）的值：

```
var welcomeMessage: String
```

声明中的冒号代表着"是 ×× 类型"，所以这行代码可以被理解为：声明一个类型为 String，名字为 welcomeMessage 的变量。类型为 String 的意思是"可以存储任意 String 类型的值"。

welcomeMessage 变量现在可以被设置成任意字符串：

```
welcomeMessage = "Hello"
```

使用类型注解有三种常见的情况：

- 当创建了常量或变量，但还尚未向其分配值时。

```
let firstName: String
//… 这里间隔了多行代码
firstName = "Layne"
```

· 当创建了可以推断出多种类型的常量或变量时。

```
let middleInitial: Character = "J"   // 字符类型必须明确类型，否则会推断为 String 类型
```

· 当编写自己的类型定义时。

```
struct Car {
  var make: String
  var model: String
  var year: Int
}
```

可以在一行中定义多个同样类型的变量，用逗号分隔，并在最后一个变量名之后添加类型注解：

```
var red, green, blue: Double
```

Swift 具有多种预定义类型，可以轻松地编写简洁的代码。无论程序是否需要包含数字、字符串或布尔值 (true/false)，都可以使用类型来代表特定类别的信息。Swift 的类型符号首字母都为大写。

一旦将常量或者变量声明为确定的类型，就不能使用相同的名字再次进行声明，或者改变其存储的值的类型。

Swift 最常见的几种类型如表 1-1 所示。

表 1-1 Swift 最常见的数据类型

类型名称	符 号	含 义	示 例
整型	Int	代表没有小数的数字，可以正、负或零	8
双精度型	Double	代表带小数的数字，可以正、负或零	8.8
布尔	Bool	代表 true 或 false 值	true
字符串	String	代表文本	"Hello"

布尔值

Swift 有一个基本的布尔类型 Bool。布尔值指逻辑上的值，因为它们只能是真或者假。Swift 有两个布尔常量：true 和 false。

```
let orangesAreOrange = true
let turnipsAreDelicious = false
```

orangesAreOrange 和 turnipsAreDelicious 的类型会被推断为 Bool，因为它们的初值是布尔字面量。就像之前提到的 Int 和 Double 一样，如果创建变量的时候给它们赋值 true 或者 false，那就不需要将常量或者变量声明为 Bool 类型。初始化常量或者变量的时候如果所赋的值类型已知，就可以触发类型推断，这让 Swift 代码更加简洁并且可读性更高。

类型扩展

Swift 提供了 8、16、32 和 64 位的有符号和无符号整数类型。这些整数类型和 C 语言的命名方式很像，比如 8 位无符号整数类型是 UInt8，32 位有符号整数类型是 Int32。

可以访问不同整数类型的 min 和 max 属性来获取对应类型的最小值和最大值：

```
let minValue = UInt8.min  // minValue 为 0，是 UInt8 类型
let maxValue = UInt8.max  // maxValue 为 255，是 UInt8 类型
```

min 和 max 所传回值的类型，正是其所对的整数类型（如上例 UInt8，所传回的类型是 UInt8），可用在表达式中相同类型值旁。

Swift 提供了一个特殊的整数类型 Int，长度与当前平台的原生字长相同：即在 32 位平台上，Int 和 Int32 长度相同。在 64 位平台上，Int 和 Int64 长度相同。

除非需要特定长度的整数，一般来说使用 Int 就够了。这可以提高代码一致性和可复用性。即使是在 32 位平台上，Int 可以存储的整数范围也可以达到 -2,147,483,648 ~ 2,147,483,647，大多数时候这已经足够大了。

Swift 也提供了一个特殊的无符号类型 UInt，长度与当前平台的原生字长相同：即在 32 位平台上，UInt 和 UInt32 长度相同。在 64 位平台上，UInt 和 UInt64 长度相同。但尽量不要使用 UInt，除非真的需要存储一个和当前平台原生字长相同的无符号整数。除了这种情况，最好使用 Int，即使要存储的值已知是非负的。统一使用 Int 可以提高代码的可复用性，避免不同类型数字之间的转换

Swift 提供了两种有符号浮点数类型：

① Double 表示 64 位浮点数。当需要存储很大或很高精度的浮点数时请使用此类型。

② Float 表示 32 位浮点数。精度要求不高的话可以使用此类型。

Double 精度很高，至少有 15 位小数，而 Float 只有 6 位小数。选择哪个类型取决于代码需要处理的值的范围，在两种类型都匹配的情况下，优先选择 Double，即浮点数的默认类型是 Double。

类型安全

Swift 是一种类型安全的语言。类型安全的语言鼓励或要求清晰地说明代码可以处理的值的类型。例如，如果某部分代码需要 Int，那么就不能向其传递 Double 或 String。

在编译代码时，Swift 会对所有常量和变量执行类型检查，并将所有不匹配的类型标记为错误。如果类型不匹配，那么程序将无法运行。

```
let playerName = "Julian"
var playerScore = 1000
var gameOver = false
playerScore = playerName   // 因为类型不匹配而报错
```

由于类型安全要求代码谨慎使用类型，所以上面最后一行示例明显不匹配，即向 Int 变量分

配 String 值是不合逻辑的。

对于看似可能兼容的数据的值，类型安全也适用。例如，尽管 Int 和 Double 都代表数字，但编译器仍会将其视为完全不同的类型。

```
var wholeNumber = 30
var numberWithDecimals = 17.5
wholeNumber = numberWithDecimals    // 因为类型不匹配而报错
```

在上面最后一行的示例中，两个变量都是数字，但是 wholeNumber 是 Int，而 numberWithDecimals 是 Double。Swift 不允许向一种类型的变量分配另一种类型的值。

数字分割

当处理数字时，可能会发现需要向变量或常量分配一个非常大的值（比如会计行业）。这个值阅读起来可能会很困难，因为很难看出在 1000000000 中有多少个 0。Swift 可以采用在数字中添加下画线这种格式，以便于阅读。

```
var largeUglyNumber = 1000000000
var largePrettyNumber = 1_000_000_000
```

以上赋值都是正确的，且值一样。

扫一扫

类型推断和
转换

1.3.3 类型推断和转换

类型推断

如图 1-15 所示，第 1、2、8、9 行代码的变量和常量类型都使用了类型推断，第 4、10 行的变量 t 也使用了类型推断，都没有对其进行明确的类型注解。

通常情况下，在声明常量或变量时无须指定值的类型，这称为类型推断。Swift 会根据向常量或变量分配的值来使用类型推断对类型进行明确。

```
let cityName = "San Francisco"  // cityName 自动推断为 String 类型
let pi = 3.1415927              // pi 自动推断为 Double 类型
```

没有显式声明类型或注解，而表达式中出现了一个浮点数字，比如 3.1415927，变量会被推断为默认的 Double 类型，而不会是 Float 类型。

在向常量或变量分配值之后，类型就已设定并且不可更改。对于变量来说也是如此。变量的值可能会更改，但是类型则不会。

数值型字面量

如图 1-15 所示，第 1、2、8、9 行代码的变量和常量类型都使用了数值型字面量进行赋值。字面量就是会直接出现在代码中的值，比如 42 和 3.14159 等。整数字面量可以被写作：

- 一个十进制数，没有前缀。
- 一个二进制数，前缀是 0b。
- 一个八进制数，前缀是 0o。
- 一个十六进制数，前缀是 0x。

下面的所有整数字面量的十进制值都是 17：

```
let decimalInteger = 17
let binaryInteger = 0b10001          // 二进制的 17
let octalInteger = 0o21              // 八进制的 17
let hexadecimalInteger = 0x11        // 十六进制的 17
```

浮点字面量可以是十进制（没有前缀）或者是十六进制（前缀是 0x）。小数点两边必须有至少一个十进制数字（或者是十六进制的数字）。十进制浮点数也可以有一个可选的指数（exponent），通过大写或者小写的 e 来指定；十六进制浮点数必须有一个指数，通过大写或者小写的 p 来指定。

如果一个十进制数的指数为 exp，那这个数相当于基数和 10^{exp} 的乘积：

1.25e2 表示 1.25×10^2，等于 125.0。

1.25e-2 表示 1.25×10^{-2}，等于 0.0125。

如果一个十六进制数的指数为 exp，那这个数相当于基数和 2^{exp} 的乘积：

0xFp2 表示 15×2^2，等于 60.0。

0xFp-2 表示 15×2^{-2}，等于 3.75。

下面的这些浮点字面量都等于十进制的 12.1875：

```
let decimalDouble = 12.1875
let exponentDouble = 1.21875e1
let hexadecimalDouble = 0xC.3p0
```

数值类字面量可以包括额外的格式来增强可读性。整数和浮点数都可以添加额外的零并且包含下画线，并不会影响字面量：

```
let paddedDouble = 000123.456
let oneMillion = 1_000_000
let justOverOneMillion = 1_000_000.000_000_1
```

数值型类型转换

如图 1-15 所示，第 5、11 行代码使用了类型转换，其中整型 Int 变量 t 转换为浮点型 Double。

整数和浮点数的转换必须显式指定类型：

```
let three = 3
let pointOneFourOneFiveNine = 0.14159
let pi = Double(three) + pointOneFourOneFiveNine
// pi 等于 3.14159，所以被推测为 Double 类型
```

这个例子中，常量 three 的值被用来创建一个 Double 类型的值，所以加号两边的数类型须相同。如果不进行转换，两者无法相加。

浮点数也可反向转换到整数，整数类型可以用 Double 或者 Float 类型来初始化：

```
let integerPi = Int(pi)
// integerPi 等于 3，所以被推测为 Int 类型
```

当用这种方式来初始化一个新的整数值时，浮点值会被截断。也就是说 4.75 会变成 4，-3.9 会变成 -3。

另外，结合数字类常量和变量不同于数字字面量。字面量 3 可以直接和字面量 0.14159 相加，因为数字字面量本身没有明确的类型，它们的类型只在编译器需要求值的时候被推测。也就是说，即使类型不一致，字面量也不需要进行类型转换即可参与数值计算。

 类型别名

类型别名（type aliases）就是给现有类型定义另一个名字。可以使用 typealias 关键字来定义类型别名。

当想要给现有类型起一个更有意义的名字时，类型别名非常有用。假设正在处理特定长度的外部资源的数据：

```
typealias AudioSample = UInt16
```

定义了一个类型别名之后，就可以在任何使用原始名的地方使用别名：

```
var maxAmplitudeFound = AudioSample.min
// maxAmplitudeFound 现在是 0
```

本例中，AudioSample 被定义为 UInt16 的一个别名。因为它是别名，AudioSample.min 实际上是 UInt16.min，所以会给 maxAmplitudeFound 赋一个初值 0。

1.3.4 元组类型

扫一扫

元组类型

元组

元组（tuples）把多个值组合成一个复合值。元组内的值可以是任意类型，并不要求是相同类型。

下面这个例子中，(404, "Not Found") 是一个描述 HTTP 状态码（HTTP status code）的元组。HTTP 状态码是请求网页的时候，Web 服务器返回的一个特殊值。如果请求的网页不存在就会返回一个 404 Not Found 状态码。

```
let http404Error = (404, "Not Found")
// http404Error 的类型是 (Int, String), 值是 (404, "Not Found")
```

(404, "Not Found") 元组把一个 Int 值和一个 String 值组合起来表示 HTTP 状态码的两个部分：一个数字和一个人类可读的描述。这个元组可以被描述为"一个类型为 (Int, String) 的元组"。

可以把任意顺序的类型组合成一个元组，这个元组可以包含所有类型。可以创建一个类型为 (Int, Int, Int)，或者 (String, Bool)，或者其他任何组合的元组。

可以将一个元组的内容分解（decompose）成单独的常量和变量，然后就可以正常使用它们了：

```
let (statusCode, statusMessage) = http404Error
print("The status code is \(statusCode)")
// 控制台输出：The status code is 404
print("The status message is \(statusMessage)")
// 控制台输出：The status message is Not Found
```

如果只需要一部分元组值，分解的时候可以把要忽略的部分用下画线（_）标记：

```
let (justTheStatusCode, _) = http404Error
print("The status code is \(justTheStatusCode)")
// 控制台输出：The status code is 404
```

此外，还可以通过下标来访问元组中的单个元素，下标从 0 开始：

```
print("The status code is \(http404Error.0)")
// 控制台输出：The status code is 404
print("The status message is \(http404Error.1)")
// 控制台输出：The status message is Not Found
```

可以在定义元组的时候给单个元素命名：

```
let http200Status = (statusCode: 200, description: "OK")
```

给元组中的元素命名后，可以通过名字来获取这些元素的值：

```
print("The status code is \(http200Status.statusCode)")
// 控制台输出：The status code is 200
print("The status message is \(http200Status.description)")
// 控制台输出：The status message is OK
```

作为函数返回值时，元组非常有用。一个用来获取网页的函数可能会返回一个 (Int, String) 元组来描述是否获取成功。和只能返回一个类型的值比较起来，一个包含两个不同类型值的元组可以让函数的返回信息更有用。

另外，当遇到一些相关值的简单分组时，元组是很有用的。元组不适合用来创建复杂的数据结构。如果所设计的数据结构比较复杂，不要使用元组，用后面会讲解的类或结构体去建模。

1.3.5　基本运算符

扫一扫

基本运算符

赋值运算符

如图 1-15 所示，第 1、2、5、8、9、11、13 行代码都使用了赋值运算符，即等号（=）。

等号（=）称为赋值运算符，也称为分配符，表达式 a = b 表示用 b 的值来初始化或修改 a 的值：

```
let b = 10
var a = 5
a = b
b = 20
```

上述代码运行后，a 现在等于 10，b 现在等于 20。

```
var shoeSize = 8
shoeSize = 9 // 修改 shoeSize 值为 9
```

上述代码声明了一个 shoeSize 变量，并将 8 作为它的值赋值给了这个变量。然后又将该值修改为 9。

如果赋值的右边是一个元组，它的元素可以马上被分解成多个常量或变量，并一一对应：

```
let (x, y) = (1, 2)
```

```
// 现在常量 x 等于 1，常量 y 等于 2
var (a, b) = (1, 2)
// 现在变量 a 等于 1，变量 b 等于 2
```

算术运算符

如图 1-15 所示，第 5、11、13 行代码中都使用了算术运算符。

可以使用 +、-、*、/ 运算符来执行基本的数学运算。

```
var opponentScore = 3 * 8       // opponentScore 结果为 24
var myScore = 100 / 4           // myScore 结果为 25
```

可以使用运算符来执行使用其他变量值的算术：

```
var totalScore = opponentScore + myScore      // totalScore 值为 49
```

运算符可以引用当前变量，将其更新为新值：

```
myScore = myScore + 3           // myScore 值为 28
```

针对带小数点的精度，可以对 Double 值执行相同的运算：

```
let totalDistance = 3.9
var distanceTravelled = 1.2
var remainingDistance = totalDistance - distanceTravelled
 // remainingDistance 值为 2.7
```

如果对 Int 值使用除法运算符（/），则结果将是向下取整到最接近的整数 Int 值，因为 Int 类型支持整数：

```
let x = 51
let y = 4
let z = x / y                   // z 值为 12，而不是四舍五入的 13
```

如果明确地将常量或变量声明为 Double 值，那么结果将是带小数点的值。

```
let x: Double = 51
let y: Double = 4
let z = x / y                   // z 值为 12.75
```

另外，加法运算符也可用于 String 的拼接：

```
let hei= "hello, " + "world" // hei 等于 "hello, world"
```

复合赋值

在算术运算符之后添加 = 运算符，称之为复合赋值运算符，例如：

```
myScore += 3                    // myScore 加 3
myScore -= 5                    // myScore 减 5
myScore *= 2                    // myScore 乘 2
myScore /= 2                    // myScore 除 2
```

表达式 a += 2 是 a = a + 2 的简写，一个复合加运算就是把加法运算和赋值运算组合到一个运算符里，同时完成两个运算任务，其余算术运算符也类似。复合赋值运算符可以编写更干净、更简洁的代码。

📥 运算顺序

如图 1-15 所示，第 5、11、13 行代码中都涉及数学默认的运算顺序。

数学运算始终遵循特定顺序。乘法和除法的优先级高于加法和减法，而括号的优先级则高于以上四种算法。

考虑以下变量：

```
var x = 2
var y = 3
var z = 5
```

然后再考虑以下计算：

```
x + y * z       // 等于17
(x + y) * z     // 等于25
```

在上面的第一行中，乘法的优先级高于加法。在第二行中，系统会首先执行括号中的运算。

📥📥 求余运算符

求余运算符（a % b）是计算 b 的多少倍刚刚好可以容入 a，返回多出来的那部分（余数）。求余运算符（%）在某些语言中也称取模运算符。

```
let result = 9 % 4                // result 等于 1
let anotherResult = -9 % 4        .
// anotherResult 等于 -1，因为 -9 = (4 × (-2)) + (-1)
```

求余运算符（a % b）在对负数 b 求余时，b 的符号会被忽略。这意味着 a % b 和 a % -b 的结果是相同的，例如：

```
let result = 9 % 4                // result 等于 1
let anotherResult = 9 % -4        // anotherResult 等于 1
```

📥 比较运算符

Swift 支持以下的比较运算符：

- 等于（a == b）
- 不等于（a != b）
- 大于（a > b）
- 小于（a < b）
- 大于或等于（a >= b）
- 小于或等于（a <= b）

每个比较运算都返回了一个标识表达式是否成立的布尔值：

```
1 == 1   // true, 因为 1 等于 1
2 != 1   // true, 因为 2 不等于 1
2 > 1    // true, 因为 2 大于 1
1 < 2    // true, 因为 1 小于 2
1 >= 1   // true, 因为 1 大于或等于 1
2 <= 1   // false, 因为 2 并不小于或等于 1
```

元组比较运算

如果两个元组的元素相同，且长度相同的话，元组就可以被比较。比较元组大小会按照从左到右、逐值比较的方式，直到发现有两个值不等时停止。如果所有的值都相等，那么这一对元组就称它们是相等的。例如：

```
(1, "zebra") < (2, "apple")        //true，因为 1 小于 2
(3, "apple") < (3, "bird")         //true，因为 3 等于 3，但是 apple 小于 bird
(4, "dog") == (4, "dog")           //true，因为 4 等于 4，dog 等于 dog
```

在上面的例子中，在第一行中从左到右的比较行为。因为 1 小于 2，所以 (1, "zebra") 小于 (2, "apple")，不管元组剩下的值如何。所以 "zebra" 大于 "apple" 对结果没有任何影响，因为元组的比较结果已经被第一个元素决定了。另外，当元组的第一个元素相同时候，第二个元素将会用作比较，上面第二行和第三行代码就发生了这样的比较。

当元组中的元素都可以被比较时，也可以使用这些运算符来比较它们的大小。例如，可以比较两个类型为 (String, Int) 的元组，因为 Int 和 String 类型的值可以比较。相反，Bool 值不能被比较，也意味着存有布尔类型的元组不能被比较。

```
("blue", -1) < ("purple", 1)       // 正常，比较的结果为 true
("blue", false) < ("purple", true) // 错误，因为不能比较布尔类型
```

Swift 标准库只能比较七个以内元素的元组。如果元组元素超过七个时，需要自己实现比较运算。

闭区间运算符与半开区间运算符

如图 1-15 所示，第 4、10 行代码分别使用了闭区间运算符和半开区间运算符，以便逐一取值计算。

闭区间运算符(a...b)定义一个包含从 a 到 b(包括 a 和 b)的所有值的区间。a 的值不能超过 b。例如：1...5 表示 1、2、3、4、5 共五个数字。

半开区间运算符 (a..<b) 定义一个从 a 到 b 但不包括 b 的区间。之所以称为半开区间，是因为该区间包含第一个值而不包括最后的值。例如：1..<5 表示 1、2、3、4 共四个数字。

1.3.6 基本控制流和相关运算符

for-in 循环控制

如图 1-15 所示，第 4、10 行代码都使用了 for-in 循环语句，用于完成自由落体运动和竖直上抛运动随时间 t 的位移变化。

可以使用 for-in 循环来遍历一个区间范围内的所有数字，例如，用来输出乘法表的一部分内容：

```
for index in 1...5 {
    print("\(index) times 5 is \(index * 5)")
}
// 1 times 5 is 5
```

扫一扫

基本控制流—
循环语句

```
// 2 times 5 is 10
// 3 times 5 is 15
// 4 times 5 is 20
// 5 times 5 is 25
```

例子中用来进行遍历的元素是使用闭区间运算符（...）表示的从 1 到 5 的数字区间。index 被赋值为闭区间中的第一个数字（1），然后循环中的语句被执行一次。在本例中，这个循环只包含一个语句，用来输出当前 index 值所对应的乘 5 的结果。该语句执行后，index 的值被更新为闭区间中的第二个数字（2），之后 print() 函数会再执行一次。以此类推，整个过程会进行到闭区间结尾为止。

上面的例子中，index 是一个每次循环遍历开始时被自动赋值的常量。这种情况下，index 在使用前不需要声明，只需要将它包含在循环的声明中，就可以对其进行隐式声明，而无须使用 let 关键字声明。for-in 循环控制的流程图表示如图 1-19 所示。

如果不需要区间序列内每一项的值，可以使用下画线（_）替代变量名来忽略这个值：

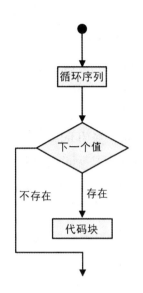

图 1-19 for-in 循环控制的流程图

```
let base = 3
let power = 10
var answer = 1
for _ in 1...power {
    answer *= base
}
print("\(base) to the power of \(power) is \(answer)")
// 控制台输出：3 to the power of 10 is 59049
```

本例计算 base 这个数的 power 次幂（3 的 10 次幂），从 1（3 的 0 次幂）开始做 3 的乘法，进行 10 次，使用 1 到 10 的闭区间循环。这个计算并不需要知道每一次循环中计数器具体的值，只需要执行正确的循环次数即可。下画线符号 _（替代循环中的变量）能够忽略当前值，并且不提供循环遍历时对值的访问。

在某些情况下，可能不想使用包括两个端点的闭区间。例如，在一个手表上绘制分钟的刻度线。总共 60 个刻度，从 0 分开始。使用半开区间运算符（..<）来表示一个左闭右开的区间。

```
let minutes = 60
for tickMark in 0..<minutes {
    // 每一分钟都渲染一个刻度线（60 次）
}
```

也可以间隔取值，跳过不需要的值，可使用大步形 stride(from:through:by:) 和 stride(from:

to:by:)，前者为闭区间，包括 through 参数值，后者为开区间，不包括 to 的参数值，比如：

```
for tickMark in stride(from: 0, to: 60, by: 5) {
    // 每 5 分钟渲染一个刻度线（0, 5, 10, 15 ... 45, 50, 55）
}
for tickMark in stride(from: 0, through: 60, by: 5) {
    // 每 5 分钟渲染一个刻度线（0, 5, 10, 15 ... 45, 50, 55,60）
}
```

■ while 循环控制

while 循环会一直运行一段语句直到条件变成 false。这类循环适合使用在第一次迭代前，迭代次数未知的情况下。while 循环从计算一个条件开始。如果条件为 true，会重复运行一段语句，直到条件变为 false。

下面是 while 循环的一般格式：

```
while condition {
    statements
}
```

语法中的 statements 可以是一个语句或者一个语句块。condition 可以是一个表达式，如果为 true，会重复运行一系列语句，直到条件变为 false。while 循环控制的流程图表示如图 1-20 所示。

例如：

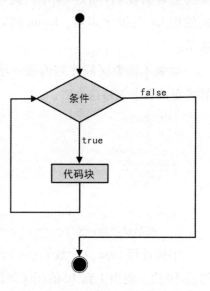

图 1-20　while 循环控制的流程图

```
var i:Int = 0
var sum:Int = 0
while (i <= 10)  {      // 小括号可以省略
    sum += i
    i += 1
}
print("\(sum)")        // 控制台输出：55
```

■ repeat-while 循环控制

while 循环的另外一种形式是 repeat-while，它和 while 的区别是在判断循环条件之前，先执行一次循环的代码块，然后重复循环，直到条件为 false。

下面是 repeat-while 循环的一般格式：

```
repeat {
    statements
} while condition
```

同样，语法中的 statements 可以是一个语句或者一个语句块。condition 可以是一个表达式，如果为 true，会重复运行一系列语句，直到条件变为 false。repeat-while 循环控制的流程图表示如图 1-21 所示。

例如：

```
var i:Int = 0
var sum:Int = 0
repeat {
    sum += i
    i += 1
} while (i <= 10)        // 小括号可以省略
print("\(sum)")          // 控制台输出：55
```

repeat-while 循环语句至少要执行一次循环语句，而 while 循环
语句可能一次都没有执行。

 if 判断控制

if 语句是最直接的条件语句。if 语句基本上是说
"如果此条件为 true，则会运行此代码块"。如果该
条件不为 true，则程序将跳过该代码块。if 判断控制的
流程图如图 1-22 所示。

在大多数情况下，将使用 if 语句来检查只有几个
可能结果的简单条件。这里是一个示例：

扫一扫

基本控制流—
分支语句及相
关运算符

```
let temperature = 100
if temperature >= 100 {
  print("The water is boiling.")
}
// 控制台输出：The water is boiling.
```

temperature 常量等于 100。如果 temperature 大于或等于 100，则
if 语句打印文本。由于 if 语句解析为 true，所以会执行 if 语句伴随的
代码块。

if 语句是基本的控制流语句。比如使用的需要登录的 App，如
果 App 已启动并已登录，那么 App 中会显示相关数据。如果尚未登录，
那么 App 会要求提供登录账号和密码。如果输入了正确的登录账号
和密码，就可以成功登录，并且 App 中会显示相关数据。如果输入的信息不正确，那么会要求
输入正确的信息。此示例描述了需要根据结果进行多次检查并运行代码的常见交互。

这些检查称为"条件语句"，它们是称为"控制流程"的更广义概念的一部分。作为开发者，
可以使用控制流程工具来检查某些条件，然后根据这些条件执行不同的代码块，从而实现不同
的功能。

 if-else 判断控制

对于以上 if 语句，如果条件为 true，if 语句将运行某个代码块。但是，如果条件不为 true，

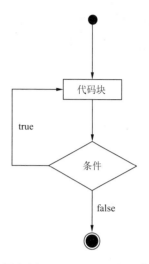

图 1-21   repeat-while 循环控
制的流程图

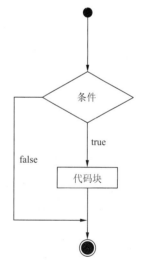

图 1-22   if 判断控制的流程图

情况会怎样？可以通过向 if 语句添加 else 来指定，在条件不为 true 时执行某个代码块。if-else 判断控制的流程图如图 1-23 所示。

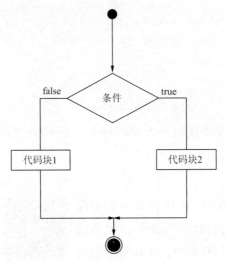

图 1-23　if-else 判断控制的流程图

例如：

```
let temperature = 100
if temperature >= 100 {
  print("The water is boiling.")
} else {
  print("The water is not boiling.")
}
```

可以进一步拓展这种想法。使用 else if 可以声明根据任意数量的条件来运行更多代码块。以下代码检查运动员在比赛中的位置并做出相应的反应：

```
var finishPosition = 2
if finishPosition == 1 {
print("Congratulations, you won the gold medal!")
} else if finishPosition == 2 {
  print("You came in second place, you won a silver medal!")
} else {
  print("You did not win a gold or silver medal.")
}
```

可以使用多个 else if 语句来处理任意数量的可能情况。

逻辑运算符

逻辑运算符的操作对象是逻辑布尔值。Swift 支持三个标准逻辑运算：

- 逻辑非（!a）。
- 逻辑与（a && b）。
- 逻辑或（a || b）。

逻辑非运算符（!a）对一个布尔值取反，使得 true 变 false，false 变 true。逻辑非运算符是一个前置运算符，需紧跟在操作数之前，且不加空格。读作非 a，例如：

```
let allowedEntry = false
if !allowedEntry {
    print("ACCESS DENIED")
}
// 控制台输出：ACCESS DENIED
```

逻辑与运算符（a && b）表达了只有 a 和 b 的值都为 true 时，整个表达式的值才会是 true。只要任意一个值为 false，整个表达式的值就为 false。事实上，如果第一个值为 false，那么是不去计算第二个值的，因为它已经不可能影响整个表达式的结果了，这称为短路计算。

以下例子，只有两个 Bool 值都为 true 的时候才允许进入 if：

```
let enteredDoorCode = true
let passedRetinaScan = false
if enteredDoorCode && passedRetinaScan {
    print("Welcome!")
} else {
    print("ACCESS DENIED")
}
// 控制台输出：ACCESS DENIED
```

逻辑或运算符（a || b）是一个由两个连续的 | 组成的中置运算符，表示了两个逻辑表达式的其中一个为 true，整个表达式就为 true。

同逻辑与运算符类似，逻辑或也是"短路计算"的，当左端的表达式为 true 时，将不计算右边的表达式了，因为它不可能改变整个表达式的值了。

以下示例代码中，第一个布尔值(hasDoorKey)为 false，但第二个值(knowsOverridePassword)为 true，所以整个表达是 true，于是允许进入：

```
let hasDoorKey = false
let knowsOverridePassword = true
if hasDoorKey || knowsOverridePassword {
    print("Welcome!")
} else {
    print("ACCESS DENIED")
}
// 控制台输出：Welcome!
```

逻辑运算符组合计算

可以组合多个逻辑运算符来表达一个复合逻辑，例如：

```
if enteredDoorCode && passedRetinaScan || hasDoorKey || knowsOverridePassword {
    print("Welcome!")
} else {
    print("ACCESS DENIED")
}
```

```
// 控制台输出：Welcome!
```

这个例子使用了含多个 **&&** 和 **||** 的复合逻辑。但无论怎样，**&&** 和 **||** 始终只能操作两个值。所以这实际是三个简单逻辑连续操作的结果，解读如下：

如果输入了正确的密码并通过了视网膜扫描，或者有一把有效的钥匙，又或者知道紧急情况下重置的密码，就能把门打开进入。

若前两种情况都不满足，则前两个简单逻辑的结果是 false，但是若知道紧急情况下重置的密码，整个复杂表达式的值就为 true。

事实上，Swift 逻辑操作符 **&&** 和 **||** 是左结合的，这意味着拥有多元逻辑操作符的复合表达式优先计算最左边的子表达式。

对于容易混淆的表达式，建议使用括号来明确优先级，使得复杂表达式更容易读懂。在上个关于门的权限的例子中，给第一个部分加个括号，从而使得逻辑更明确：

```
if (enteredDoorCode && passedRetinaScan) || hasDoorKey || knowsOverridePassword {
    print("Welcome!")
} else {
    print("ACCESS DENIED")
}
// 控制台输出：Welcome!
```

括号使得前两个值被看成整个逻辑表达中独立的部分。虽然有括号和没括号的输出结果是一样的，但对于读代码的人来说有括号的代码更清晰。可读性比简洁性更重要！

三元运算符

三元运算符是有三个操作数的运算符，其形式是：问题？答案 1：答案 2，并简洁地表达根据问题成立与否作出二选一的操作。如果问题成立，返回答案 1 的结果；反之返回答案 2 的结果。

三元运算符是以下代码的缩写形式：

```
if question {
    answer1
} else {
    answer2
}
```

例如，计算表格行高，如果有表头，那行高应比内容高度要高出 50 点；如果没有表头，只需高出 20 点：

```
let contentHeight = 40
let hasHeader = true
let rowHeight = contentHeight + (hasHeader ? 50 : 20)    // rowHeight 现在是 90
```

上面的写法比下面的代码更简洁：

```
let contentHeight = 40
let hasHeader = true
```

```
var rowHeight = contentHeight
if hasHeader {
    rowHeight = rowHeight + 50
} else {
    rowHeight = rowHeight + 20
}
// rowHeight 现在是 90
```

第一段代码例子使用了三元运算，所以一行代码就能得到正确答案。这比第二段代码简洁得多，无须将 rowHeight 定义成变量，因为它的值无须在 if 语句中改变。

三元运算为二选一场景提供了一个非常便捷的表达形式。

1.3.7 switch 跳转控制及进阶

扫一扫
switch跳转控制

switch 跳转控制

当条件较为简单且可能的情况很少时，使用 if 语句。switch 语句更适用于条件较复杂、有更多排列组合的时候，并且 switch 在需要用到模式匹配的情况下会更有用。switch 跳转控制的流程图如图 1-24 所示。

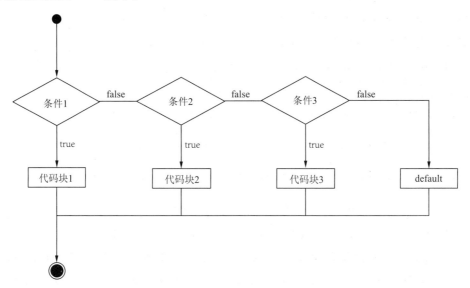

图 1-24 switch 跳转控制的流程图

基本 switch 语句允许一个值具有多个选项的情况，允许根据每个选项或 case 语句分别运行代码。以下是根据交通工具的车轮数量来打印其名称的代码：

```
let numberOfWheels = 2
switch numberOfWheels {
case 1:
    print("Unicycle")
case 2:
    print("Bicycle")
case 3:
```

```
    print("Tricycle")
case 4:
    print("Quadcycle")
default:
    print("That's a lot of wheels!")
}
```

代码中给定常量 numberOfWheels，并且如果值为 1、2、3 或 4，则分别提供对应的打印动作。如果 numberOfWheels 为其他任意值，代码还提供了另一个响应动作，这个动作也称为默认动作。当然，可以使用嵌套 if-else 语句来编写该代码，但是该代码很快会变得难以阅读和理解。

在 Swift 中，当匹配的 case 分支中的代码执行完毕后，程序会终止 switch 语句，而不会继续执行下一个 case 分支，即不具有隐式贯穿功能。也就是说，不需要在 case 分支中显式地使用 break 语句。这使得 switch 语句更安全、更易用，也避免了漏写 break 语句导致多个语句被执行的错误。

switch 语句必须是完备的。这就是说，每一个可能的值都必须至少有一个 case 分支与之对应。在某些不可能涵盖所有值的情况下，可以使用默认（default）分支来涵盖其他所有没有对应的值，这个默认分支必须在 switch 语句的最后面。

下面的例子是使用 switch 语句来匹配一个名为 someCharacter 的小写字符：

```
let someCharacter: Character = "z"
switch someCharacter {
case "a":
    print("The first letter of the alphabet")
case "z":
    print("The last letter of the alphabet")
default:
    print("Some other character")
}
// 控制台输出：The last letter of the alphabet
```

在这个例子中，第一个 case 分支用于匹配第一个英文字母 a，第二个 case 分支用于匹配最后一个字母 z。因为 switch 语句必须有一个 case 分支用于覆盖所有可能的字符（Character 类型），而不仅仅是所有的英文字母，所以 switch 语句使用 default 分支来匹配除了 a 和 z 外的所有值，这个分支保证了 switch 语句的完备性。

switch 跳转控制进阶

switch 的每一个 case 分支都必须包含至少一条语句。像下面这样书写代码是无效的，因为第一个 case 分支是空的，例如：

```
let anotherCharacter: Character = "a"
switch anotherCharacter {
case "a": // 无效，这个分支下面没有语句
case "A":
    print("The letter A")
```

```
default:
    print("Not the letter A")
}
// 这段代码会报编译错误
```

switch 的 case 分支模式也可以是一个值的区间，称为区间匹配。下面的例子展示了如何使用区间匹配来输出任意数字对应的自然语言格式：

```
let approximateCount = 62
let countedThings = "moons orbiting Saturn"
let naturalCount: String
switch approximateCount {
case 0:
    naturalCount = "no"
case 1..<5:
    naturalCount = "a few"
case 5..<12:
    naturalCount = "several"
case 12..<100:
    naturalCount = "dozens of"
case 100..<1000:
    naturalCount = "hundreds of"
default:
    naturalCount = "many"
}
print("There are \(naturalCount) \(countedThings).")
// 控制台输出: There are dozens of moons orbiting Saturn.
```

在上例中，approximateCount 在一个 switch 声明中被评估。每一个 case 都与之进行比较。因为 approximateCount 落在了 12 到 100 的区间，所以 naturalCount 等于 "dozens of" 值，并且此后的执行跳出了 switch 语句。

可以使用元组在同一个 switch 语句中测试多个值。元组中的元素可以是值，也可以是区间。另外，使用下画线（_）来匹配所有可能的值。

下面的例子展示了如何使用一个 (Int, Int) 类型的元组来分类一个点 (x, y) 的位置：

```
let somePoint = (1, 1)
switch somePoint {
case (0, 0):
    print("\(somePoint) is at the origin")
case (_, 0):
    print("\(somePoint) is on the x-axis")
case (0, _):
    print("\(somePoint) is on the y-axis")
case (-2...2, -2...2):
    print("\(somePoint) is inside the box")
default:
    print("\(somePoint) is outside of the box")
}
```

```
// 控制台输出：(1, 1) is inside the box
```

在上面的例子中，switch 语句会判断某个点是否是原点 (0, 0)，是否在 x 轴上，是否在 y 轴上，是否在一个以原点为中心的 4×4 的矩形里，或者在这个矩形外面。

Swift 允许多个 case 匹配同一个值。实际上，在这个例子中，点 (0, 0) 可以匹配所有四个 case。但是，如果存在多个匹配，那么只会执行第一个被匹配到的 case 分支。考虑点 (0, 0) 会首先匹配 case (0, 0)，因此剩下的能够匹配的分支都会被忽视掉。

case 分支允许将匹配的值声明为临时常量或变量，并且在 case 分支体内使用，这种行为被称为值绑定（value binding），因为匹配的值在 case 分支体内，与临时的常量或变量绑定。

下面的例子将点 (x, y) 用 (Int, Int) 类型的元组表示，并进行分类：

```
let anotherPoint = (2, 0)
switch anotherPoint {
case (let x, 0):
    print("on the x-axis with an x value of \(x)")
case (0, let y):
    print("on the y-axis with a y value of \(y)")
case let (x, y):
    print("somewhere else at (\(x), \(y))")
}
// 控制台输出: on the x-axis with an x value of 2
```

在上面的例子中，switch 语句会判断某个点是否在 x 轴上、是否在 y 轴上，或者不在坐标轴上。

这三个 case 都声明了常量 x 和 y 的占位符，用于临时获取元组 anotherPoint 的一个或两个值。第一个 case (let x, 0) 将匹配一个纵坐标为 0 的点，并把这个点的横坐标赋给临时的常量 x。类似的，第二个 case (0, let y) 将匹配一个横坐标为 0 的点，并把这个点的纵坐标赋给临时的常量 y。

一旦声明了这些临时的常量，它们就可以在其对应的 case 分支里使用。在这个例子中，它们用于打印给定点的类型。

请注意，这个 switch 语句不包含默认分支。这是因为最后一个 case let(x, y) 声明了一个可以匹配余下所有值的元组。这使得 switch 语句已经完备了，因此不需要再书写默认分支。

case 分支的模式可以使用 where 语句来判断额外的条件。

下面的例子把点 (x, y) 进行了分类：

```
let yetAnotherPoint = (1, -1)
switch yetAnotherPoint {
case let (x, y) where x == y:
    print("(\(x), \(y)) is on the line x == y")
case let (x, y) where x == -y:
    print("(\(x), \(y)) is on the line x == -y")
case let (x, y):
    print("(\(x), \(y)) is just some arbitrary point")
}
// 控制台输出: (1, -1) is on the line x == -y
```

在上面的例子中，switch 语句会判断某个点是否在 x == y 对角线上、是否在 x == -y 对角线上，或者不在对角线上。

这三个 case 都声明了常量 x 和 y 的占位符，用于临时获取元组 yetAnotherPoint 的两个值。这两个常量被用作 where 语句的一部分，从而创建一个动态的过滤器（filter）。当且仅当 where 语句的条件为 true 时，匹配到的 case 分支才会被执行。

就像是值绑定中的例子，由于最后一个 case 分支匹配了余下所有可能的值，switch 语句就已经完成了，因此不需要再书写默认分支。

当多个条件可以使用同一种方法来处理时，可以将这几种可能放在同一个 case 后面，并且用逗号隔开，形成复合型 case 分支。当 case 后面的任意一种模式匹配的时候，这条分支就会被匹配。并且，如果匹配列表过长，还可以分行书写：

```
let someCharacter: Character = "e"
switch someCharacter {
case "a", "e", "i", "o", "u":
    print("\(someCharacter) is a vowel")
case "b", "c", "d", "f", "g", "h", "j", "k", "l", "m",
    "n", "p", "q", "r", "s", "t", "v", "w", "x", "y", "z":
    print("\(someCharacter) is a consonant")
default:
    print("\(someCharacter) is not a vowel or a consonant")
}
// 控制台输出: e is a vowel
```

这个 switch 语句中的第一个 case，匹配了英语中的五个小写元音字母。类似的，第二个 case 匹配了英语中所有的小写辅音字母。最终，default 分支匹配了其他所有字符。

复合匹配同样可以包含值绑定。复合匹配里所有的匹配模式，都必须包含相同的值绑定。并且每一个绑定都必须获取相同类型的值。这保证了，无论复合匹配中的哪个模式发生了匹配，分支体内的代码，都能获取绑定的值，并且绑定的值都有一样的类型。

```
let stillAnotherPoint = (9, 0)
switch stillAnotherPoint {
case (let distance, 0), (0, let distance):
    print("On an axis, \(distance) from the origin")
default:
    print("Not on an axis")
}
// 控制台输出: On an axis, 9 from the origin
```

上面的 case 有两个模式：(let distance, 0) 匹配了在 x 轴上的值，(0, let distance) 匹配了在 y 轴上的值。两个模式都绑定了 distance，并且 distance 在两种模式下都是整型，这意味着分支体内的代码，只要 case 匹配，都可以获取 distance 值。

1.3.8 控制转移语句

continue

continue 语句告诉一个循环体立刻停止本次循环,重新开始下次循环。就好像在说"本次循环已经执行完了",但是并不会离开整个循环体。

continue 与 repeat-while 循环控制的流程图如图 1-25 所示。

下面的例子把一个小写字符串中的元音字母和空格字符移除,生成了一个含义模糊的短句:

```
let puzzleInput = "great minds think alike"
var puzzleOutput = ""
for character in puzzleInput {
    switch character {
    case "a", "e", "i", "o", "u", " ":
        continue
    default:
        puzzleOutput.append(character)
    }
}
print(puzzleOutput)
// 控制台输出: grtmndsthnklk
```

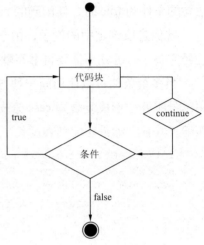

图 1-25　continue 与 repeat-while 循环控制的流程图

在上面的代码中,只要匹配到元音字母或者空格字符,就调用 continue 语句,使本次循环结束,重新开始下次循环。这种行为使 switch 匹配到元音字母和空格字符时不做处理,而不是让每一个匹配到的字符都被打印。再看一个例子:

```
for i in 1...5{
    if i == 3 {
        continue   // 本次循环结束,继续下一个循环
    }
    print(i)
}
```

上述代码控制台输出:

```
1
2
4
5
```

在上面的代码中,一旦 i 等于 3,就会运行 continue 语句,从而不再执行后面的代码而开始一个循环,i 被分配新值 4,直到循环结束。

break

break 语句会立刻结束整个控制流的执行。break 可以在 switch 或 repeat-while、while 及 for-in 等循环语句中使用,用来提前结束 switch 或循环语句。

循环语句中的 break：当在一个循环体中使用 break 时，会立刻中断该循环体的执行，然后跳转到表示循环体结束的大括号（}）后的第一行代码。不会再有本次循环的代码被执行，也不会再有下次的循环产生。break 与 repeat-while 循环控制的流程图如图 1-26 所示。

Switch 语句中的 break：当在一个 switch 代码块中使用 break 时，会立即中断该 switch 代码块的执行，并且跳转到表示 switch 代码块结束的大括号（}）后的第一行代码。这种特性可以被用来匹配或者忽略一个或多个分支。因为 Swift 的 switch 需要包含所有的分支而且不允许有为空的分支，有时为了使代码的意图更明显，需要特意匹配或者忽略某个分支。那么当想忽略某个分支时，可以在该分支内写上 break 语句。当那个分支被匹配到时，分支内的 break 语句立即结束 switch 代码块。类似上面的例子，若代码需修改为：

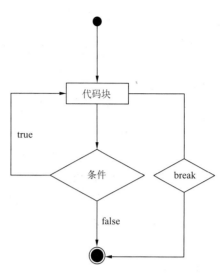

图 1-26　break 与 repeat-while 循环控制的流程图

```
for i in 1...5{
    if i == 3 {
        break        // 整个循环结束
    }
    print(i)
}
```

上述代码控制台输出：

```
1
2
```

在上面的代码中，一旦 i 等于 3，就会运行 break 语句，从而导致整个 for 循环结束。数字 3 以及之后的值就不再输出。

fallthrough

在 Swift 里，switch 语句不会从上一个 case 分支跳转到下一个 case 分支中，即不具有贯穿特性。相反，只要第一个匹配到的 case 分支完成了它需要执行的语句，整个 switch 代码块完成了它的执行。如果代码确实需要的贯穿特性，可以在每个需要该特性的 case 分支中使用 fallthrough 关键字。fallthrough 关键字不会检查它下一个将会落入执行的 case 中的匹配条件。fallthrough 简单地使代码继续连接到下一个 case 中的代码。

下面的例子使用 fallthrough 来创建一个数字的描述语句。

```
let integerToDescribe = 5
var description = "The number \(integerToDescribe) is"
switch integerToDescribe {
case 2, 3, 5, 7, 11, 13, 17, 19:
    description += "a prime number, and also"
```

```
      fallthrough
default:
      description += " an integer."
}
print(description)
// 控制台输出: The number 5 is a prime number, and also an integer.
```

这个例子定义了一个 String 类型的变量 description，并且给它设置了一个初始值。函数使用 switch 逻辑来判断 integerToDescribe 变量的值。当 integerToDescribe 的值属于列表中的素数之一时，该函数在 description 后添加一段文字，来表明这个数字是一个素数。然后它使用 fallthrough 关键字来"贯穿"到 default 分支中。default 分支在 description 的最后添加一段额外的文字，至此 switch 代码块执行完了。如果 integerToDescribe 的值不属于列表中的任何素数，那么它不会匹配到第一个 switch 分支。而这里没有其他特别的分支情况，所以 integerToDescribe 匹配到 default 分支中。当 switch 代码块执行完后，使用 print() 函数打印该数字的描述。在这个例子中，数字 5 被准确地识别为了一个素数。

扫一扫

注释和断言

1.3.9 注释和断言

注释

图 1-15 代码中的第 3、7 行做了注释。

随着代码愈加复杂，给可能阅读该代码的开发者留下一些注释，这样非常有用。可以通过在文本前面放置两个正斜线 (//) 来创建这些注释。编译代码时会忽略这些注释，因此可以尽量多写几段有帮助的注释。

```
// 设置圆周率的值
let pi = 3.14
```

如果需要多行注释，那么也可以按需要在 /* 和 */ 之间放置更多文本，而 Swift 编译器会忽略这些文本。

```
/* 圆周率的值是无限的，
   这里取近似值 */
let pi = 3.14
```

注释不一定只添加在代码难的部分，若时间允许，注释的添加越多越好，既有利于自己代码维护，也有利于后续开发人员理解。注释不完善，对后续开发人员来说是噩梦。文件顶部版权信息以及提供日期信息，比如创建和（或）修改文件的日期，一般也以注释方式添加。

断言

断言是在代码运行时所做的检查，可以用来检查在执行后续代码之前是否一个必要的条件已经被满足了。如果断言的布尔条件评估的结果为 true（真），则代码像往常一样继续执行。如果布尔条件评估结果为 false（假），程序的当前状态是无效的，则代码执行结束，应用程序中止。

使用断言不是一个能够避免程序出现无效状态的编码方法。然而，如果一个无效状态程序产生了，断言可以强制检查数据和程序状态，使得程序可预测地中止，并帮助使这个问题更容易调试。一旦探测到无效的状态，执行则被中止，防止无效状态导致的对于系统进一步的伤害。

可以调用 Swift 标准库的 assert() 函数来写一个断言。向这个函数传入一个结果为 true 或者 false 的表达式以及一条信息，当表达式的结果为 false 的时候这条信息会被显示：

```
let age = -3
assert(age >= 0, "A person's age cannot be less than zero")
// 因为 age < 0，所以断言会触发
```

在这个例子中，只有 age >= 0 为 true 时，即 age 的值非负的时候，代码才会继续执行。如果 age 的值是负数，就像代码中那样，age >= 0 为 false，断言被触发，终止应用。

如果不需要断言信息，如下写法可以忽略掉：

```
assert(age >= 0)
```

思考题

1. Swift 语言与 Objective-C 语言有什么关系？
2. Swift 常见的数据类型有哪些？
3. Swift 语言的 while 和 repeat-while 循环控制有什么区别？
4. Swift 语言的控制转移 continue 和 break 语句有什么区别？
5. Swift 语言代码写法上与其他语言有什么不同之处？

任务 2
展示运动界面

2.1 任务描述

扫一扫

任务描述

FlappyBird 游戏作为一个移动应用 App，通常在苹果 iPhone、iPad 或 iPod 等小屏触摸设备上运行。模拟器是在 iMac、MacBook 等大屏设备上进行移动应用 App 程序开发时，用于模拟小屏设备运行的辅助开发工具。大屏设备一般运行 macOS 操作系统，无触摸功能，而小屏设备一般运行 iOS 操作系统，具有触摸等良好的人机交互功能。模拟器的功能主要是帮开发者在 macOS 系统上运行 iOS 系统下的应用程序，以方便在没有实体 iOS 系统设备的时候调试 iOS 系统 App 应用程序。但作为实体 iOS 系统设备的软件模拟器，模拟器也存在一定的局限性，对需要调用实体硬件的情景就无法实现模拟和调试，主要包括相机功能、电话功能、重力感应功能及麦克风功能等。

学习完本任务内容后，要求在苹果 iPhone 模拟器上用一张静态的小鸟图像，展示自由落体运动和竖直上抛运动的动态过程，如图 2-1 所示。

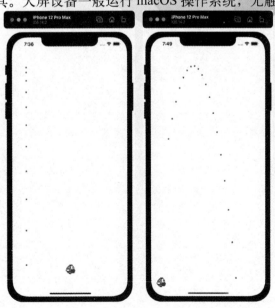

图 2-1 小鸟自由落体运动和竖直上抛运动

2.2.1　项目构建

Playground 编程就如其名字游乐场、操场，是 Xcode 的一种编程环境，主要用于一些短小的 Swift 代码片段和语法规则的验证。在实际开发中，开发者通常更多面临的是具体项目层面的问题，包括界面构建、分离和组织代码、让项目具有更清晰的层次架构和方便的代码重用。

通常项目构建有三种思路：

- 用 Storyboard 完成 UI 页面主体，然后用代码实现更细节的操作和逻辑跳转，主要针对简单的应用 App 实现，比较适合单人开发和维护，工期紧，偏重开发，文档较弱。
- 用纯代码方式完成 UI 页面全部设计及所有操作跳转，主要针对较大应用 App 开发，页面复杂，适配要求高，涉及第三方库较多，比较适合多人团队开发和维护，偏重代码重用，运行稳定性，文档要求较高。
- Storyboard 和代码方式混合使用，按需对 UI 页面和操作跳转进行分工，主要针对普通应用 App 开发，比较适合几人团队开发和维护，工期短，偏重快速迭代，对文档有一定的要求。

Storyboard 字面含义就是故事板，是一种用户界面设计环境，将多个视图文件集中到一个单独的可视化工作区间，并负责创建和管理所有的界面及界面间的跳转，就像电影剧情情节串连图板。使用 Storyboard 开发界面，其优点是效率高，UI 界面直观，正所谓所见即所得，对于开发新手入手容易，也能完成一些常用功能模块化。但缺点也非常明显，主要是多人协作容易产生冲突，在版本管理上较复杂。

使用纯代码方式可以很好地解决多人协作冲突问题，同时修改灵活，在文档配合下，项目工程可以做得非常整洁，一切都是可查可改。缺点就是开发速度一开始会比较慢，对文档的齐备和质量有一定的要求。

本任务要完成的界面比较简单，并作为 Storyboard 起步入门，本任务采用 Storyboard 和代码方式混合使用的方式构建 UI 页面及功能实现。

2.2.2　Storyboard 和模拟器运行

iOS 的 App 应用几乎都是基于 Xcode 的集成开发环境（IDE）。对于 iOS 开发者来说，Xcode 是编译和调试代码、构建用户界面、阅读文档以及向 App Store 提交 App 等时不可或缺的工具。

步骤 1：创建 Xcode 新项目

在 Xcode 欢迎界面选择 Create a new Xcode project，然后选择 iOS 下的 App，单击

扫一扫
项目构建

扫一扫
创建xcode新项目

Next 按钮，输入项目名称"FlappyBird"及确认其他配置，单击 Next 按钮，然后选择项目存放的目录，这里存放在桌面，单击 Create 按钮即完成新项目创建，如图 2-2 ～图 2-5 所示。

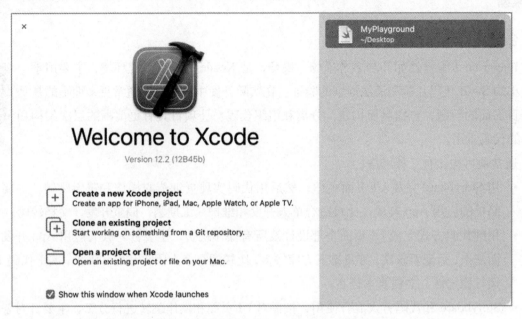

图 2-2　选择 Create a new Xcode project

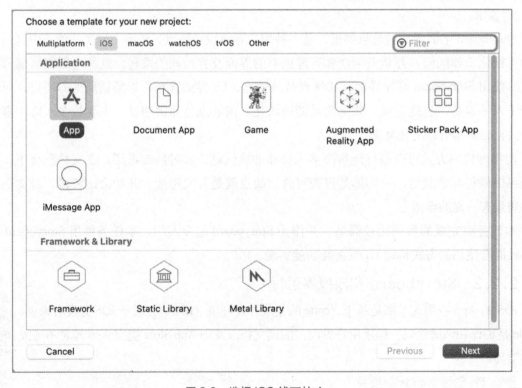

图 2-3　选择 iOS 线下的 App

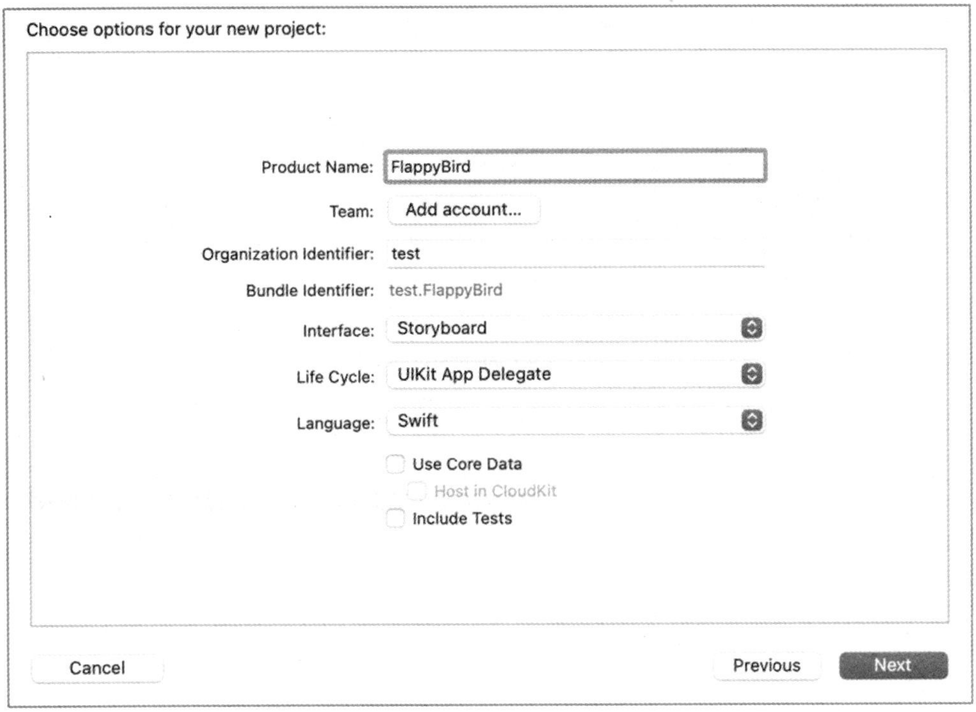

图 2-4 输入项目名称 FlappyBird 及确认其他配置

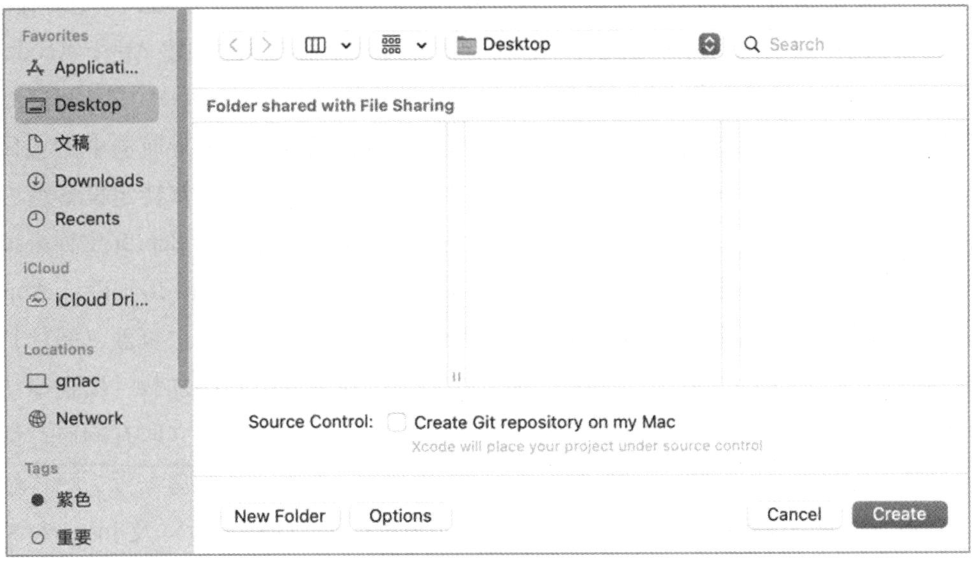

图 2-5 选择项目存放的目录

创建项目后，单击项目名称 FlappyBird，这是 .xcodeproj 文件，其中包含针对项目及其目标的所有设置。单击 Build Settings 页，在 Swift Language version 可以看到目前默认的 Swift 版本为 5，如图 2-6 所示，这里也可以修改版本为 Swift4 和 Swift4.2。

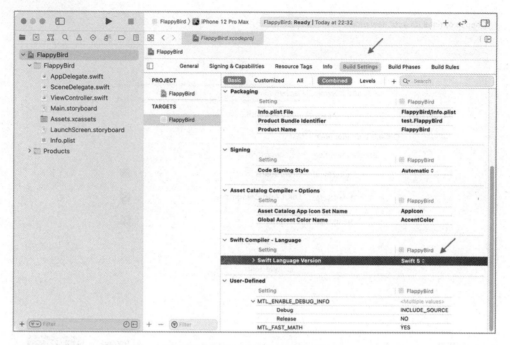

图 2-6　查看项目的 Swift 版本信息

如图 2-7 所示，单击 Xcode 界面左侧的 ViewController.swift 文件，就进入 Xcode 代码主界面。Xcode 主界面区域主要为：❶是导航区域，❷是代码编辑区域，❸是调试区域，❹是检查区域。

导航区域❶内扩展名为 .swift 的文件中包含 Swift 代码，无论何时构建 App，Xcode 都会收集所有提供的 .swift 文件，并通过 Swift 编译器运行这些文件。Assets.xcassets 文件可以维护所有素材而无须处理单个图标和图像。此素材目录有两大优势：减少了项目导航器中的项目列表，并且还显示了针对屏幕大小不同的设备使用哪些图像，并有助于快速确定特定设备是否缺失素材。Info.plist 文件包含针对目前 App 的属性列表和设置，使用项目的 .xcodeproj 文件来编辑包括 App 版本、App 图标和设备方向在内的各种设置。LaunchScreen.storyboard 用于设计 App 应用的启动页面，在用户点击主屏幕的 App 图标进入应用时候，会立即显示一个页面（图片），这个页面就是启动页面（Launch Screen）。由于 App 在启动时候需要做一些加载、检查等初始化处理，这通常比较费时，先出现启动页面（图片），可以让用户觉得 App 立即有响应，从而减少用户等待的焦虑感并提升用户体验。检查区域❹会提供属性、尺寸、连接等配置。更详细的子项说明可以查看 Xcode 屏幕顶部菜单 View 菜单下的 Navigators、Debug Area 及 Inspectors 栏内容对应。

如图 2-8 所示，单击 Xcode 界面左侧的 Main.storyboard 文件，就进入 Xcode UI 设计主界面。此时，代码编辑区域❷更换为一个手机外观的设计界面和组件列表。Xcode 内置 Interface Builder 编辑器，主要用于设计完整的用户界面而无须编写任何代码。通过向 Storyboard 拖动组件，即可将窗口、按钮、文本字段和其他对象拖放到设计画布上，从而创建有效的用户界面。

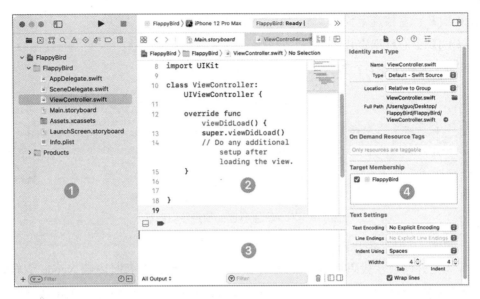

图 2-7　Xcode 的代码主界面

完整的 iOS App 是由多个供用户导航的视图组成的，这些视图之间的关系由 Storyboard 定义，Storyboard 显示 App 流的完整视图，并将它们链接在一起，形成适用于自定代码的完整用户界面。借助 Storyboard，Xcode 会自动在 UI 与代码之间建立关联。

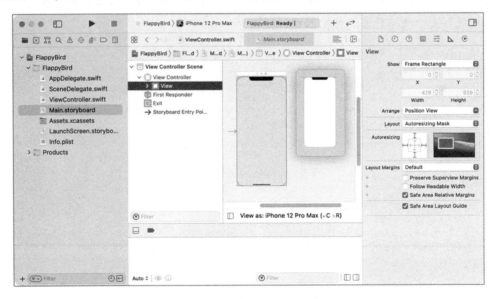

图 2-8　Xcode 的 Storyboard 主界面

在 Xcode 的主界面上方的工具栏，常用的快捷按钮图标如图 2-9 所示。使用键盘快捷键可以大幅提升操作 Xcode 的效率，最常用的快捷键如下：（cmd 为按键 command 缩写）：

- 【cmd + R】：构建并运行项目。
- 【cmd + /】：切换选定代码行的注释。

- 【cmd + [】：左移选定代码。
- 【cmd +]】：右移选定代码。
- 【option + 鼠标滚轮】：放大和缩小 Storyboard 界面。

图 2-9　Xcode 主界面的快捷按钮图标

扫一扫

静止的小鸟图像

步骤 2：开发静止的小鸟图像

为更好地展示代码和 Storyboard 内容，接下来操作会暂时隐藏 Xcode 主界面的调试区域❸和检查区域❹。当然，若有需要，会随时通过 Xcode 菜单的 View 选项或快捷图标来再次显示，如图 2-10 和图 2-11 所示。

此时，按快捷键【cmd + R】或单击 Xcode 界面工具栏的▶符号，就可以在模拟器 Simulator 内运行刚才创建的 flappyBird App 项目。在正式运行之前，可以选择 App 想要运行模拟器的目标手机设备类型。在 Xcode 界面工具栏内找到 Set the active scheme 菜单，如图 2-12 所示，然后从列表中选择想要的模拟器目标设备。

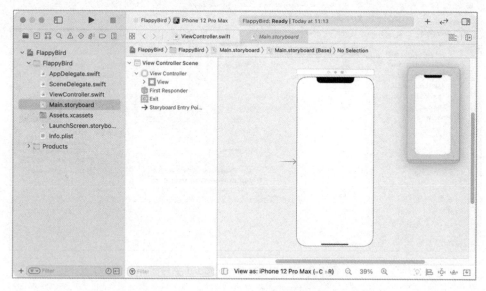

图 2-10　Xcode 主界面区域隐藏

本教材选择了最新的 iPhone 12 Pro Max 设备，屏幕为超视网膜 xdr 屏幕，屏幕尺寸 6.7 英寸，像素分辨率为 1 284 px × 2 778 px，点分辨率（逻辑分辨率）为 428 pt × 926 pt，缩放因子为 @3x。常见 iOS 设备的参数如表 2-1 所示，表中屏幕尺寸单位为英寸（inch，屏幕对角线的物理长度），逻辑分辨率单位为 pt（point，一般开发人员关注该指标），设备分辨率单位为 px（pixel，一般购买的顾客关注该指标）。

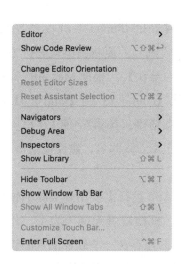

图 2-11　Xcode 的 View 菜单

图 2-12　Xcode 模拟器目标设备

表 2-1　常见 iPhone 设备的参数

型　　号	屏幕尺寸 / 英寸	逻辑分辨率 /pt	设备分辨率 /px	缩放因子
3G(s)	3.5	320×480	320×480	@1×
4(s)	3.5	320×480	640×960	@2×
5 (s/se)	4	320×568	640×1 136	@2×
6(s)/7/8	4.7	375×667	750×1 334	@2×
12mini	5.4	360×780	1 080×2 340	@3×
6(s)/7/8 Plus	5.5	414×736	1 080×1 920	@3×
X、XS、11 Pro	5.8	375×812	1 125×2 436	@3×
XR、11	6.1	414×896	828×1 792	@2×
12、12Pro	6.1	390×844	1 170×2 532	@3×
XS Max、11 Pro Max	6.5	414×896	1 242×2 688	@3×
12 Pro Max	6.7	428×926	1 284×2 778	@3×

视网膜屏幕的视网膜即英文 Retina，实际上是一种高分辨率的显示标准。当屏幕像素超过 300 ppi 时候，人眼就不能在正常观看距离辨别各个像素，从而给内容提供令人难以置信的细节，大大提升用户体验，因此称为视网膜屏幕。单位 ppi（pixel per inch）是每英寸有多少个像素。计

算举例：iPhone 12 Pro Max 是 1 284 px×2 778 px，对角线就是 3 060 px（勾股定理），除以 6.7 英寸，应该是 456 ppi，而官方给出的数字是 458 ppi。缩放因子可以理解为开发人员关注的逻辑分辨率（点）与顾客关注的设备分辨率（像素）的转换关系，比如 @3×，就是 1 个点等于 3 个像素。iPhone 6(s)/7/8 Plus 比较特殊，因为缩放因子为 @3x，因此 UI 设计人员提供的图片资源分辨率为 1 242 px×2 208 px，与设备分辨率不一致，这个系统会将图片资源缩小 1.15 倍后再渲染显示在屏幕上。

启动模拟器后，可以看到一个具有黑色边框白色背景的 iPhone 手机设备图像（因为 Storyboard 内什么东西都没有，且到目前为止没有输入任何代码）。要将图像从竖排方向旋转为横排方向，可使用键盘快捷键【cmd＋左箭头】和【cmd＋右箭头】。根据 Mac 和选择模拟的设备的屏幕分辨率，模拟器图像可能会看起来较大。可使用从【cmd＋1】到【cmd＋4】的键盘快捷键来选择不同大小的模拟器图像，分别针对物理尺寸、点精确、像素精确以及全屏显示。要退出模拟器，可使用键盘快捷键【cmd＋Q】，或者直接返回 Xcode 即可，建议模拟器一直运行，不要退出，直到后续较长时间都不需要用到为止。

另外，模拟器并不适用于 App 应用的所有部分。某些 App 运行需要用到实际的物理硬件设备时，比如相机、加速感应器、陀螺仪或近距离传感器等，模拟器就无能为力了。此时，程序将会崩溃，需要使用实际手机设备（真机）进行测试。模拟器还存在一些软件的局限性。例如，系统可以将推送通知发送到物理设备上，而帮助撰写电子邮件和文本消息的 MessageUI 框架则与模拟器不兼容。总之，如果在模拟器中遇到相关问题，则可以尝试在 iPhone 或 iPad 中测试代码，或许问题会得到解决。

单击图 2-10 的右上角＋符号，弹出 Xcode 的组件库，主要包括常用的按钮、文本框、表视图、手势识别器等多种组件，如图 2-13 所示。在搜索框内输入 image 字样，按住鼠标左键拖动搜索结果 ImageView 到 Storyboard 白色背景的内任意位置放下，如图 2-14 和图 2-15 所示。

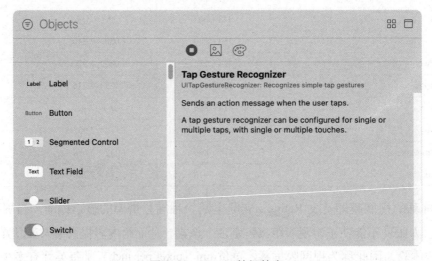

图 2-13　Xcode 的组件库

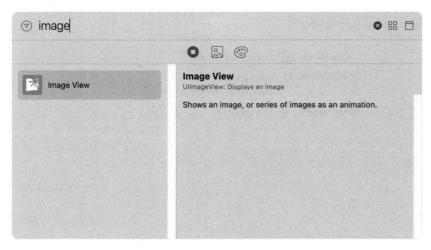

图 2-14　组件库搜索 image 关键词

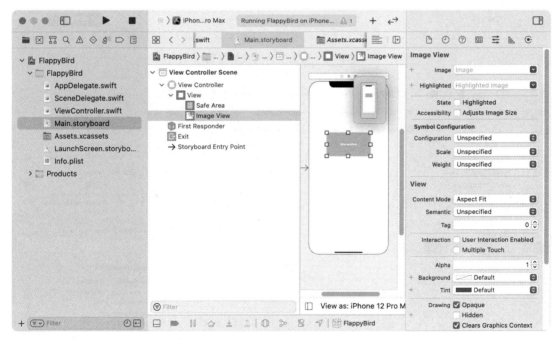

图 2-15　拖动 ImageView 到 Storyboard

　　拖动一张事先准备好的 35 px × 35 px 图片 bird.png 到 Xcode 导航区域的 FlappyBird 目录，随后对添加文件方式的弹窗单击 Finish 按钮，完成图片添加到 FlappyBird 项目，如图 2-16 和图 2-17 所示。

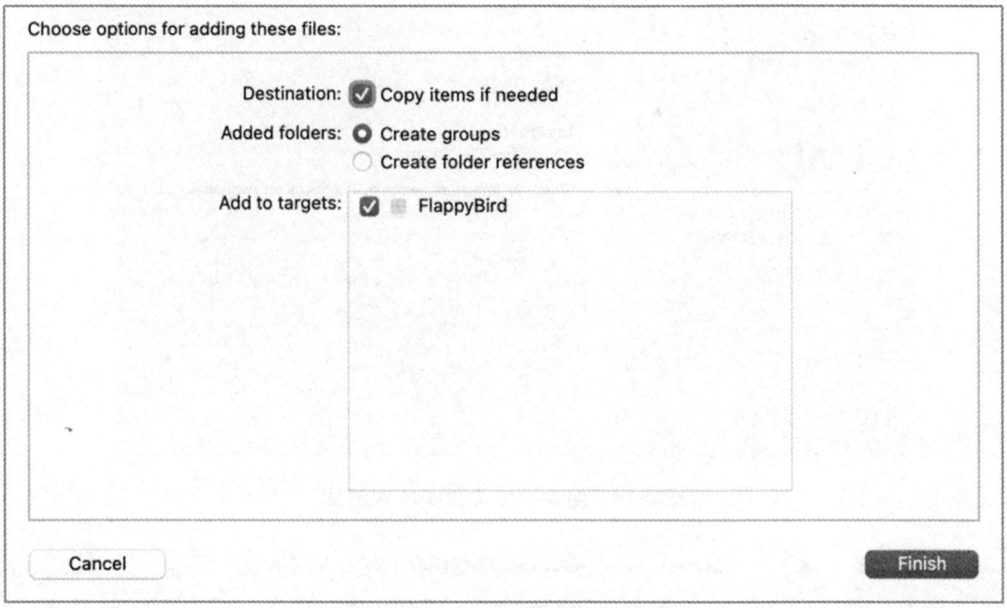

Choose options for adding these files:

Destination: ☑ Copy items if needed

Added folders: ⦿ Create groups
○ Create folder references

Add to targets: ☑ FlappyBird

Cancel   Finish

图 2-16　添加文件方式的弹窗

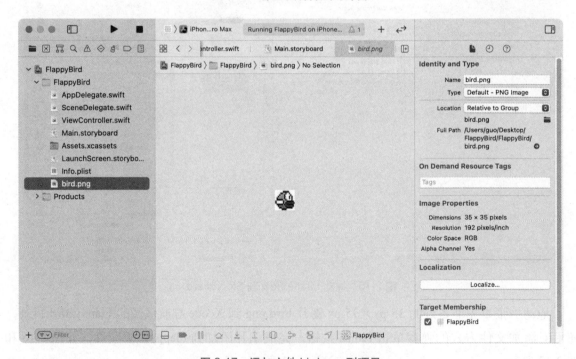

图 2-17　添加文件 bird.png 到项目

单击导航区域的 Main.storyboard 文件，在文档列表区域单击刚刚添加的 ImageView（或 storyboard 设计界面内的 ImageView 占位框），修改右侧检查区域的属性以及尺寸页面的相关属性，主要包括 Image 的来源，和 X、Y、Width 和 Height 的值，如图 2-18 和图 2-19 所示。最终

Main.storyboard 文件的设计界面外观效果应该如图 2-20 所示。按快捷键【cmd + R】运行项目，模拟器屏幕只有一只静止的小鸟图像，如图 2-21 所示。

图 2-18　属性页面配置　　　　　　　　　　图 2-19　尺寸页面配置

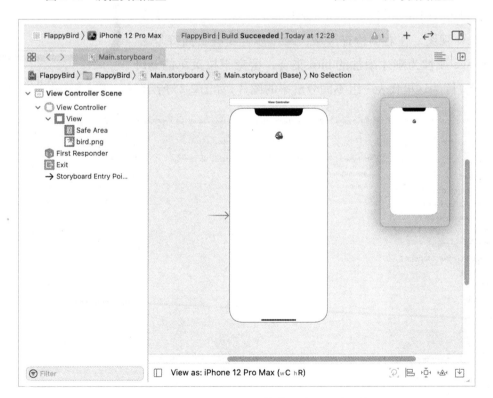

图 2-20　Main.storyboard 文件的设计界面外观效果

　　对于实际 App 开发而言，项目的图片更多添加到 Assets.xcassets 文件夹，以便统一存放和管理。在 iOS 设备上，按照 iPhone 的分辨率，图片可以分为 @2x 和 @3x 尺寸，分别代表二倍图和三倍图。在 Xcode 的代码中，使用点分辨率 pt 来标注尺寸，而不是像素分辨率 px。上述定义小鸟的 ImageView 高度为 35，这个 35 指的是 35 pt 而不是 35 px。

在非视网膜 Retina 屏下 1 pt = 1 px，而视网膜 Retina 屏下 1 pt = 2 px 或 1 pt = 3 px。为自动适配不同的 iOS 设备，UI 设计师需要制作不同尺寸的图片，比如 @1x 为 20 px × 20 px，则 @2x 为 40 px × 40 px，@3x 为 60 px × 60 px。

点击 FlappyBird 项目的 Assets.xcassets 目录，再单击在页面的左下角白底的 + 符号，如图 2-22 所示。在弹出的菜单中选择添加 Image Set，如图 2-23 所示。修改名字为 bird，并把之前 35 px × 35 px 的 bird.png 图片拖放至 3× 位置，如图 2-24 所示。事实上，因为本项目并不考虑多种 iOS 设备的适配，所以 bird.png 图片也可以拖放至 1× 或 2× 位置，对本项目没有影响。

单击 FlappyBird 项目的 Main.storyboard 目录，选中原来的 UIImageView 视图，在右侧检查区域，单击属性检查页面符号 ，修改 Image 属性为刚才添加的 bird 集合，留意下拉菜单的 bird 没有扩展名，因为这里代表一组不同分辨率的图片，如图 2-25 所示。

图 2-21　静止的小鸟图像

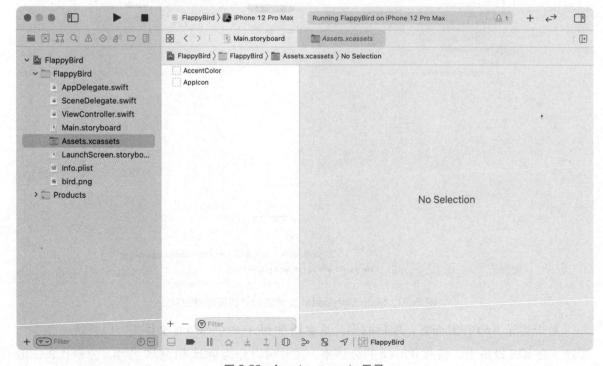

图 2-22　Assets.xcassets 目录

图 2-23　Assets.xcassets 目录添加菜单

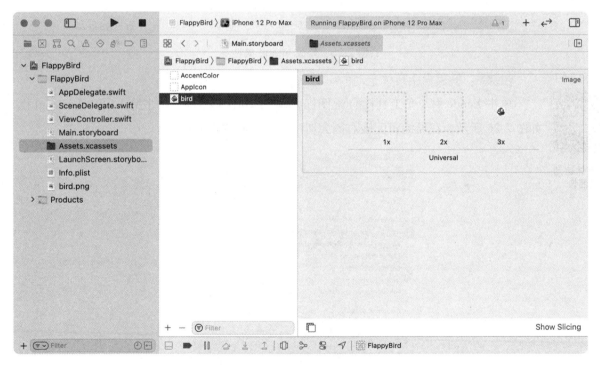

图 2-24　Assets.xcassets 目录添加 image 系列图片

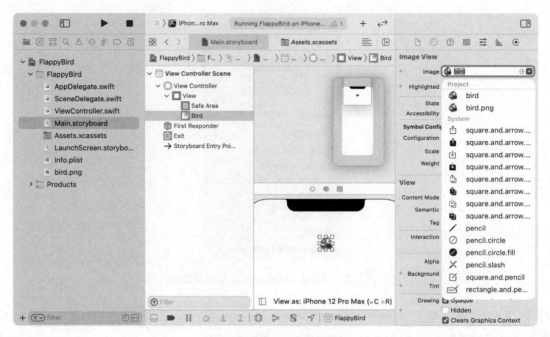

图 2-25 修改 Image 属性

步骤 3：开发自由落体运动的小鸟图像

单击 Xcode 右上角工具栏的 ☰ 图标，调整编辑区域选项，单击第 3 项的 Assistant 栏，如图 2-26 所示，在原编辑区域右侧会新增一个代码编辑窗口。

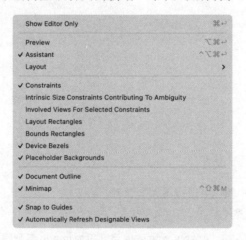

图 2-26 标记区域选项

按住鼠标右键拖动编辑区域的文档概要（Document Outline）列表 bird 视图（或按住手机设计界面的小鸟图像），拖动到右侧代码区域的第 11 行之后松开，如图 2-27 所示。松开后弹出关联窗口，如图 2-28 所示，在 Name 处输入名字 bird，单击 Connect 按钮，Xcode 会自动在刚才第 11 行之后插入一行代码，即第 12 行，如图 2-29 所示。目前整个 Xcode 的窗口较多，显示的信息有限且不清晰，可以单击导航区域的 ViewController.swift 文件，能更直观展示拖动前后的代码变化，如图 2-30 所示。

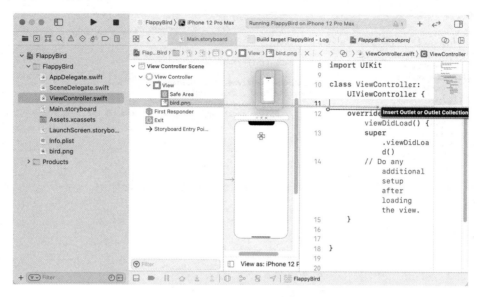

图 2-27 标记区域选项

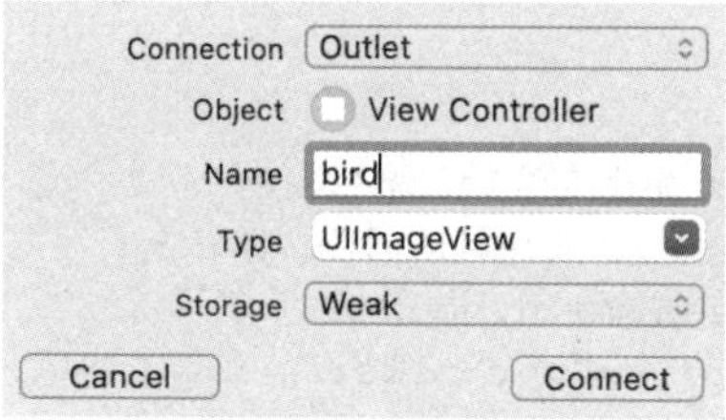

图 2-28 关联窗口

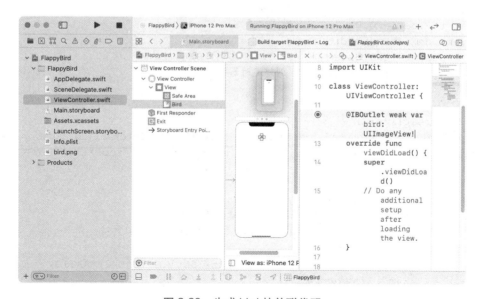

图 2-29 生成 bird 的关联代码

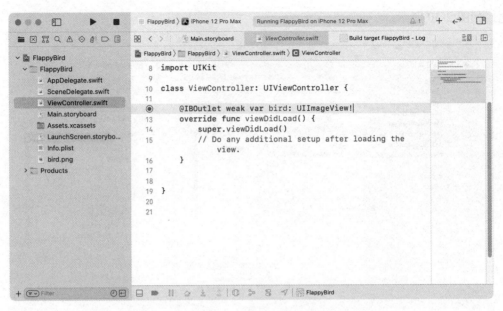

图 2-30　ViewController.swift 文件代码展示

继续修改 ViewController.swift 文件代码，最后整个文件代码如下：

```
1   import UIKit
2
3   let G:Float = 9.8   //重力加速度常数，单位 m/s²
4   let INTERVAL:Float = 0.2   //采样时间间隔，单位 s
5   let SCREEN_SIZE = UIScreen.main.bounds
6   class ViewController: UIViewController {
7
8       @IBOutlet weak var bird: UIImageView!
9       var timer:Timer?   //定义定时器
10      var t:Float = 0.0   //定义时间变量
11      override func viewDidLoad() {
12          super.viewDidLoad()
13          self.creatTimer()   //创建定时器
14      }
15
16      func creatTimer() {
17          timer = Timer.scheduledTimer(timeInterval: TimeInterval(INTERVAL), target:
    self, selector: #selector(self.birdMove), userInfo: nil, repeats: true)
18      }
19
20      @objc func birdMove() {
21          let RATIO:Float = 30.0   //转换系数
22          if bird.frame.origin.y < SCREEN_SIZE.height - 150 {
23              t += INTERVAL
24              bird.frame.origin.y = CGFloat(100 + G*(t*t/2)*RATIO)
25              //绘制 5*5 的小方块
```

```
26          let square = UIView(frame: CGRect(x: 50, y: bird.frame.origin.y,
width: 5, height: 5))
27             square.backgroundColor = UIColor.red
28             self.view.addSubview(square)
29         }
30     }
31 }
```

按快捷键【cmd＋R】或单击 Xcode 界面工具栏的 ▶ 符号，即可在模拟器 Simulator 内运行，运行过程模拟了小鸟自由落体运动过程，每个红色小方块之间的时间相等，距离越来越大，符合自由落体运动的规律，如图 2-31 所示。

图 2-31　自由落体运动过程展示

在上述代码中：

第 1 行导入 UIKit 框架，UIKit 框架提供一系列的类（接口）来建立和管理应用程序的用户界面（UI）、应用程序对象、事件控制、绘图模型、窗口、视图和用于控制触摸屏等，也可以简单认为是一个操纵界面的 API 库。

第 3 ～ 4 行定义了两个常量，分别表示重力加速度和自由落体运动采样时间间隔，都是 Float 类型。提醒一下，这里若不写 Float 也不会报错，此时两个常量类型会自动推断为 Double 类型。留意一下，这两个常量写在 ViewController 类的前面，表示可以被本项目范围内的任意代码引用。

第 5 行获取手机模拟器内部 main 主屏幕的高度和宽度，单位是 Point。UIScreen 类定义了基于硬件显示相关的属性，可以充当 iOS 设备物理屏幕的替代者（相当于屏幕）。使用这个类来获得 iOS 设备显示屏幕对象，从而获取每个屏幕对象中包含了的屏幕相关的属性。bounds 是 UIScreen 类的一个只读计算属性，本身为一个 CGRect 类型的结构体，该结构体内又有两个结构体属性（origin，size），分别为 CGPoint 和 CGSize 类型。CGPoint 类型结构体内有 x 轴坐标值 x 和 y 轴坐标值 y 属性，是点的概念，即（x，y），x 和 y 变量类型都为 CGFloat。CGSize 类型结构体内有宽度 width 和高度 height 属性，是长度的概念，类型也都为 CGFloat。对于宽度 width，从屏幕左上角（0，0）点向右为正方向，对于高度 height，从屏幕左上角（0，0）点向下为正方向。CGFloat 只是对 Float 或 Double 类型的 typealias 别名定义，在 64 位机器上，CGFloat 定义为 Double 类型，在 32 位机器上为 Float。bounds 返回的坐标是以自身 view 为参照坐标，即以（0.0，0.0）点为起点。与 bounds 类似的一个属性是 frame 结构体，其以父 view 为参照坐标。bounds 和 frame 都是用来确定 view 的位置和大小，并且 bounds 和 frame 的 CGSize 属性值是一样的。CGRect 结构体的内部属性关系如图 2-32 所示。bounds 和 frame 的区别联系如图 2-33 所示，图中 subviewB 的 bounds 属性值为（0,0,100,150），而其 frame 属性值为（50,50,100,150），因为 subviewB 的父视图 view 为 viewA，subviewB 的原点（0,0）在 viewA 的坐标为（50,50）。

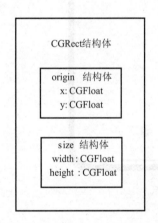

图 2-32　CGRect 结构体定义

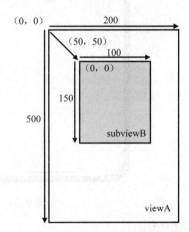

图 2-33　bounds 和 frame 坐标关系

为了查看某个类（属性、函数等也一样）的进一步文档信息，可以在 Xcode 代码窗口，按住【cmd】键右击某个类，比如 UIScreen，即可跳转到该类的定义或方法的说明上。若按住【cmd】键单击某个类或函数，就会先弹出一个窗口，然后选择 "Jump to Definition" 才能跳转到定义或说明上，有点烦琐但会有更多选项。当然，这个单击动作可以在菜单 Xcode → Preferences → Navigation 页面修改，如图 2-34 所示，将 "Command-click on Code" 选项设置成 "Jumps to Definition" 即可。

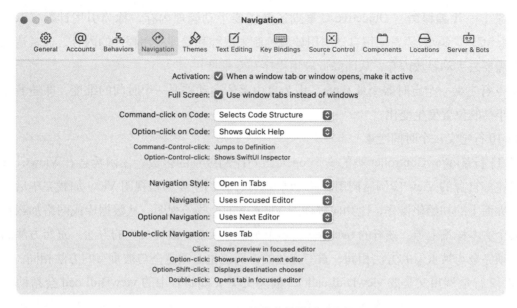

图 2-34   【cmd】键单击快捷键动作修改

第 6 行是项目工程自带的视图控制器类。FlappyBird 工程自带一个根视图 View 和一个视图控制器 ViewController。

第 8 行是一个 UIImageView 视图实例，用于显示一张小鸟图像。@IBOutlet 关键字表示 bird 变量是一个 UIImageView 实例变量，并且该实例变量已被关联到 Storyboard 可视化界面的拖放形成的 bird 对象。bird 变量也是可选类型，但由于该对象是拖放形成的，一定已经存在了，所以在类型 UIImageView 后面追加 " ! " 符号，表示 Xcode 已经完成初始化了，后续代码可以直接使用。感叹号 " ! " 也表明这里的 bird 对象必须存在，否则程序会运行崩溃。对于编译器而言，@IBOutlet 关键字并未执行任何操作，@IBOutlet 关键字可理解为连接代码和 Storyboard 可视化界面内对象的一个输出口。有这个 @IBOutlet 关键词修饰，并且与 Storyboard 某个对象的关联存在，就会在代码行号位置会出现一个实心圆圈，否则会是空心圆圈。Weak 关键字表示该 ViewController 类对 bird 这个 UIImageView 实例是弱引用。与弱引用相对的是 Strong 强引用，强引用只有在销毁父对象之前才能释放该属性，否则就永远都不会释放。

因为将 UIImageView 视图拖到 Storyboard 上，相当于新创建了一个对象，只是关联到该 ViewController，而不是添加到该 ViewController。这个对象是加到该 ViewController 的默认附带的唯一一个根视图 View 上，因此，实际上 bird 对象是属于根视图 View 的，也就是说根视图 View 对加到它上面的视图是强引用，这个时候 View 已经对 bird 强引用过了，View 才是真正持有 bird 对象，这样才符合自动引用计数 ARC 规则。所以使用 Outlet 属性的时候，对象只是在 ViewController 里面使用，而不是直接拥有，直接拥有的是 ViewController 自身的默认 View。weak 弱引用在 ViewController 不再需要该 bird 属性时候可取消分配内存。自动引用计数即 Automatic Reference Counting，可缩写为 ARC，是 Xcode 后来出现的一种自动内存管理机制。苹果上一代编程语言 Objective-C 早期通常需要手动管理内存，称为引用计数（Reference Counting,RC）。Swift 语言使用自动引用计数机制来跟踪和管理应用程序的内存，通常情况下开发者不需要去手动释放内存，从而降低应用程序开发难度。

第 9 行定义一个定时器变量 timer，因为自由落体运动需要一个时间的维度，即随着时间的流淌，小鸟的位置发生变化。

第 10 行定义一个时间变量 t。

第 11 行是 ViewController 类的一个 open 访问控制级别的函数，该函数会在 ViewController 类创建完毕自身的 View 实例后调用。viewDidLoad() 作用主要为根视图 View 加载完毕后，可以做一些界面上的初始化操作，比如向根视图 View 添加一些子视图、从数据库或网络加载数据显示在某个文本标签上等。该行的 override 表示子类继承父类，重写父类的方法。重写方法的参数列表必须完全与被重写的方法相同，重写方法的返回值也必须完全与被重写的方法相同。

第 12 行是调用父类的 viewDidLoad()，因为父类（super）中的 viewDidLoad 会帮助子类做一些初始化的工作，否则可能会有一些成员或变量没有被初始化，就可能对子类运行带来问题。

第 13 行是一个自己创建的定时器函数调用。

第 16 行定义与第 13 行对应的定时器函数，该函数没有输入参数和返回值（creat 用词来自 UNIX 系统）。

第 17 行是创建并启动一个带参数配置的 NSTimer 对象，包含在 Objective-C 封装的基础库内，参数主要包括定时器周期，单位为秒，精度可达 0.1 毫秒，到时间执行的响应函数以及是否重复执行，true 为每个指定的时间重复执行，false 为只执行一次。

第 20 行是一个小鸟自由落体运动模型的计算函数。该函数前面有 @objc 标识符，表示该函数暴露出给苹果的上一代语言 Objective-C 的代码调用，这属于 Swift 和 Objective-C 混合编程范畴。XCode 会自行检测类中函数是被 OC 调用，若没有添加 @objc，编译器会提示添加 @objc，如图 2-35 所示，单击错误提示行末尾的圆红点并单击 Fix 即可完成 func birdMove() 函数前面 @objc 标识符添加。

第 21 行设置一个转换系数常量 RATIO，把自由落体真实世界的位移单位"米"转换为手机屏幕分辨率单位"点"。

第 22 行使得小鸟不能离开屏幕底端边界，否则停止计算，相当于屏幕上设置一个真实世界的地面。

第 23 行让自由落体运动计算时间每次增加一个固定值。

第 24 行使用自由落体运动公式 1 计算小鸟位置随时间的变化。为在屏幕上更直观显示，设置初始位置 y 轴坐标值为 100 pt，计算完成后数值类型为 Float，而决定 bird 对象位置的 frame 结构体的 origin 结构体的纵向坐标 y 属性类型为 CGFloat，所以需要强制转换处理。origin 结构体的横向坐标 x 值不变。这样整体效果就是小鸟在屏幕从上往下自由落体掉下。

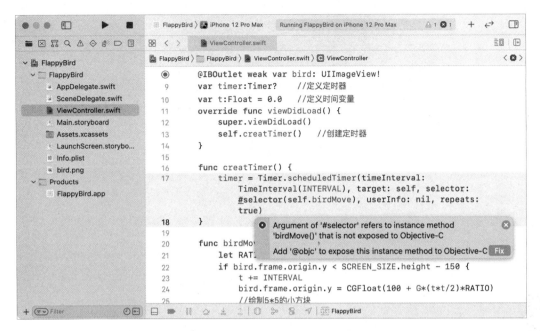

图 2-35　编译器会提示添加 @objc 标识符

第 26 ～ 28 行用于在小鸟的左边空白区域添加一个红色小方块，用来指示每个定时器周期小鸟位置，准确地说应该是小鸟图片左上角的屏幕垂直方向即 y 轴的坐标值。第 26 行定义红色小方块的位置和大小，x 轴坐标值固定为 50 pt，长宽都为 5 pt。第 27 行定义方块的背景颜色为红色。第 28 行把小方块作为控制器主 view 的子 view，加载在主 view 的上层。红色小方块的图案类似重力加速度测量实验的纸带图案，如图 2-36 所示。

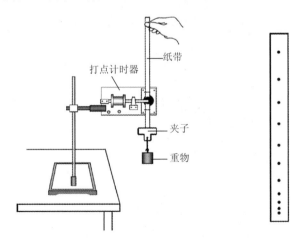

图 2-36　重力加速度测量实验的纸带图案

如图 2-30 最底部调试区域工具栏所示，单击调试区域的 ⬚ 符号，即可以 3D 方式展示模拟器屏幕各 view 之间的层次关系，也可以按住鼠标左键之后上下左右旋转各个角度进行查看，如图 2-37 所示。

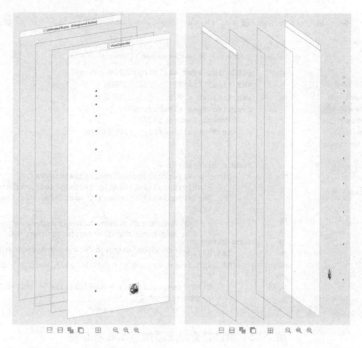

图 2-37　自由落体运动各个 view 的层次关系及旋转展示

步骤 4：竖直上抛运动的小鸟图像

在自由落体运动项目基础上，根据公式 2 修改 ViewController.swift 文件代码为如下：

```
1    import UIKit
2
3    let G:Float = 9.8    // 重力加速度常数，单位 m/s²
4    let INTERVAL:Float = 0.2    // 采样时间间隔，单位 s
5    let V0:Float = 15.0    // 设置竖直上抛运动的初速度，单位 m/s
6    let SCREEN_SIZE = UIScreen.main.bounds
7    class ViewController: UIViewController {
8
9        @IBOutlet weak var bird: UIImageView!
10       var timer:Timer?    // 定义定时器
11       var t:Float = 0.0    // 定义时间变量
12       override func viewDidLoad() {
13           super.viewDidLoad()
14           self.creatTimer()    // 创建定时器
15       }
16
17       func creatTimer() {
18           timer = Timer.scheduledTimer(timeInterval: TimeInterval(INTERVAL),
target: self, selector: #selector(self.birdMove), userInfo: nil, repeats: true)
19       }
20
21       @objc func birdMove() {
22           let RATIO:Float = 30.0    // 转换系数
23           if bird.frame.origin.y < SCREEN_SIZE.height - 150 {
24               t += INTERVAL
```

```
25          bird.frame.origin.y = CGFloat(446 - (V0*t - G*(t*t/2))*RATIO)
26          //bird.frame.origin.x = CGFloat(20.0 + 70*t)
27          // 绘制 5*5 的小方块
28          let square = UIView(frame: CGRect(x: CGFloat(50.0 + 70*t), y:
bird.frame.origin.y, width: 5, height: 5))
29          square.backgroundColor = UIColor.red
30          self.view.addSubview(square)
31        }
32    }
33 }
```

与步骤 3 相比，上述代码主要修改了 3 个地方，分别是：

增加第 5 行代码，设置竖直上抛运动的初速度常量 V0。

修改第 25 行代码，使用竖直上抛运动公式 2 计算小鸟位置随时间的变化。为在屏幕上更直观显示，参照图 2-19 所示方法，设置小鸟初始位置 x 和 y 坐标值为（20 pt，446 pt），让小鸟初始位置位于模拟器屏幕左侧中间位置。

修改第 28 行代码，红色小方块的 x 轴坐标值由原来的固定值改为随时间变化的值，这样红色小方块整体运动效果就是小鸟在屏幕上表现为抛物运动，可以更清晰地显示先竖直上抛后自由落体的运动轨迹。

以上修改后，小鸟本身的运动还是先竖直上抛，后自由落体运动，如图 2-38 所示，其各view 之间的层次关系如图 2-39 所示。若小鸟也想呈现抛物运动，则可取消第 26 行注释，让小鸟的 x 轴坐标随时间变化即可。

图 2-38　竖直上抛运动过程展示

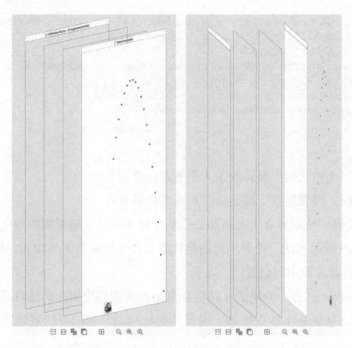

图 2-39　竖直上抛运动各个 view 的层次关系及旋转展示

2.3　相关知识

扫一扫

类和结构体的
定义

2.3.1　类和结构体的定义

在步骤 4 源码中，按【cmd】键右击第 6 行的 UIScreen 类和第 7 行的 UIView
Controller 类，跳转后可查看 UIScreen 类和 UIViewController 类的具体定义。从关键字
class 可"推测"它们都是一个类类型。bounds 是 UIScreen 类的一个 CGRect 类型，按【cmd】
右击 CGRect，从关键字 struct 可"推测"它是一个结构体类型，如图 2-40 和图 2-41 所示。

上面代码层层深究就像剥洋葱，每一层都涉及诸多知识点，读者可能并不能完全理
解，下面开始就是要对上述知识点进行一一讲解，首先介绍任何面向对象编程语言中一个非常
重要的概念——类以及 Swift 语言有着特殊性功能的结构体。

相比其他语言，Swift 中类和结构体的功能更加相近，类和结构体在很多用法上是一样的。
通常一个类的实例被称为对象，每个对象都是类的一个实例，所以为类创建一个对象也可以说
为类创建一个实例，从对象角度就是实例化一个类。

Swift 中类和结构体有很多共同点，两者都可以定义属性用于存储值、定义方法用于提供功
能、定义构造器用于设置初始值、通过扩展以增加默认实现之外的功能、遵循协议以提供某种
标准功能等。但与结构体相比，类还具有继承这一重要功能，即允许一个类继承另一个类的特征。

类支持的附加功能是以增加复杂性为代价的。作为一般情况，优先使用结构体，因为结构体更容易理解，使用更不容易出错，仅在必要时才使用类。

图 2-40　UIScreen 类

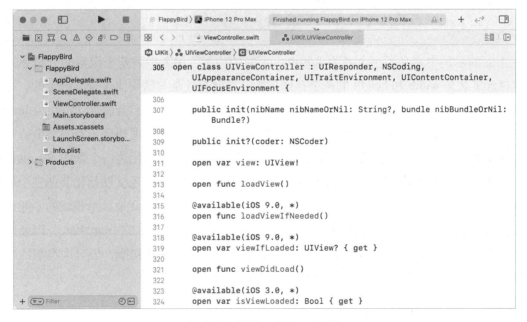

图 2-41　UIViewController 类

类和结构体的定义

类和结构体有着相似的定义方式。通过 class 关键字引入类，通过 struct 关键字引入结构体，并将它们的具体定义（属性和方法等，后面会详细阐述说明）放在一对大括号中：

```
class SomeClass {
    // 在这里定义类
}
struct SomeStructure {
    // 在这里定义结构体
}
```

当定义一个新的类或结构体时，都是定义了一个新的 Swift 类型。为保持良好的代码风格和可阅读性，与整形 Int、浮点型 Double 等基本数据类型一样，类名或结构体名首字母大写，后面每个词的首字母大写，即大驼峰式命名法（UpperCamelCase）。同时，后面详细说明提到的类或结构体的具体属性名或方法名，宜采用首字母小写，后面每个词的首字母大写，即小驼峰式命名法（lowerCamelCase）。

以下是定义定义类和结构体的一个简单示例：

```
struct Resolution {
    var width = 0
    var height = 0
}
class VideoMode {
    var resolution = Resolution()
    var interlaced = false
    var frameRate = 0.0
    var name: String?
}
```

在上面的示例中定义了一个名为 Resolution 的结构体，用来描述基于像素的分辨率。这个结构体包含了名为 width 和 height 的两个存储属性。存储属性是与结构体或者类绑定的，并存储在其中的常量或变量中。当这两个属性被初始化为整数 0 的时候，它们会被自动推断为 Int 类型。

在上面的示例中还定义了一个名为 VideoMode 的类，用来描述视频显示器的某个特定视频模式。这个类包含了四个可变的存储属性。第一个 resolution 被初始化为一个新的 Resolution 结构体的实例，属性类型被推断为 Resolution。新 VideoMode 实例同时还会初始化其他三个属性，它们分别是初始值为 false 的 interlaced（意为"非隔行视频"interlaced 是显示领域的专业词汇，即隔行扫描，是已淘汰的 CRT 电视的图像显示方式），初始值为 0.0 的 frameRate，以及值为可选 String 类型的 name。因为 name 是一个可选类型，尽管没有赋予初值，但可选类型约定不赋初值就会被自动赋予一个默认值 nil，意为"没有 name 值"。

🦅 类和结构体的实例

Resolution 结构体和 VideoMode 类的定义仅描述了什么是 Resolution 和 VideoMode。它们并没有描述一个特定的分辨率（resolution）或者视频模式（video mode）。为此，需要创建结构体或者类的一个实例，即对象。

类和结构体本身是抽象的，而对象是具体的。就像某男生说要找个女朋友，男生嘴里说的女朋友是抽象的，是类的概念，而有一天该男生真找了个女朋友并介绍给同学认识，这个女朋友就是对象的概念，是之前女朋友类的实例化。

创建结构体和类实例的语法非常相似：

```
let someResolution = Resolution()
let someVideoMode = VideoMode()
```

结构体和类都使用构造器语法来创建新的实例。构造器语法最简单形式的是在结构体或者类的类型名称后跟随一对空括号，如 Resolution() 或 VideoMode()。通过这种方式所创建的类或者结构体实例，其属性均会被初始化为默认值，此时要求结构体和类的属性要么已赋初值，要么为可选类型。2.3.5 小节和 2.3.6 小节会对类和结构体的构造器进行更详细的讨论。

2.3.2　类和结构体的属性

步骤 4 源码中的第 6 行 bounds 是 UIScreen 类一个 CGRect 类型的属性，{get} 修饰让属性更具体为只读计算属性，而 origin 和 size 又是 CGRect 结构体的存储属性。

🔖 类和结构体的属性

属性将值与特定的类和结构体关联。存储属性会将常量和变量存储为实例的一部分，而计算属性则是直接计算（而不是存储）值。存储属性和计算属性都可以用于类和结构体。属性可以理解为特性描述，比如人作为一个类时，头发是一个属性，东方人头发特性值为黑色（black），西方人头发特性值为褐色（brown）。

存储属性和计算属性通常与特定类型的实例关联。但是，属性也可以直接与类型本身关联，这种属性称为类型属性（static）。

另外，还可以定义属性观察器来监控属性值的变化，以此来触发自定义的操作。属性观察器可以添加到类本身定义的存储属性上，也可以添加到从父类继承的属性上。

扫一扫

类和结构体的
属性（上）

🔖 存储属性

一个存储属性就是存储在特定类或结构体实例里的一个常量或变量。存储属性可以是变量存储属性（用关键字 var 定义），也可以是常量存储属性（用关键字 let 定义）。

可以在定义存储属性的时候指定默认值，也可以在构造过程（带有 init 关键字）中设置或修改存储属性的值，甚至修改常量存储属性的值，在后面构造过程的内容中进一步说明。

扫一扫

类和结构体的
属性（下）

下面的例子定义了一个名为 FixedLengthRange 的结构体，该结构体用于描述整数的区间，且这个范围值在被创建后不能被修改。

```
struct FixedLengthRange {
    var firstValue: Int
    let length: Int
}
var rangeOfThreeItems = FixedLengthRange(firstValue: 0, length: 3)
```

```
// 结构体的逐一构造器，该区间表示整数 0, 1, 2
rangeOfThreeItems.firstValue = 6
// 属性访问，该区间现在表示整数 6, 7, 8
```

FixedLengthRange 的实例包含一个名为 firstValue 的变量存储属性和一个名为 length 的常量存储属性。在上面的例子中，length 在创建实例的时候被初始化，且之后无法修改它的值，因为它是一个常量存储属性。

属性访问

可以通过使用点语法访问实例的属性。其语法规则是，实例名后面紧跟属性名，两者以点号（.）分隔，不带空格。

在上面的例子中，rangeOfThreeItems.firstValue 引用 rangeOfThreeItems 的 firstValue 属性，给 firstValue 再次赋值 6。

也可以访问子属性，如前面例子的 VideoMode 中 resolution 属性的 width 属性：

```
print("The width of someVideoMode is \(someVideoMode.resolution.width)")
// 控制台输出：The width of someVideoMode is 0
```

也可以使用点语法为可变子属性赋值：

```
someVideoMode.resolution.width = 1280
print("The width of someVideoMode is now \(someVideoMode.resolution.width)")
// 控制台输出：The width of someVideoMode is now 1280
```

常量结构体实例的存储属性

如果创建了一个结构体实例并将其赋值给一个常量，则无法修改该实例的任何属性，即使被声明为可变属性也不行：

```
let rangeOfFourItems = FixedLengthRange(firstValue: 0, length: 4)
// 该区间表示整数 0, 1, 2, 3
rangeOfFourItems.firstValue = 6
// 尽管 firstValue 是个可变属性，但这里还是会报错
```

因为 rangeOfFourItems 被声明成了常量（用 let 关键字），所以即使 firstValue 是一个可变属性，也无法再修改它了。

这种行为是由于结构体属于值类型。当值类型的实例被声明为常量的时候，它的所有属性也就成了常量。

属于引用类型的类则不一样。把一个引用类型的实例赋给一个常量后，依然可以修改该实例的可变属性。

结构体是值类型

值类型是这样一种类型：当它被赋值给一个变量、常量或者被传递给一个函数的时候，其值会被复制。

实际上，Swift 中所有的基本类型：整数（Int）、浮点数（Float、Double）、布尔值（Bool）、字符串（String）、数组（Array）和字典（Dictionary），都是值类型，其底层也是使用结构体实现的。

Swift 中所有的结构体都是值类型（枚举类型也是）。这意味着它们的实例，以及实例中所包含的任何值类型的属性，在代码中传递的时候都会被复制。

下面这个示例使用了上一个示例中的 Resolution 结构体：

```
let hd = Resolution(width: 1920, height: 1080)
var cinema = hd
```

在以上示例中，声明了一个名为 hd 的常量，其值为一个初始化为全高清视频分辨率（1 920 像素宽，1 080 像素高）的 Resolution 实例。

然后示例中又声明了一个名为 cinema 的变量，并将 hd 赋值给它。因为 Resolution 是一个结构体，所以会先创建一个现有实例的副本，然后将副本赋值给 cinema 。尽管 hd 和 cinema 有着相同的宽（width）和高（height），但是在幕后它们是两个完全不同的实例。

下面，为了符合数码影院放映的需求（2 048 像素宽，1 080 像素高），cinema 的 width 属性被修改为稍微宽一点的 2K 标准：

```
cinema.width = 2048
```

然而，初始的 hd 实例中 width 属性还是 1 920：

```
print("hd is still \(hd.width) pixels wide")
// 控制台输出: hd is still 1920 pixels wide
```

将 hd 赋值给 cinema 时，hd 中所存储的值会复制到新的 cinema 实例中。结果就是两个完全独立的实例包含了相同的数值。由于两者相互独立，因此将 cinema 的 width 修改为 2 048 并不会影响 hd 中 width 的值，如图 2-42 所示。

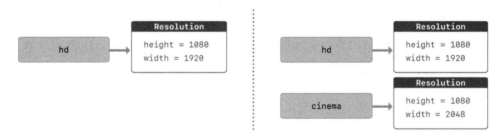

图 2-42 结构体值类型的值复制

标准库定义的集合，例如数组、字典和字符串，都对复制进行了优化，以降低性能成本。新集合不会立即复制，而是跟原集合共享同一份内存，共享同样的元素。在集合的某个副本要被修改前，才会复制它的元素。而开发者在代码中看起来就像是立即发生了复制。

类是引用类型

与值类型不同，引用类型在被赋予到一个变量、常量或者被传递到一个函数时，其值不会被复制。因此，使用的是已存在实例的引用，而不是其复本。

下面这个示例使用了之前定义的 VideoMode 类：

```
let tenEighty = VideoMode()
```

```
tenEighty.resolution = hd
tenEighty.interlaced = true
tenEighty.name = "1080i"
tenEighty.frameRate = 25.0
```

以上示例中，声明了一个名为 tenEighty 的常量，并让其引用一个 VideoMode 类的新实例。它的视频模式（video mode）被赋值为之前创建的 HD 分辨率（1920*1080）的一个复本。然后将它设置为隔行视频，名字设为"1080i"，并将帧率设置为 25.0 帧每秒。

接下来，将 tenEighty 赋值给一个名为 alsoTenEighty 的新常量，并修改 alsoTenEighty 的帧率：

```
let alsoTenEighty = tenEighty
alsoTenEighty.frameRate = 30.0
```

因为类是引用类型，所以 tenEight 和 alsoTenEight 实际上引用的是同一个 VideoMode 实例。换句话说，它们是同一个实例的两种叫法，如图 2-43 所示。

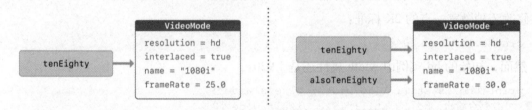

图 2-43　类引用类型的值复制

通过查看 tenEighty 的 frameRate 属性，可以看到它正确地显示了底层的 VideoMode 实例的新帧率 30.0。

```
print("The frameRate property of tenEighty is now \(tenEighty.frameRate)")
// 控制台输出：The frameRate property of theEighty is now 30.0
```

这个例子也显示了为何引用类型更加难以理解。如果 tenEighty 和 alsoTenEighty 在代码中的位置相距很远，那么就很难找到所有修改视频模式的地方。无论在哪里使用 tenEighty，都要考虑使用 alsoTenEighty 的代码，反之亦然。相反，值类型就更容易理解了，因为源码中与同一个值交互的代码都很近。

注意：tenEighty 和 alsoTenEighty 被声明为常量而不是变量。然而依然可以改变 tenEighty.frameRate 和 alsoTenEighty.frameRate，这是因为 tenEighty 和 alsoTenEighty 这两个常量的值并未改变（也可以理解为常量指向的地址没有改变）。它们并不"存储"这个 VideoMode 实例，而仅仅是对 VideoMode 实例的引用。所以，改变的是底层 VideoMode 实例的 frameRate 属性，而不是指向 VideoMode 的常量引用的值（地址）。

类的恒等运算符

因为类是引用类型，所以多个常量和变量可能在幕后同时引用同一个类实例。（对于结构体来说，这并不成立。因为它作为值类型，在被赋予到常量、变量或者传递到函数时，其值总是会被复制。）

判定两个常量或者变量是否引用同一个类实例有时很有用。为了达到这个目的，Swift 提供了两个恒等运算符：

- 相同（===）
- 不相同（!==）

使用这两个运算符检测两个常量或者变量是否引用了同一个实例：

```
if tenEighty === alsoTenEighty {
    print("tenEighty and alsoTenEighty refer to the same VideoMode instance.")
}
// 控制台输出：tenEighty and alsoTenEighty refer to the same VideoMode instance.
```

注意："相同"（用三个等号表示，===）与"等于"（用两个等号表示，==）的不同。"相同"表示两个类类型（class type）的常量或者变量引用同一个类实例。"等于"表示两个实例的值"相等"或"等价"。

延时加载存储属性

延时加载存储属性是指当第一次被调用的时候才会计算其初始值的属性。在属性声明前使用 lazy 来标示一个延时加载存储属性。留意一下，必须将延时加载属性声明成变量（使用 var 关键字），因为属性的初始值可能在实例构造完成之后才会得到。而常量属性在构造过程完成之前必须要有初始值，因此无法声明成延时加载。

当属性的值依赖于一些外部因素且这些外部因素只有在构造过程结束之后才会知道的时候，延时加载属性就会很有用。或者当获得属性的值因为需要复杂或者大量的计算，而采用需要时再计算的方式，延时加载属性也会很有用。

下面的例子使用了延时加载存储属性来避免复杂类中不必要的初始化工作。例子中定义了 DataImporter 和 DataManager 两个类，下面是部分代码：

```
class DataImporter {
    /*
    DataImporter 是一个负责将外部文件中的数据导入的类。
    这个类的初始化会消耗不少时间。
    */
    var fileName = "data.txt"
    // 这里会有相关代码提供数据导入功能
}
class DataManager {
    lazy var importer = DataImporter()
    var data = [String]()               // 定义一个字符串数组
    // 这里会有相关代码提供数据管理功能
}
let manager = DataManager()
manager.data.append("Some data")        // 数组新增一个字符串元素
manager.data.append("Some more data")   // 数组再新增一个字符串元素
// DataImporter 实例的 importer 属性还没有被创建
```

DataManager 类包含一个名为 data 的存储属性，初始值是一个空的字符串数组。这里没有给出全部代码，只需知道 DataManager 类的目的是管理和提供对这个字符串数组的访问即可。

DataManager 的一个功能是从文件中导入数据。这个功能由 DataImporter 类提供，DataImporter 完成初始化需要消耗不少时间：因为它的实例在初始化时可能需要打开文件并读取文件中的内容到内存中。

DataManager 管理数据时也可能不从文件中导入数据。所以当 DataManager 的实例被创建时，没必要创建一个 DataImporter 的实例，更明智的做法是第一次用到 DataImporter 的时候才去创建它。

由于使用了 lazy，DataImporter 的实例 importer 属性只有在第一次被访问的时候才被创建。比如访问它的属性 fileName 时：

```
print(manager.importer.fileName)
// DataImporter 实例的 importer 属性现在被创建了
// 控制台输出: data.txt
```

📙 计算属性

除存储属性外，类和结构体可以定义计算属性（枚举也是）。计算属性不直接存储值，而是提供一个 getter 和一个可选的 setter，来间接获取和设置其他属性或变量的值。

```
struct Point {
    var x = 0.0, y = 0.0
}
struct Size {
    var width = 0.0, height = 0.0
}
struct Rect {
    var origin = Point()
    var size = Size()
    var center: Point {
        get {
            let centerX = origin.x + (size.width / 2)
            let centerY = origin.y + (size.height / 2)
            return Point(x: centerX, y: centerY)
        }
        set(newCenter) {
            origin.x = newCenter.x - (size.width / 2)
            origin.y = newCenter.y - (size.height / 2)
        }
    }
}
var square = Rect(origin: Point(x: 0.0, y: 0.0),
    size: Size(width: 10.0, height: 10.0))
let initialSquareCenter = square.center
square.center = Point(x: 15.0, y: 15.0)
print("square.origin is now at (\(square.origin.x), \(square.origin.y))")
// 控制台输出: square.origin is now at (10.0, 10.0)
```

这个例子定义了 3 个结构体来描述几何形状：

- Point 封装了一个 (x, y) 的坐标。
- Size 封装了一个 width 和一个 height。
- Rect 表示一个有原点和尺寸的矩形。

Rect 也提供了一个名为 center 的计算属性。一个
Rect 的中心点可以从 origin（原点）和 size（大小）
算出，所以不需要将中心点以 Point 类型的值来保存。
Rect 的计算属性 center 提供了自定义的 getter 和 setter
来获取和设置矩形的中心点，就像它有一个存储属性
一样。

上述例子中创建了一个名为 square 的 Rect 实例，
初始值原点是 (0, 0)，宽度高度都是 10，如图 2-44 中
蓝色正方形所示。

square 的 center 属性可以通过点运算符（square.
center）来访问，这会调用该属性的 getter 来获取它的
值。跟直接返回已经存在的值不同，getter 实际上通
过计算然后返回一个新的 Point 来表示 square 的中心
点。如代码所示，它正确返回了中心点 (5, 5)。

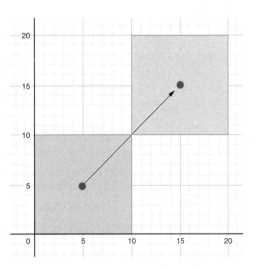

图 2-44　蓝色的正方形（左下角）和黄色的正
方形（右上角）

center 属性之后被设置了一个新的值 (15, 15)，表示向右上方移动正方形到如图 2-44 中黄色
正方形所示的位置。设置属性 center 的值会调用它的 setter 来修改属性 origin 的 x 和 y 的值，从
而实现移动正方形到新的位置。

如果计算属性的 setter 没有定义表示新值的参数名，则可以使用默认名称 newValue。下面
是使用了简化 setter 声明的 Rect 结构体代码：

```
struct AlternativeRect {
    var origin = Point()
    var size = Size()
    var center: Point {
        get {
            let centerX = origin.x + (size.width / 2)
            let centerY = origin.y + (size.height / 2)
            return Point(x: centerX, y: centerY)
        }
        set {
            origin.x = newValue.x - (size.width / 2)
            origin.y = newValue.y - (size.height / 2)
        }
    }
}
```

只读计算属性

只有 getter 没有 setter 的计算属性称为只读计算属性。只读计算属性总是返回一个值，可以通过点运算符访问，但不能设置新的值。留意一下，必须使用 var 关键字定义计算属性，包括只读计算属性，因为它们的值不是固定的。let 关键字只用来声明常量属性，表示初始化后再也无法修改的值。

只读计算属性的声明可以去掉 get 关键字和花括号：

```
struct Cuboid {
    var width = 0.0, height = 0.0, depth = 0.0
    var volume: Double {
        return width * height * depth
    }
}
let fourByFiveByTwo = Cuboid(width: 4.0, height: 5.0, depth: 2.0)
print("the volume of fourByFiveByTwo is \(fourByFiveByTwo.volume)")
// 控制台输出: the volume of fourByFiveByTwo is 40.0
```

这个例子定义了一个名为 Cuboid 的结构体，表示三维空间的立方体，包含 width、height 和 depth 属性。结构体还有一个名为 volume 的只读计算属性用来返回立方体的体积。为 volume 提供 setter 毫无意义，因为无法确定如何修改 width、height 和 depth 三者的值来匹配新的 volume。然而，Cuboid 提供一个只读计算属性来让外部用户直接获取体积是很有用的。

属性观察器

属性观察器监控和响应属性值的变化，每次属性被设置值的时候都会调用属性观察器，即使新值和当前值相同的时候也不例外。

可以在以下位置添加属性观察器：

- 自定义的存储属性。
- 继承的存储属性。
- 继承的计算属性。

对于继承的属性，可以在子类中通过重写属性的方式为它添加属性观察器。对于自定义的计算属性来说，使用它的 setter 监控和响应值的变化，而不是尝试创建观察器。

可以为属性添加其中一个或两个观察器：

- willSet 在新的值被设置之前调用。
- didSet 在新的值被设置之后调用。

willSet 观察器会将新的属性值作为常量参数传入，在 willSet 的实现代码中可以为这个参数指定一个名称，如果不指定则参数仍然可用，这时使用默认名称 newValue 表示。

同样，didSet 观察器会将旧的属性值作为参数传入，可以为该参数指定一个名称或者使用默认参数名 oldValue。如果在 didSet 方法中再次对该属性赋值，那么新值会覆盖旧的值。

留意一下，在父类初始化方法调用之后，在子类构造器中给父类的属性赋值时，会调用父类属性的 willSet 和 didSet 观察器。而在父类初始化方法调用之前，给子类的属性赋值时不会调用子类属性的观察器。

下面是一个 willSet 和 didSet 实际运用的例子，其中定义了一个名为 StepCounter 的类，用来统计一个人步行时的总步数。这个类可以跟计步器或其他日常锻炼的统计装置的输入数据配合使用。

```
class StepCounter {
    var totalSteps: Int = 0 {
        willSet(newTotalSteps) {
            print("将 totalSteps 的值设置为 \(newTotalSteps)")
        }
        didSet {
            if totalSteps > oldValue  {
                print("增加了 \(totalSteps - oldValue) 步")
            }
        }
    }
}
let stepCounter = StepCounter()
stepCounter.totalSteps = 200
// 将 totalSteps 的值设置为 200
// 增加了 200 步
stepCounter.totalSteps = 360
// 将 totalSteps 的值设置为 360
// 增加了 160 步
stepCounter.totalSteps = 896
// 将 totalSteps 的值设置为 896
// 增加了 536 步
```

StepCounter 类定义了一个叫 totalSteps 的 Int 类型的属性。它是一个存储属性，包含 willSet 和 didSet 观察器。

当 totalSteps 被设置新值的时候，它的 willSet 和 didSet 观察器都会被调用，即使新值和当前值完全相同时也会被调用。

例子中的 willSet 观察器将表示新值的参数自定义为 newTotalSteps，这个观察器只是简单地将新的值输出。

didSet 观察器在 totalSteps 的值改变后被调用，它把新值和旧值进行对比，如果总步数增加了，就输出一个消息表示增加了多少步。didSet 没有为旧值提供自定义名称，所以默认值 oldValue 表示旧值的参数名。

2.3.3　函数与方法

步骤 4 源码中的 ViewController 类中包括了四个函数，包括 viewDidLoad()、creatTimer() 及 birdMove()，以此三个函数有序执行，从而实现了竖直上抛运动的开始、运动及结束。从以上三个函数可知函数的共性：都有一个 func 关键字、函数名后

扫一扫

函数与方法
（上）

扫一扫

函数与方法
（下）

紧随一对圆括号（）以及一对大括号{}。此三个函数位于 ViewController 类中，属于 ViewController 类实例，所以也称为实例方法。而 scheduledTimer 则是 Timer 类的类型方法，直接使用类名称调用，不需要事先实例化。

　　实例方法提供访问和修改实例属性的方法或提供与实例目的相关的功能，并以此来支撑实例的功能。实例方法的语法与函数完全一致，方法一般与特定类型实例相关联，而函数的称谓更宽泛。

下面先对函数进行讨论，然后延伸到类的方法。

函数是一段完成特定任务的独立代码片段。可以通过给函数命名来标识某个函数的功能，这个名字可以被用来在需要的时候"调用"这个函数来完成它的任务。其实，前面有个一个函数被反复调用执行打印的任务，就是 Swift 提供的 print() 函数。在执行该函数时候，不用担心 print() 函数如何实现的细节，它自然而然就能运行。如果想编写可维护、可重复使用的代码，就需要创建自己的函数。

在 Swift 中，每个函数都有一个由函数的参数值类型和返回值类型组成的类型。可以把函数类型当作任何其他普通变量类型一样处理，这样就可以更简单地把函数当作别的函数的参数，也可以从其他函数中返回函数。函数的定义可以写在其他函数定义中，这样可以在嵌套函数范围内实现功能封装。

函数的定义与调用

定义一个函数时，可以定义一个或多个有名字和类型的值，作为函数的输入，称为参数，也可以定义某种类型的值作为函数执行结束时的输出，称为返回类型。

函数的定义通常是这样的：

```
func functionName (parameters) -> ReturnType {
    // 函数体
}
```

函数由三个要素构成：函数名称、可选参数列表和可选返回类型。调用一个函数类似于拨打一通电话。能够传递信息（参数），而且还能够得到信息反馈（返回值）。Swift 中的函数可接受 0 个、1 个或多个参数，相应的，也能返回 0 个、1 个或多个值。

func 关键词会告诉 Swift 编译器正在声明一个函数。在 func 之后紧跟着添加函数名称，其后接圆括号 ()，圆括号内可包含或不包含参数列表。最后，如果函数有返回值，就写下一个箭头 (->)，其后接函数将返回的数据类型，如 Int、Sring、Person 等。

每个函数有个函数名，用来描述函数执行的任务。要使用一个函数时，用函数名来"调用"这个函数，并传给它匹配的输入值，称作实参。函数的实参必须与函数参数表里参数的顺序一致。

比如，下面是一个典型的函数，完成求 2 个整数之和的任务：

```
func sum(a: Int, b: Int) -> Int {
    return a + b
}
```

```
let result = sum(a: 10, b: 20)
print(result)
// 控制台输出：30
```

上述代码中，a 和 b 都是 Int 类型的参数，箭头（->）后面是返回一个 Int 类型的值，返回的值被赋值给常量 result，最后完成打印输出。

🏊 **无参数函数**

下面是显示圆周率（π）前十位数字函数的示例。由于打印圆周率无须额外输入内容，因此函数没有参数。而且由于打印圆周率无须为函数调用方返回任何相关信息，因此不会指定返回值。

```
func displayPi() {
    print("3.1415926535")
}
displayPi()
// 控制台输出：3.1415926535
```

在正确声明函数之后，就可以通过函数名称从任意位置调用或执行该函数。尽管这个函数没有参数，但是定义中在函数名后还是需要一对圆括号。当被调用时，也需要在函数名后写一对圆括号。

🏊 **多参数函数**

要指定具有参数的函数，可将值的名称、冒号（:）和值的类型全部插入到圆括号内。比如，编写一个名为 triple 的函数，此函数接收一个 Int 类型值，并会将 Int 值乘以 3，再打印结果。

```
func triple(value: Int) {
    let result = value * 3
    print("If you multiply \(value) by 3, you'll get \(result).")
}
triple(value: 10)
// 控制台输出：If you multiply 10 by 3, you'll get 30.
```

在上面的代码中，value 参数名为可以在函数内使用的常量。

要将多个自变量传递给函数，可使用逗号 (,) 分隔每个参数。下面为接收两个 Int 参数的函数示例，该函数会将二者相乘并打印结果：

```
func multiply(firstNumber: Int, secondNumber: Int) {
    let result = firstNumber * secondNumber
    print("The result is \(result).")
}
multiply(firstNumber: 10, secondNumber: 5)
// 控制台输出：The result is 50.
```

🏊🏊 **内部形参和外部标签**

从上面 multiply() 函数可以看到，函数体内部形参和外部调用时候的实参标签都具有相同的名称，都是 firstNumber 和 secondNumber。若想让内部形参和外部标签不一致，以使函数参数名称含义更清晰，可以将外部标签名称写在前面，内部形参名称写在后面，如下：

```
func multiply(multiplicand firstNumber: Int, multiplier secondNumber: Int) {
    let result = firstNumber * secondNumber
    print("The result is \(result).")
}
multiply(multiplicand: 10, multiplier: 5)
// 控制台输出: The result is 50.
```

上述新的multiply()函数在调用时候采用了更正式的被乘数(multiplicand)和乘数(multiplier)的命名，而函数内部则采用了前后位置关系的命名方式。

也可以省略外部标签名称，用下画线（_）代替标签名称即可：

```
func multiply(_ firstNumber: Int, _ secondNumber: Int) {
    let result = firstNumber * secondNumber
    print("The result is \(result).")
}
multiply(10, 5)
// 控制台输出: The result is 50.
```

无外部标签名称的函数看起来更加简洁，就像print()函数一样，也可以是一个无外部标签名称的函数。

无返回值函数

上述multiply()函数都没有返回值，因此在这个函数的定义中没有返回箭头(->)和返回类型。

严格地说，即使没有明确定义返回值，该multiply()函数仍然返回一个值。没有明确定义返回类型的函数返回一个 Void 类型特殊值，该值为一个空元组，写成 ()。

若需要返回值，则可以表示为：

```
func multiply(firstNumber: Int, secondNumber: Int) -> Int {
    return firstNumber * secondNumber
}
print(multiply(firstNumber: 10, secondNumber: 5))
// 控制台输出: The result is 50.
```

返回值可以被忽略，但定义了有返回值的函数必须返回一个值，如果函数定义没有返回任何值，将导致编译时错误。

多重返回值函数

可以用元组（tuple）类型让多个值作为一个复合值从函数中返回。

下例中定义了一个名为 minMax(array:) 的函数，作用是在一个 Int 类型的数组中找出最小值与最大值。

```
func minMax(array: [Int]) -> (min: Int, max: Int) {
    var currentMin = array[0]
    var currentMax = array[0]
    for value in array[1..<array.count] {
        if value < currentMin {
            currentMin = value
        } else if value > currentMax {
```

```
            currentMax = value
        }
    }
    return (currentMin, currentMax)
}
```

minMax(array:) 函数返回一个包含两个 Int 值的元组，这些值被标记为 min 和 max，以便查询函数的返回值时可以通过名字访问它们。

在 minMax(array:) 的函数体中，在开始的时候设置两个工作变量 currentMin 和 currentMax 的值为数组中的第一个数。然后函数会遍历数组中剩余的值，并检查该值是否比 currentMin 和 currentMax 更小或更大。最后数组中的最小值与最大值作为一个包含两个 Int 值的元组返回。

因为元组的成员值已被命名，因此可以通过点（.）语法来检索找到的最小值与最大值：

```
let bounds = minMax(array: [8, -6, 2, 109, 3, 71])
print("min is \(bounds.min) and max is \(bounds.max)")
// 控制台输出: min is -6 and max is 109
```

需要注意的是，元组的成员不需要在元组从函数中返回时命名，因为它们的名字已经在函数返回类型中指定了，即在箭头 (->) 之后的元组内指定。

默认参数值

可以在函数体中通过给参数赋值来为任意一个参数定义默认值。当默认值被定义后，调用这个函数时可以忽略这个参数。

```
func someFunction(parameterWithoutDefault: Int, parameterWithDefault: Int = 12) {
    // 如果在调用时候不传第二个参数，parameterWithDefault 会将值 12 传入到函数体中
}
someFunction(parameterWithoutDefault: 3, parameterWithDefault: 6)
                                        // parameterWithDefault = 6
someFunction(parameterWithoutDefault: 4)  // parameterWithDefault = 12
```

将不带有默认值的参数放在函数参数列表的最前。一般来说，没有默认值的参数更加重要，将不带默认值的参数放在最前，保证在函数调用时非默认参数的顺序是一致的，同时也使得相同的函数在不同情况下调用时显得更为清晰。

可变参数

一个可变参数可以接收零个或多个值。函数调用时，可以用可变参数来指定函数参数可被传入不确定数量的输入值。通过在变量类型名后面加入（...）的方式来定义可变参数。

可变参数的传入值在函数体中变为此类型的一个数组。例如，一个叫作 numbers 的 Double... 型可变参数，在函数体内可以当作一个叫 numbers 的 [Double] 型的数组常量。

下面的这个函数用来计算一组任意长度数字的算术平均数：

```
func arithmeticMean(_ numbers: Double...) -> Double {
    var total: Double = 0
    for number in numbers {
        total += number
```

```
    }
    return total / Double(numbers.count)
}
arithmeticMean(1, 2, 3, 4, 5)
// 返回 3.0, 是这 5 个数的平均数。
arithmeticMean(3, 8.25, 18.75)
// 返回 10.0, 是这 3 个数的平均数。
```

留意一下，一个函数最多只能拥有一个可变参数。

输入输出参数

函数参数默认是常量，试图在函数体中更改参数值将会导致编译错误。这意味着不能错误地去更改参数值。如果想要一个函数可以修改参数的值，并且想要在这些修改在函数调用结束后仍然存在，那么就应该把这个参数定义为输入输出参数（In-Out Parameters）。

定义一个输入输出参数时，在参数定义前加 inout 关键字。一个输入输出参数有传入函数的值，这个值被函数修改，然后被传出函数，替换原来的值。

只能传递变量给输入输出参数，不能传入常量或者字面量，因为这些量是不能被修改的。当传入的参数作为输入输出参数时，需要在参数名前加 & 符，表示这个值可以被函数修改。

下例中，swapTwoInts(_:_:) 函数有两个分别叫作 a 和 b 的输入输出参数：

```
func swapTwoInts(_ a: inout Int, _ b: inout Int) {
    let temporaryA = a
    a = b
    b = temporaryA
}
var someInt = 3
var anotherInt = 107
swapTwoInts(&someInt, &anotherInt)
print("someInt is now \(someInt), and anotherInt is now \(anotherInt)")
// 控制台输出: someInt is now 107, and anotherInt is now 3
```

swapTwoInts(_:_:) 函数简单地交换 a 与 b 的值。该函数先将 a 的值存到一个临时常量 temporaryA 中，然后将 b 的值赋给 a，最后将 temporaryA 赋值给 b。

可以用两个 Int 型的变量来调用 swapTwoInts(_:_:)。需要注意的是，someInt 和 anotherInt 在传入 swapTwoInts(_:_:) 函数前，都加了 & 的前缀。

从上面这个例子中可以看到 someInt 和 anotherInt 的原始值在 swapTwoInts(_:_:) 函数中被修改，尽管它们的定义在函数体外。

另外，类类型因为本身是引用类型，当类作为函数参数时本身就具有输入输出参数功能。

```
class TwoInts {
    var a = 10
    var b = 20
}
func swapTwoInts(_ ab: TwoInts) {
    let temporaryA = ab.a
    ab.a = ab.b
```

```
        ab.b = temporaryA
    }
    let twoInts = TwoInts()
    print(twoInts.a,twoInts.b)
    // 控制台输出: 10 20
    swapTwoInts(twoInts)
    print(twoInts.a,twoInts.b)
    // 控制台输出: 20 10
```

而结构体是值类型，作为函数参数时是只读的，不具有修改和输入输出功能。若将上述代码第一行 class 改为 struct，则会报错，如图 2-45 所示。

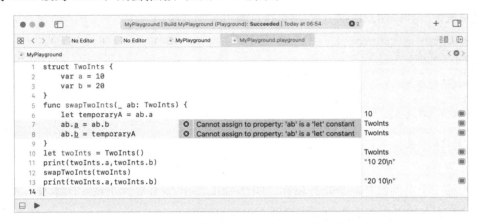

图 2-45 结构体实例作为函数参数传递

类的实例方法

方法是与某些特定类型相关联的函数。类、结构体、枚举都可以定义实例方法。实例方法为给定类型的实例封装了具体的任务与功能。

实例方法要写在它所属的类型的前后大括号之间。实例方法能够隐式访问它所属类型的所有的其他实例方法和属性。实例方法只能被它所属的类的某个特定实例调用。实例方法不能脱离于现存的实例而被调用。

步骤 4 代码的 ViewController 类中 viewDidLoad()、creatTimer() 及 birdMove() 都是实例方法。尽管在调用过程看不到实例化后的对象名称，这些都被 Xcode 背后默认处理了。

下面以类为例子，定义一个很简单的 Counter 类，Counter 能被用来对一个动作发生的次数进行计数：

```
class Counter {
    var count = 0
    func increment() {
        count += 1
    }
    func increment(by amount: Int) {
        count += amount
    }
    func reset() {
```

```
        count = 0
    }
}
```

Counter 类定义了三个实例方法：

- increment 让计数器按一递增。
- increment(by: Int) 让计数器按一个指定的整数值递增。
- reset 将计数器重置为 0。

Counter 这个类还声明了一个可变属性 count，用它来保持对当前计数器值的追踪。

和调用属性一样，用点语法（dot syntax）调用实例方法：

```
let counter = Counter()
// 初始计数值是 0
counter.increment()
// 计数值现在是 1
counter.increment(by: 5)
// 计数值现在是 6
counter.reset()
// 计数值现在是 0
```

self 属性

类型的每一个实例都有一个隐含属性，叫作 self，self 完全等同于该实例本身。可以在一个实例的实例方法中使用这个隐含的 self 属性来引用当前实例。

上面例子中的 increment 方法还可以这样写：

```
func increment() {
    self.count += 1
}
```

实际上，不必在代码里面经常写 self。不论何时，只要在一个方法中使用一个已知的属性或者方法名称，如果没有明确地写 self，Swift 假定是指当前实例的属性或者方法。这种假定在上面的 Counter 中就是这样处理的：Counter 中的三个实例方法中都使用的是 count，而不是 self.count。

使用这条规则的主要场景是实例方法的某个参数名称与实例的某个属性名称相同的时候。在这种情况下，参数名称享有优先权，并且在引用属性时必须使用一种更严格的方式。这时可以使用 self 属性来区分参数名称和属性名称。

下面的例子中，self 消除了方法参数 x 和实例属性 x 之间的歧义：

```
struct Point {
    var x = 0.0, y = 0.0
    func isToTheRightOf(x: Double) -> Bool {
        return self.x > x
    }
}
let somePoint = Point(x: 4.0, y: 5.0)    // 逐一构造器
if somePoint.isToTheRightOf(x: 1.0) {
```

```
        print("This point is to the right of the line where x == 1.0")
    }
    // 控制台输出: This point is to the right of the line where x == 1.0
```

如果不使用 self 前缀，Swift 会认为 x 的两个用法都引用了名为 x 的方法参数。

在实例方法中修改值类型

结构体和枚举是值类型。默认情况下，值类型的属性不能在它的实例方法中被修改。

但是，如果确实需要在某个特定的方法中修改结构体或者枚举的属性，可以为这个方法选择可变（mutating）行为，然后就可以从其方法内部改变它的属性，并且这个方法做的任何改变都会在方法执行结束时写回到原始结构中。方法还可以给它隐含的 self 属性赋予一个全新的实例，这个新实例在方法结束时会替换现存实例。

要使用可变方法，将关键字 mutating 放到方法的 func 关键字之前就可以了：

```
struct Point {
    var x = 0.0, y = 0.0
    mutating func moveBy(x deltaX: Double, y deltaY: Double) {
        x += deltaX
        y += deltaY
    }
}
var somePoint = Point(x: 1.0, y: 1.0)        // 逐一构造器
somePoint.moveBy(x: 2.0, y: 3.0)
print("The point is now at \(somePoint.x), \(somePoint.y))")
// 控制台输出: The point is now at (3.0, 4.0)
```

上面的 Point 结构体定义了一个可变方法 moveBy（x：y：）来移动 Point 实例到给定的位置。该方法被调用时修改了这个点，而不是返回一个新的点。方法定义时加上了 mutating 关键字，从而允许修改属性。

留意一下，不能在结构体类型的常量上调用可变方法，因为其属性不能被改变，即使属性是变量属性：

```
let fixedPoint = Point(x: 3.0, y: 3.0)
fixedPoint.moveBy(x: 2.0, y: 3.0)
// 这里将会报告一个错误
```

类型方法

实例方法是被某个类型的实例调用的方法。也可以定义在类型本身上调用的方法，这种方法就叫作类型方法。在方法的 func 关键字之前加上关键字 static 来指定类型方法。类还可以用关键字 class 来指定，从而允许子类重写父类该方法的实现。

类型方法和实例方法一样用点语法调用。但类型方法是在类型上调用这个方法，而不是在实例上调用。下面是如何在 SomeClass 类上调用类型方法的例子：

```
class SomeClass {
    class func someTypeMethod() {
        // 在这里实现类型方法
    }
```

```
}
SomeClass.someTypeMethod()
```

SomeClass 无须实例化，直接用类型名称调用方法。

扫一扫

函数类型

2.3.4 函数类型

📘 使用函数类型

在 Swift 中，使用函数类型就像使用其他类型一样。例如，可以定义一个类型为函数的常量或变量，并将适当的函数赋值给它：

```
func multiply(firstNumber: Int, secondNumber: Int) -> Int {
    return firstNumber + secondNumber
}
var mathFunction: (Int, Int) -> Int = multiply
```

这段代码可以被解读为：定义一个叫作 mathFunction 的变量，类型是一个有两个 Int 型的参数并返回一个 Int 型的值的函数，并让这个新变量指向 multiply() 函数。

multiply() 和 mathFunction() 有同样的类型，所以这个赋值过程在 Swift 类型检查中是允许的。

现在，可以用 mathFunction() 来调用被赋值的函数了：

```
print("Result: \(mathFunction(2, 3))")
// Prints "Result: 6"
```

有相同匹配类型的不同函数可以被赋值给同一个变量，就像非函数类型的变量一样：

```
func addTwoInts(firstNumber: Int, secondNumber: Int) -> Int {
    return firstNumber + secondNumber
}
mathFunction = addTwoInts
print("Result: \(mathFunction(2, 3))")
// Prints "Result: 5"
```

就像其他类型一样，当赋值一个函数给常量或变量时，可以让 Swift 来推断其函数类型：

```
let anotherMathFunction = addTwoInts
// anotherMathFunction 被推断为 (Int, Int) -> Int 类型
```

📘📘 函数类型作为参数类型

可以用 (Int, Int) -> Int 这样的函数类型作为另一个函数的参数类型。这样可以将函数的一部分实现留给函数的调用者来提供。

下面是另一个例子，正如上面的函数一样，同样是输出某种数学运算结果：

```
func printMathResult(_ mathFunction: (Int, Int) -> Int, _ a: Int, _ b: Int) {
    print("Result: \(mathFunction(a, b))")
}
printMathResult(addTwoInts, 3, 5)
// 控制台输出: Result: 8
```

这个例子定义了 printMathResult(_:_:_:) 函数，它有三个参数：第一个参数叫 mathFunction，类型是 (Int, Int) -> Int，可以传入任何这种类型的函数；第二个和第三个参数叫 a 和 b，它们的类型都是 Int，这两个值作为已给出的函数的输入值。

当 printMathResult(_:_:_:) 被调用时，它被传入 addTwoInts 函数和整数 3 和 5。它用传入 3 和 5 调用 addTwoInts，并输出结果：8。

printMathResult(_:_:_:) 函数的作用就是输出另一个适当类型的数学函数的调用结果。它不关心传入函数是如何实现的，只关心传入的函数是不是一个正确的类型。这使得 printMathResult(_:_:_:) 能以一种类型安全的方式将一部分功能转给调用者实现。

🔽🔽 函数类型作为返回类型

可以用函数类型作为另一个函数的返回类型，需要做的是在返回箭头（->）后写一个完整的函数类型。

下面的这个例子中定义了两个简单函数，分别是 stepForward(_:) 和 stepBackward(_:)。stepForward(_:) 函数返回一个比输入值大 1 的值。stepBackward(_:) 函数返回一个比输入值小 1 的值。这两个函数的类型都是 (Int) -> Int：

```
func stepForward(_ input: Int) -> Int {
    return input + 1
}
func stepBackward(_ input: Int) -> Int {
    return input - 1
}
```

如下名为 chooseStepFunction(backward:) 的函数，它的返回类型是 (Int) -> Int 类型的函数。chooseStepFunction(backward:) 根据布尔值 backwards 来返回 stepForward(_:) 函数或 stepBackward(_:) 函数：

```
func chooseStepFunction(backward: Bool) -> (Int) -> Int {
    return backward ? stepBackward : stepForward
}
```

现在可以用 chooseStepFunction(backward:) 来获得两个函数其中的一个：

```
var currentValue = 3
let moveNearerToZero = chooseStepFunction(backward: currentValue > 0)
// moveNearerToZero 现在指向 stepBackward() 函数
```

上面这个例子中计算出从 currentValue 逐渐接近到 0 是需要向正数走还是向负数走。currentValue 的初始值是 3，这意味着 currentValue > 0 为真（true），这将使得 chooseStepFunction(_:) 返回 stepBackward(_:) 函数。一个指向返回的函数的引用保存在了 moveNearerToZero 常量中。

现在，moveNearerToZero 指向了正确的函数，它可以被用来数到零：

```
print("Counting to zero:")
// Counting to zero:
while currentValue != 0 {
    print("\(currentValue)... ")
    currentValue = moveNearerToZero(currentValue)
}
print("zero!")
```

```
// 3...
// 2...
// 1...
// zero!
```

嵌套函数

到目前为止，本任务中所见到的所有函数都叫全局函数（global functions），它们定义在全局域中。也可以把函数定义在别的函数体中，称作嵌套函数（nested functions）。

默认情况下，嵌套函数是对外界不可见的，但是可以被它们的外围函数（enclosing function）调用。一个外围函数也可以返回它的某一个嵌套函数，使得这个函数可以在其他域中被使用。

可以用返回嵌套函数的方式重写 chooseStepFunction(backward:) 函数：

```
func chooseStepFunction(backward: Bool) -> (Int) -> Int {
    func stepForward(input: Int) -> Int { return input + 1 }
    func stepBackward(input: Int) -> Int { return input - 1 }
    return backward ? stepBackward : stepForward
}
var currentValue = -4
let moveNearerToZero = chooseStepFunction(backward: currentValue > 0)
// moveNearerToZero 现在指向嵌套函数 stepForward()
while currentValue != 0 {
    print("\(currentValue)... ")
    currentValue = moveNearerToZero(currentValue)
}
print("zero!")
// -4...
// -3...
// -2...
// -1...
// zero!
```

2.3.5 类和结构体的简单构造过程

扫一扫

类和结构体的
简单构造过程

步骤 4 源码中的第 6 行 bounds 属性是一个结构体，该结构体定义中就包含有 2 个构造函数，分别为 init() 和 init(origin: CGPoint, size: CGSize)。这 2 个构造函数都可以用于生成 bounds 的实例，init() 是默认构造器，init(origin: CGPoint, size: CGSize)，既是逐一构造器，也可称谓自定义构造器。

构造过程是使用类、结构体或枚举类型的实例之前的准备过程。在新实例使用前有个过程是必须的，包括设置实例中每个存储属性的初始值和执行其他必须的设置或构造过程。

一般可以通过定义构造器来实现构造过程，就像用来创建特定类型新实例的特殊方法（函数）。构造器本身是一种特殊的函数（function），也称为构造函数。Swift 的构造器没有返回值，其主要任务是保证某种类型（类、结构体或枚举类型）的新实例在第一次使用前完成正确的初始化。

📝 存储属性的初始赋值

类和结构体在创建实例时，必须为所有存储型属性设置合适的初始值。存储型属性的值不能处于一个未知的状态。

可以在构造器（init 关键字）中为存储型属性设置初始值，也可以在定义属性时分配默认值。

📝 构造器

构造器在创建某个特定类型的新实例时被调用。它的最简形式类似于一个不带任何形参的实例方法，以关键字 init 命名：

```
init() {
    // 在此处执行构造过程
}
```

下面例子中定义了一个用来保存华氏温度的结构体 Fahrenheit，它拥有一个 Double 类型的存储型属性 temperature：

```
struct Fahrenheit {
    var temperature: Double
    init() {
        temperature = 32.0
    }
}
var f = Fahrenheit()
print("The default temperature is \(f.temperature)° Fahrenheit")
// 控制台输出：The default temperature is 32.0° Fahrenheit
```

这个结构体定义了一个不带形参的构造器 init()，并在里面将存储型属性 temperature 的值初始化为 32.0（华氏温度下水的冰点）。

📝 默认属性值和默认构造器

上面的构造器 init() 方式创建实例，给存储属性赋初值，看上去比较烦琐。可以在构造器中为存储型属性直接设置初始值。同样，也可以在属性声明时为其设置默认值。

下面通过在属性声明时为 temperature 提供默认值来使用更简单的方式定义结构体 Fahrenheit：

```
struct Fahrenheit {
    var temperature = 32.0
}
```

如果一个属性总是使用相同的初始值，那么为其设置一个默认值比每次都在构造器 init() 中赋值要好。两种方法的最终结果是一样的，只不过使用默认值让属性的初始化和声明结合得更紧密，让构造器更简洁、更清晰，且能通过默认值自动推导出属性的类型。这个构造器就是默认构造器。

如果结构体或类为所有属性提供了默认值，又没有提供任何自定义的构造器，那么 Swift 会给这些结构体或类提供一个默认构造器。这个默认构造器将简单地创建一个所有属性值都设置为它们默认值的实例。

下面例子中定义了一个类 ShoppingListItem，它封装了购物清单中的某一物品的名字(name)、数量（quantity）和购买状态（purchased）：

```
class ShoppingListItem {
    var name: String?
    var quantity = 1
    var purchased = false
    //init ( ) {      // 这个是默认构造器，全空，可省
    //}
}
var item = ShoppingListItem()
```

由于 ShoppingListItem 类中的所有属性都有默认值，且它是没有父类的基类，它将自动获得一个将为所有属性设置默认值并创建实例的默认构造器（由于 name 属性是可选 String 类型，它将接收一个为 nil 的默认值，尽管代码中没有写出这个值）。上面例子中使用默认构造器创建了一个 ShoppingListItem 类的实例，即使用 ShoppingListItem() 形式的构造器语法，并将其赋默认值给变量 item。

结构体的逐一构造器

结构体如果没有定义任何自定义构造器，它们将自动获得一个逐一成员构造器（memberwise initializer）。不像默认构造器，即使存储型属性没有默认值，结构体也能获得逐一成员构造器。逐一成员构造器是用来初始化结构体新实例里成员属性的快捷方法。新实例的属性初始值可以通过名字传入逐一成员构造器中。

新实例中各个属性的初始值可以通过属性的名称传递到成员逐一构造器之中。前面存储属性内容提到的例子就是一个逐一构造器：

```
var rangeOfThreeItems = FixedLengthRange(firstValue: 0, length: 3)
// 结构体的逐一构造器，该区间表示整数 0, 1, 2
```

这样，firstValue 属性的值为 0，length 属性的值为 3。

与结构体不同，类没有默认的成员逐一构造器。这意味着结构体定义时属性可以没有初始值（默认值），可以在实例化时用逐一构造器方式构造对象，而类则不具有逐一构造器。

下面例子中定义了一个结构体 Size，它包含两个属性 width 和 height。根据这两个属性默认赋值为 0.0，它们的类型被推断出来为 Double。

结构体 Size 自动获得了一个逐一成员构造器 init(width:height:)，可以用它来创建新的 Size 实例：

```
struct Size {
    var width = 0.0, height = 0.0
}
let twoByTwo = Size(width: 2.0, height: 2.0)
```

当调用一个逐一成员构造器（memberwise initializer）时，可以省略任何一个有默认值的属性。在上面这个例子中，Size 结构体的 height 和 width 属性各有一个默认值。可以省略两者或两者之

一，对于被省略的属性，构造器会使用默认值，例如：

```
let zeroByTwo = Size(height: 2.0)
print(zeroByTwo.width, zeroByTwo.height)
// 控制台输出: 0.0 2.0
let zeroByZero = Size()
print(zeroByZero.width, zeroByZero.height)
// 控制台输出: 0.0 0.0
```

对于步骤 4 代码提到的 CGRect 结构体，带有 2 个自定义的构造器：

```
public struct CGRect {
    public var origin: CGPoint
    public var size: CGSize
    public init()
    public init(origin: CGPoint, size: CGSize)
}
```

init() 构造器可以创建一个 origin 和 size 都为 (0.0，0.0) 的实例。init(origin: CGPoint, size: CGSize) 构造器其实就是一个逐一构造器，但这里已经成为自定义的构造器了，尽管它们的形式是一样的。

因为 CGRect 结构体属性也是结构体，所以 init(origin: CGPoint, size: CGSize) 构造器的写法比较烦琐，比如实例化一个原点为 (0，0)，长宽都为 100 的正方形为：

```
var viewFrame = CGRect(origin: CGPoint(x: 0, y: 0), size: CGSize(width: 100, height: 100))
```

扫一扫

类和结构体的
自定义构造过
程

2.3.6 类和结构体的自定义构造过程

除了简单构造器，CGRect 结构体还通过扩展功能（extension 关键字，后续详细讨论）功能又定义了 3 个更简单、更常用的自定义构造器：

```
extension CGRect {
    public static var zero: CGRect { get }
    public init(x: CGFloat, y: CGFloat, width: CGFloat, height: CGFloat)
    public init(x: Double, y: Double, width: Double, height: Double)
    public init(x: Int, y: Int, width: Int, height: Int)
    public init?(dictionaryRepresentation dict: CFDictionary)
    public func divided(atDistance: CGFloat, from fromEdge: CGRectEdge) ->
(slice: CGRect, remainder: CGRect)
}
```

📘 构造器的内部形参和外部标签名称一致

CGRect 有一个最常用的自定义构造器，即 init(x: Int, y: Int, width: Int, height: Int)，这个构造器形式就是一个典型的自定义构造器，调用实例化代码简单且语义清晰，符合思维逻辑，比如实例化一个原点为 (0，0)，长宽都为 100 的正方形为就可以写为：

```
var viewFrame = CGRect(x: 0, y: 0, width: 100, height: 100)
```

下面例子中定义了一个结构体 Color，它包含了三个常量：red、green 和 blue。这些属性可以存储 0.0 到 1.0 之间的值，用来表明颜色中红、绿、蓝成分的含量。

```
struct Color {
    let red, green, blue: Double
    init(red: Double, green: Double, blue: Double) {
        self.red   = red
        self.green = green
        self.blue  = blue
    }
    init(white: Double) {
        red   = white
        green = white
        blue  = white
    }
}
```

Color 提供了一个构造器，为红蓝绿提供三个 Double 类型的形参命名。Color 也提供了第二个构造器，它只包含名为 white 的 Double 类型的形参，它为三个颜色的属性提供相同的值。

两种构造器都能通过为每一个构造器形参提供具体值来创建一个新的 Color 实例：

```
let magenta = Color(red: 1.0, green: 0.0, blue: 1.0)
let halfGray = Color(white: 0.5)
```

上述第一个 init 构造器内部调用的形参名分别为 red、green 和 blue，即：

```
self.red   = red
self.green = green
self.blue  = blue
```

第二个 init 构造器内部调用的形参名为 white，即：

```
red   = white
green = white
blue  = white
```

而它们的实例化过程，即外部调用构造器时使用的实参标签也分别是 red、green 和 blue 及 white，它们是一致的，即：

```
let magenta = Color(red: 1.0, green: 0.0, blue: 1.0)
let halfGray = Color(white: 0.5)
```

如果在定义构造器时没有提供实参标签，Swift 会为构造器的每个形参自动生成一个名称一样的实参标签。

📎📎 构造器的内部形参和外部标签名称不一致

构造形参可以同时使用在构造器内部使用的形参命名和一个外部调用构造器时使用的实参标签，即内部形参和外部实参标签名称不一致。

下面例子中定义了一个用来保存摄氏温度的结构体 Celsius。它定义了两个不同的构造器：init(fromFahrenheit:) 和 init(fromKelvin:)，二者分别通过接收不同温标下的温度值来创建新的实例：

```
struct Celsius {
```

```
    var temperatureInCelsius: Double
    init(fromFahrenheit fahrenheit: Double) {
        temperatureInCelsius = (fahrenheit - 32.0) / 1.8
    }
    init(fromKelvin kelvin: Double) {
        temperatureInCelsius = kelvin - 273.15
    }
}
```

第一个构造器拥有一个内部使用的构造形参，形参命名为 fahrenheit，以及一个外部使用的实参标签为 fromFahrenheit；第二个构造器也拥有一个内部使用的构造形参，形参命名为 kelvin，以及一个外部使用的实参标签为 fromKelvin。这两个构造器都将单一的实参转换成摄氏温度值，并保存在属性 temperatureInCelsius 中。实例化创建如下：

```
let boilingPointOfWater = Celsius(fromFahrenheit: 212.0)
// boilingPointOfWater.temperatureInCelsius 是 100.0
let freezingPointOfWater = Celsius(fromKelvin: 273.15)
// freezingPointOfWater.temperatureInCelsius 是 0.0
```

构造器的内部形参和外部标签名称不一致时候，代码写法会稍显复杂，但可以有更清晰的语义指示。对于一个拥有实参标签的构造器，如果不通过实参标签传值，这个构造器是没法调用的。如果构造器定义了某个实参标签，就必须使用它，忽略它将导致编译期错误：

```
let veryGreen = Color(0.0, 1.0, 0.0)
// 报编译期错误：需要实参标签
```

🏃🏃 可省略实参标签的构造器

如果希望构造器调用时候忽略实参标签，可以使用下画线（_）来代替显式的实参标签。在 swift 中，单独的下画线（_）在多个场合（函数、元组等）都可理解为不关心、无所谓的含义。

下面 Celsius 的例子多了一个用已经摄氏表示的 Double 类型值来创建新的 Celsius 实例的额外构造器：

```
struct Celsius {
    var temperatureInCelsius: Double
    init(fromFahrenheit fahrenheit: Double) {
        temperatureInCelsius = (fahrenheit - 32.0) / 1.8
    }
    init(fromKelvin kelvin: Double) {
        temperatureInCelsius = kelvin - 273.15
    }
    init(_ celsius: Double){
        temperatureInCelsius = celsius
    }
}
let bodyTemperature = Celsius(37.0)
// bodyTemperature.temperatureInCelsius 为 37.0
```

构造器调用 Celsius(37.0) 意图明确，不需要实参标签。因此适合使用 init(_ celsius: Double) 这样的构造器，从而可以通过提供未命名的 Double 值来调用构造器。

构造器无须 func 关键字修饰

一般的函数都有 func 关键字修饰，而对于 init() 函数不需要 func 关键字修饰，主要原因为：

- init() 与普通函数性质不同，init() 的对象是一个类或结构体（class/struct），而普通函数针对一个类或结构体所初始化的实例（即对象，下面说明）。实例如果存在就不需要 init() 初始化了，init() 初始化在实例之前。

- init() 这个函数只能运行一次，不能像普通 func() 函数可调用无数次，且随时调用，不受限制。

- init() 函数本身在调用时候，init 这个函数名称不会出现，而以类或结构体名称代替，init 本身在 swift 语法里就是一个关键字，与 func 修饰的函数名不一样，所以前面加 func 没有意义。

2.3.7 基本调试操作

即使是资深程序员，有时写代码也会遇到各种各样的缺陷、警告甚至错误，所以 Xcode 设置了若干种异常的符号提示，以便程序员进一步完善代码。下面介绍最常见的警告和错误符号提示。

按照步骤 1 创建一个简单的 App 项目，项目名称可以是 DebugDemo。然后将步骤 3 的代码添加到项目的 ViewController.swift 文件的 super.viewDidLoad() 正下方，并修改原来的"let g = 9.8"为"var g = 9.8"，如图 2-46 所示。

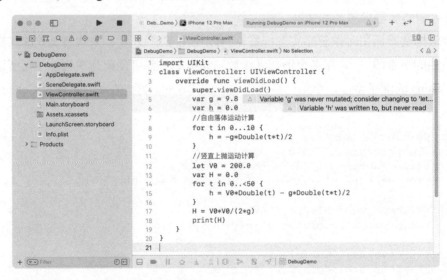

图 2-46 警告提示

可以看到在第 5 行和第 6 行都有黄色的警告图标，并且两者的警告图标也不尽相同。第 5 行为 △ 图标，即黄色三角形内有一个白点，表示单击该警告图标，Xcode 将显示代码优化的建议，单击建议之后的 Fix 字样即可采纳该建议并自动修改代码，如图 2-47 所示，这里建议用 let 来代替 var 关键字。第 6 行为 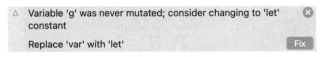 图标，即黄色三角形内有一个感叹号，表示 Xcode 不会为这种类型的警告提供优化建议，但一般会提供有助于识别问题的提示。

图 2-47　警告提示给出的代码优化建议

警告是比较容易修复的问题，不过这些警告不会对代码编译有影响，编译后应用也可以运行。一般而言，以下情况会抛出警告：编写永远不会执行的代码、创建永远不变的变量以及使用过时的代码（也称为"已弃用代码"）等。

若删除第 17 行最后的小括号"）"，Xcode 会立刻给出红色的错误图标 ⊗，并且图标前面有个"2"字样，如图 2-48 所示。单击图标 ⊗ 后，弹出信息提示。第一个图标 ⊗，即红色八角形内有一个白色的叉，表示 Xcode 不会为这种类型的错误提供修正建议，但一般会提供有助于识别问题的提示。第二个图标 ⊙，表示单击该错误图标，Xcode 将显示代码修正的建议，单击建议之后的 Fix 字样即可采纳该建议并自动修改代码，如图 2-49 所示。这里建议插入一个逗号"，"，但实际上单击 Fix 后，并没有使错误修正，相反产生了更多的歧义，如图 2-50 所示，这也说明 Xcode 给出的错误修正建议并不是完全有效的，还需要程序员进一步思考判断。

错误表示存在更严重的问题，例如，代码无效（如拼写错误）、未正确声明变量，或者未正确调用函数等。与警告不同，如果代码存在错误，则编译会失败，应用当然也无法启动运行。

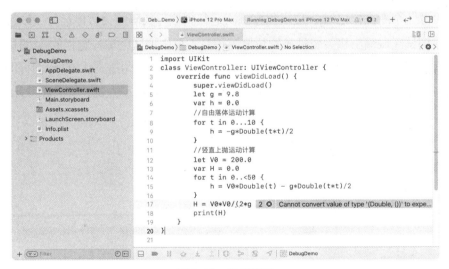

图 2-48　错误提示

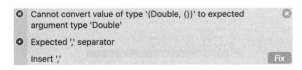

图 2-49　错误提示给出的代码优化建议

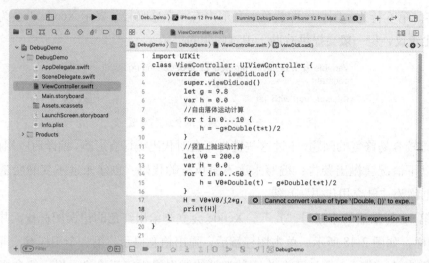

图 2-50　错误提示歧义

　　还有一类隐藏更深的问题可称之为缺陷，这是最难追查的问题。缺陷指在运行程序时发生的可导致程序崩溃或产生输出错误的错误，比如强制类型转换失败、数组下标超出范围等。一般而言，缺陷的代码编译都可以成功，应用也可以顺利启动运行，但一到运行过程就崩溃了或结果不对，可能需要花费一些时间甚至很多的时间来进行实际查找才能发现缺陷。

　　这个时候，可以依赖 Xcode 的设置断点（Breakpoint）功能来跟踪相关变量或对象的值，从而从数据变换过程中发现缺陷问题所在，如图 2-51 所示，在 for 循环体的第 15 行代码行号位置单击一下，即可设置一个断点标记 ▶，应用程序每次运行到该行代码即会暂停运行（该行代码还没有运行），并在调试区域输出相关变量等的数值等信息。单击调试区域标题栏的 ▷ 图标，表示继续程序运行，而 ↷ 图标表示运行下一行代码，即逐行运行代码。单击标题栏的 ▶ 图标即可临时让断点失效。按住鼠标左键拖动行号数字的 ▶ 图标到空白处，松开鼠标左键，即可删除此断点。

图 2-51　断点方式调试缺陷问题

缺陷问题也可以使用 Xcode 提供的调试工具 Instruments，位于 Xcode 的菜单 Xcode → Open Developer Tool 内，如图 2-52 和图 2-53 所示。Instruments 是一款灵活强大的工具，可以做性能分析、网络分析、检查内存泄漏、检查是否访问了僵尸对象等。若对象使用完没有释放，导致内存浪费，则往往会发生内存泄漏警告。一个僵尸对象指向一个不可用内存，指向僵尸对象的指针就形成了野指针。代码中若给野指针发消息就会报 EXC_BAD_ACCESS 错误，这也是一种常见的运行缺陷问题。

图 2-52　Xcode 提供的调试工具

图 2-53　Instruments 工具

思考题

1. viewDidLoad 方法有什么作用？
2. frame 和 bounds 有什么区别和联系？
3. Swift 语言的类和结构体有什么区别联系？
4. Swift 语言属性主要有哪几种？
5. Swift 语言的类型方法和类方法在定义和使用上有什么区别？

任务 3
控制运动界面

3.1 任务描述

扫一扫

任务描述

任务 2 已完成小鸟的自由落体运动和竖直上抛运动展示，但多运行几次就会发现，若想再次观看小鸟运动过程，则需要先停止项目运行再启动，重新运行项目。同时，运动展示只有图案没有数据，对于更多准确的数值信息无法提供呈现。为解决上述两个问题，采用的基本思路为增加一个按钮 UIButton 来控制运动的开启，增加一个 y 轴坐标值显示的文本标签 UILabel。

学习完本任务内容后，要求在 Xcode 模拟器上用一个按钮控制开始竖直上抛运动，同时，在运动过程中红色小方块右侧同步显示当前小鸟 y 轴的坐标值，如图 3-1 所示。

图 3-1　按钮控制的小鸟竖直上抛运动

3.2 任务实现

3.2.1 界面框架

扫一扫 ●⋯⋯⋯⋯

界面框架

用户界面（User Interface，UI）是软件的人机交互、操作逻辑、界面美观的整体设计。苹果最早就是用多点触摸的操作方式让用户界面操作变得更人性化和更好的性能体验。在 iOS 设备上创建应用 App，必将依赖 UIKit 这个构建和管理用户界面的基础框架。UIKit 定义了向用户显示信息，以及响应用户交互和系统事件的方式，还可用于处理动画、文本和图像。控制的方法包括按键、轻触、滑动及旋转等。此外，通过其内置的重力感应，可以让屏幕旋转改变方向，让设备更易于使用。iOS 设备上目光所及之处基本上都是使用 UIKit 框架构建的。UIKit 框架提供了创建和管理 iOS App 所需的关键片段。其中包括所有用户界面对象的定义、响应用户输入的事件处理系统，以及用于让 App 在 iOS 设备中运行的整个模型。

UIKit 中定义的所有视觉元素的基础类是视图 UIView。UIView 是可自定义在屏幕中显示任何内容的清晰矩形区域。文本、图像、线条和图形都是使用 UIView 的实例创建的。UIKit 也定义了许多执行特殊任务的特殊 UIView 子类，例如 UIImageView 显示图像、UILabel 显示文本、UIButton 按钮等。UIKit 的部分常用类和子类如图 3-2 所示。NSObject 是基类，UIView 继承自 UIResponder 类。UIResponder 类是专门用来响应用户操作而来处理各种事件，包括触摸事件（Touch Events）、运动事件（Motion Events）、远程控制事件（Remote Control Events，如插入耳机调节音量触发的事件）。视图 UIView 类和视图控制器 UIViewController 类是直接继承自 UIResponder，所以这些类都可以响应事件。后面任务章节 FlappyBird 自定义的继承自 UIView 的子 View 也就可以响应事件，从而完成项目所需的功能。

几乎 App 中的所有的屏幕都是由多个视图组成的，这些视图共同构成视图层次结构，这个之前已通过单击调试区域的 符号可以看到。视图经常嵌套在视图层次结构中，包含在另一个视图中的视图称为子视图，比如第 2 个任务的小鸟视图和红色小方块视图，包含一个或多个视图的视图称为父视图，比如第 2 个任务的控制器根视图 view。要在屏幕中显示视图，则需要向其分配大小和位置，并将其添加到视图层次结构中。视图在默认情况下为透明，因此还需设定背景颜色属性。

UIImageView 用于显示一张图像或多张图像经过动画处理的序列。UILabel 是用于显示静态文本的标签。UIImageView 和 UILabel 通常都是用于向用户显示信息，而 UIButton 按钮控件通常用来响应用户的输入操作，触发控件事件。第 2 个任务的小鸟就是一个 UIImageView 使用示例。本任务将会涉及 UILabel 和 UIButton 按钮控件使用示例，更详细的 UIView 类将在第 4 个任务中讨论。

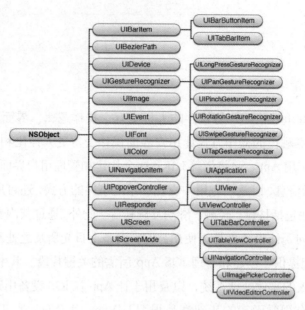

图 3-2　UIKit 的常用类和子类

3.2.2　控件和竖直上抛运动

下面首先创建一个 UIButton 控件，采用从视图和控件库中直接拖到根视图方式。而 UILabel 视图的添加采用源码的方式直接完成实例化。

步骤 1：创建按钮控件及背景

类似上个任务的步骤 2，在项目 Assets.xcassets 目录添加添加一个新的 Image Set，命名为 startBtn，用于按钮的背景图片。添加一张 start.png 图片到 3× 位置，图片分辨率为 135 px×75 px，如图 3-3 所示。

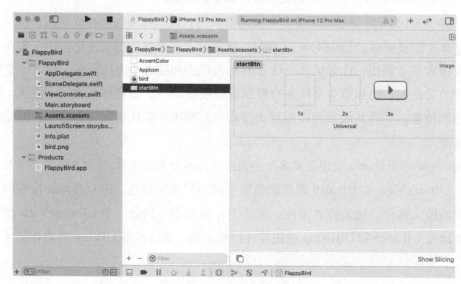

图 3-3　添加按钮背景图片

单击项目 Main.storyboard 文件，单击右上角 ✚ 符号，在弹出的 Objects 组件库中选中 Button 组件，如图 3-4 所示，并按住鼠标左键拖动到 Storyboard 手机界面的屏幕中心位置放下。

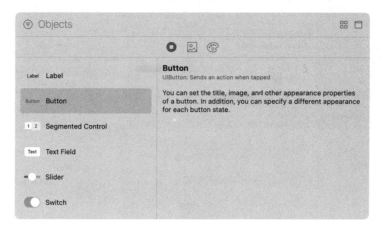

图 3-4　弹出的组件库中选中 Button 组件

单击右侧检查区域的属性检查页面符号 ⇄，修改 Button 对象 Background 属性为刚才添加的 startBtn 图像集合，如图 3-5 所示，同时删除 Button 对象的 Title 属性，默认值 Button 为空。属性检查页面中的每个选项都代表一个属性，后者也可通过编程方式在代码中进行配置，该页面只是一个图形界面，用于配置和设置要在项目应用中显示的相关 UIKit 类的属性。

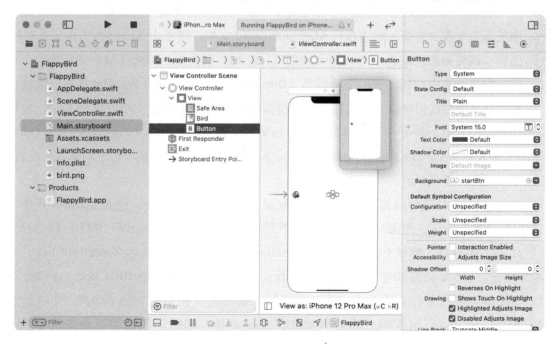

图 3-5　修改 Button 对象的属性

单击属性检查页面符号 ⇄ 右边的尺寸检查页面符号 ◺，修改 Button 的 x 坐标、y 坐标、宽度 Width 值和高度 Height 值分别为 192 pt、451 pt、45 pt、25 pt，如图 3-6 所示。

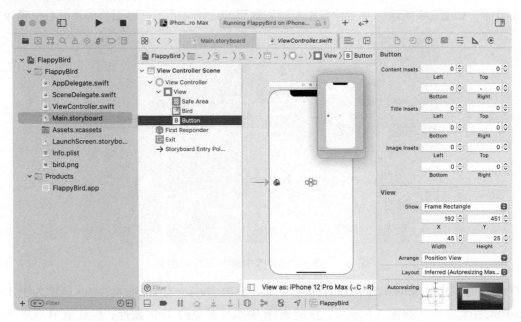

图 3-6　修改 Button 对象的尺寸

步骤 2：按钮控件的代码关联

完成 UIButton 控件添加后，需要建立 Storyboard 与代码（控制器）之间的关联。按照任务 2 步骤 3 方式，单击项目 Main.storyboard 文件，再单击 Xcode 右上角工具栏的 图标，调整编辑区域选项为 Assistant 助理，此时，则会在原编辑区域右侧新增一个代码编辑窗口。选中编辑区域的文档概要（Document Outline）列表 StartBtn 视图（或按住手机设计界面的按钮图像），按住鼠标右键拖动到右侧代码区域 "@IBOutlet weak var bird: UIImageView!" 的下一行并松开。松开后弹出关联窗口，确认 Connection 值为 Outlet，在 Name 处输入名字 startBtn，单击 Connect 按钮，Xcode 会自动在刚才第 9 行之后插入一行代码，即第 10 行，如图 3-7 所示。

继续按住鼠标右键拖动编辑区域的文档概要（Document Outline）列表 StartBtn 视图（或按住手机设计界面的按钮图像），拖动到右侧代码区域 "func creatTimer()" 的上一行并松开。松开后弹出关联窗口，确认 Connection 值为 Action，在 Name 处输入名字 startBtnClick，单击 Connect 按钮，Xcode 会自动在 creatTimer() 函数前面插入一个新的 startBtnClick(_ sender: Any) 函数，并且 func 前面会有 @IBAction 关键字修饰，该关键字相当于告诉 Xcode，此函数是一个响应操作，该 Button 组件响应的是 TouchUpInside 事件，即按下按钮并且在按钮界限内松手，就会执行 startBtnClick(_ sender: Any) 函数内的代码，如图 3-8 所示。如果希望执行代码响应不同的控件事件，则可以在图 3-8 弹出的对话框中的 Event 下拉选项中进行选择，如图 3-9 所示。

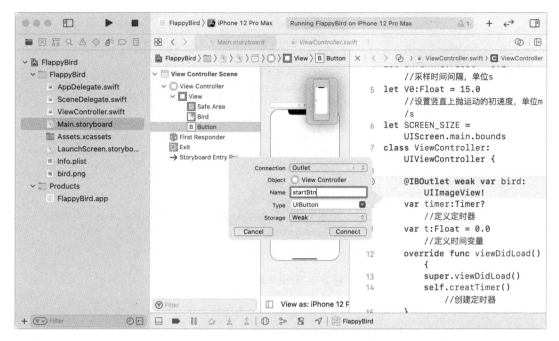

图 3-7　插入 UIButton 的 Outlet 关联

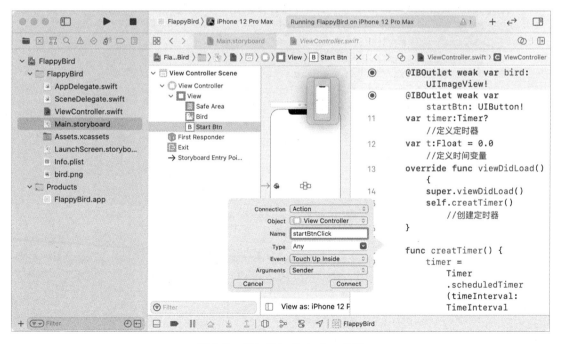

图 3-8　插入按钮的 Action 关联

按钮的 Outlet 和 Action 关联完成后，根据本步骤所要实现的功能需要，添加 startBtnClick(_
sender: Any) 函数、creatTimer 函数和 birdMove() 函数代码，具体如下。

图 3-9 Event 响应事件

```
1    import UIKit
2
3    let G:Float = 9.8   //重力加速度常数，单位m/s²
4    let INTERVAL:Float = 0.2   //采样时间间隔，单位s
5    let V0:Float = 15.0   //设置竖直上抛运动的初速度，单位m/s
6    let SCREEN_SIZE = UIScreen.main.bounds
7    class ViewController: UIViewController {
8
9        @IBOutlet weak var bird: UIImageView!
10       @IBOutlet weak var startBtn: UIButton!
11       var timer:Timer?   //定义定时器
12       var t:Float = 0.0   //定义时间变量
13       override func viewDidLoad() {
14           super.viewDidLoad()
15           self.creatTimer()   //创建定时器
16       }
17
18       @IBAction func startBtnClick(_ sender: Any) {
19           bird.frame.origin.y = 446
20           t = 0.0
21           for oneSubView in self.view.subviews {
22               oneSubView.removeFromSuperview()
23           }
24           self.view.addSubview(bird!)
25           self.view.addSubview(startBtn!)
26           //startBtn.isHidden = true   //隐藏按钮
27           startBtn.isEnabled = false   //按钮失效
28           timer?.fireDate = Date.distantPast as Date   //开启定时器
29       }
30
31       func creatTimer() {
32           timer = Timer.scheduledTimer(timeInterval: TimeInterval(INTERVAL),
target: self, selector: #selector(self.birdMove), userInfo: nil, repeats: true)
```

```
33          timer?.fireDate = Date.distantFuture as Date   // 暂停定时器
34      }
35
36      @objc func birdMove() {
37          let RATIO:Float = 30.0    // 转换系数
38          if bird.frame.origin.y < SCREEN_SIZE.height - 150 {
39              t += INTERVAL
40              bird.frame.origin.y = CGFloat(446 - (V0*t - G*(t*t/2))*RATIO)
41              //bird.frame.origin.x = CGFloat(20.0 + 70*t)
42              // 绘制 5*5 的小方块
43              let square = UIView(frame: CGRect(x: CGFloat(50.0 + 70*t), y:
bird.frame.origin.y, width: 5, height: 5))
44              square.backgroundColor = UIColor.red
45              self.view.addSubview(square)
46              // 标注小方块的值
47              let label = UILabel(frame: CGRect(x: CGFloat(70.0 + 70*t), y:
bird.frame.origin.y - 8, width: 80, height: 16))
48              label.text = String(format:"%.2f", bird.frame.origin.y)
49              label.textAlignment = NSTextAlignment.center
50              self.view.addSubview(label)
51          }
52          else {
53              timer?.fireDate = Date.distantFuture as Date   // 暂停定时器
54              //startBtn.isHidden = false   // 显现按钮
55              startBtn.isEnabled = true   // 按钮有效
56          }
57      }
58  }
```

与任务 2 步骤 4 源码相比，主要添加的代码包括：

第 10 行是一个 Button 按钮视图实例，且该实例变量已被关联到 Storyboard 可视化界面拖放形成的 Button 对象。

第 18 ～ 30 行是一个 @IBAction 关键字修饰的函数，由刚才拖放形成的 Button 组件的 TouchUpInside 事件所触发，即响应 Button 的动作。func 是函数的关键词，startBtnClick 是函数名，(_ sender: Any) 是函数的参数列表，一个响应动作可关联到多个不同的对象，比如按钮、滑块、开关等，sender 是触发响应动作的对象名称，可以代表多个用户界面元素中的任何一个元素，因此具有 Any 类型。在本项目中，sender 就是屏幕中间的按钮 Button。正因为这个是 Any 类型，所以也可以以代码编程方式调用这原本需要用户单击按钮 @IBAction 事件，调用的方式可以是 self.startBtnClick(bird)、self.startBtnClick(startBtn) 甚至 self.startBtnClick(t)，方式非常灵活。若修改函数参数 (_ sender: Any) 为 (_ sender: Any?)，则也可以 self.startBtnClick(nil) 方式调用。有这个 @IBAction 关键词修饰，并且与 Storyboard 某个对象的关联存在，就会在代码行号位置会出现一个实心圆圈，否则会是一个空心圆圈。

第 19 行给 bird 对象的 y 轴坐标赋值 446，即回到初始位置。

第 20 行给运动的计时变量 t 赋值 0.0，即回到运动开始状态。

第 21 ~ 23 行使用 for 循环语句，逐个移除控制器的主 view 内所有子 view，这里的 self.view.subviews 是一个 view 对象数组。

第 24 ~ 25 行重新添加 bird 小鸟和 startBtn 按钮对象到控制器的主 view 内。

第 26 ~ 27 行让小鸟开始运动后就让按钮无法操作，第 26 行是隐藏按钮，第 27 行是让按钮无法点击，即失效状态。这里使用两者任意之一即可。

第 28 行设置定时器启动时间为远古的一个时间，而这个时间已经成为过去，即开启定时器。

第 33 行设置定时器启动时间为未来的一个时间，而这个时间还没有到来，即暂停定时器。

第 47 ~ 50 行用于在小红方块的右边空白区域添加一个文本标签，用于显示每个定时器周期小鸟 y 轴的坐标值。第 47 行定义文本标签的位置和大小，x 轴坐标值固定为 70 pt，长宽分别为 80 pt 和 16 pt，为提升显示效果，文本标签与红色小方块垂直方向居中对齐，文本标签的原点 y 轴值减去标签高度值的一半，即 8 pt，同时 x 轴坐标值为随时间变化的值，这样文本标签始终在红色小方块右边。第 48 行规整化计算的 y 轴坐标数值，只保留小数点 2 位。第 49 行定义文本标签文字水平居中。第 50 行把文本标签也作为控制器主 view 的子 view，加载在主 view 的上层。

第 52 ~ 56 行让小鸟位置不在屏幕上时就暂停定时器，并且让按钮有效。

单击项目 Main.storyboard 文件，单击调试区域右上角连接检查（Connections Inspector）页面的 ⊕ 符号，再单击文档概要（Document Outline）列表 view 下的 Bird 和 StartBtn 视图，可以看到这两个视图的事件（Sent Events）触发关联和输出口（Referencing Outlets）的关联，如图 3-10 和图 3-11 所示。

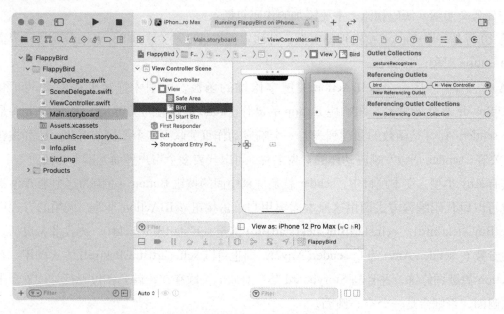

图 3-10　Bird 视图的输出口关联

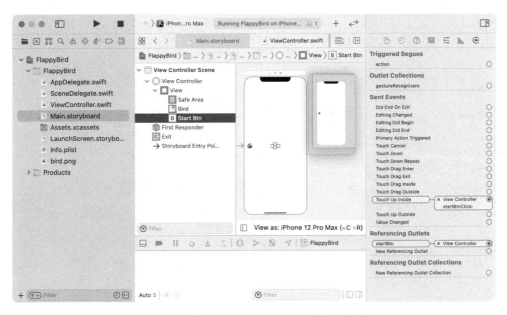

图 3-11　StartBtn 视图的事件和输出口关联

　　按【cmd + R】运行项目，应用启动后停留在初始页面，等待用户点击开始按钮。点击后才开始竖直上抛运动的动态展示，展示过程按钮无效。小鸟运动停止后，按钮再次有效并可以点击开始下次运动展示，如图 3-12 所示。其各 view 之间的层次关系如图 3-13 所示，若红色小方块和坐标文本标签的矩形区域（CGRect 定义）有重叠，定时器每次添加的 view 就会放置在更前面的一层。

图 3-12　初始页面和动态展示

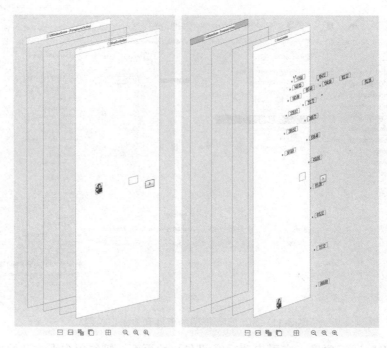

图 3-13　竖直上抛运动各个 view 的层次关系及旋转展示

3.3.1　可选类型和可选链

步骤 2 源码的第 9 ~ 11 行代码的 bird 变量、startBtn 变量、timer 变量及第 21 行的 view 变量都是可选类型。准确地说，bird 变量、startBtn 变量及 view 变量是隐式解析可选类型，而 timer 变量是一个普通可选类型。

可选类型

Swift 使用可选类型（optionals）来处理值可能缺失的情况。可选类型表示两种可能：或者有值，可以解析可选类型访问这个值，或者根本没有值。

例如，Int 类型有一种构造器（主要作用是初始化），作用是将一个 String 值转换成一个 Int 值。然而，并不是所有的字符串都可以转换成一个整数。字符串 "123" 可以被转换成数字 123，但是字符串 "hello, world" 不行。

下面的例子使用这种构造器来尝试将一个 String 转换成 Int：

```
let possibleNumber = "123"
let convertedNumber = Int(possibleNumber)
print(convertedNumber)
// convertedNumber 被推测为类型 "Int?"，或者类型 "optional Int"
// 控制台输出：Optional(123)
```

因为该构造器可能会失败，所以它返回一个可选类型（optional）Int，而不是一个 Int。一个可选的 Int 被写作 Int?。问号暗示包含的值是可选类型，也就是说可能包含 Int 值也可能不包含值。convertedNumber 不能包含其他任何值，比如 Bool 值或者 String 值，只能是 Int 或者什么都没有。

扫一扫

可选类型与可选链（下）

若用 print 可选类型变量或常量，则会在实际值外添加 Optional 字样，表示是一个可选类型。对于数值而言，可选类型需要通过解包(! 表示) 来获取存储值，否则不能与其他数值进行数学运算。

```
let total = 100 + convertedNumber!  // 若 convertedNumber 后没有 !，将报错
print(total)                        // 控制台输出：223
```

可选变量用 nil 来表示它没有值：

```
var serverResponseCode: Int? = 404
// serverResponseCode 包含一个可选的 Int 值 404
serverResponseCode = nil
// serverResponseCode 现在不包含值
```

注意，nil 不能用于非可选的常量和变量。如果代码中有常量或者变量需要处理值缺失的情况，请把它们声明成对应的可选类型。

通常情况下，一个常量或者变量没有赋值时候是没有默认值（比如 0）。如果声明一个可选常量或者变量但是没有赋值，它们会自动被默认设置为 nil：

```
var surveyAnswer: String?
// surveyAnswer 被自动设置为 nil
```

🔽 空合运算符

空合运算符 (a ?? b) 将对可选类型 a 进行空判断，如果 a 包含一个值就进行解包 (取值，用 ! 表示)，否则就返回一个默认值 b。表达式 a 必须是可选类型。默认值 b 的类型必须要和 a 存储值的类型保持一致。

空合运算符是对以下代码的简短表达方法：

```
a != nil ? a! : b 或 (a != nil) ? a! : b
```

上述代码使用了三元运算符。当可选类型 a 的值不为空时，进行强制解包 (a!)，访问 a 中的值，否则 a 中的值不能访问 (比如 a 的存储值为 10，没有解包就不能进行基本的四则运算)；反之返回默认值 b。

空合运算符（??）提供了一种更为优雅的方式去封装条件判断和解包两种行为，显得代码简洁以及更具可读性。如果 a 为非空值（non-nil），那么值 b 将不会被计算。这也就是所谓的短路求值。

下面例子采用空合运算符，实现了在默认颜色名和可选自定义颜色名之间抉择：

```
let defaultColorName = "red"
var userDefinedColorName: String?    //默认值为 nil
```

```
var colorNameToUse = userDefinedColorName ?? defaultColorName
// userDefinedColorName 的值为空，所以 colorNameToUse 的值为 "red"
```

userDefinedColorName 变量被定义为一个可选的 String 类型，默认值为 nil。由于 userDefinedColorName 是一个可选类型，可以使用空合运算符去判断其值。上面代码通过空合运算符为一个名为 colorNameToUse 的变量赋予一个字符串类型初始值，由于 userDefinedColorName 值为空，因此表达式 userDefinedColorName ?? defaultColorName 返回 defaultColorName 的值，即 red。

如果赋值一个非空值（non-nil）给 userDefinedColorName，再次执行空合运算，运算结果为封包在 userDefinedColorName 中的值，而非默认值。

```
userDefinedColorName = "green"
print(userDefinedColorName)
// 控制台输出：Optional("green")
colorNameToUse = userDefinedColorName ?? defaultColorName
// userDefinedColorName 非空，因此 colorNameToUse 的值为 "green"
```

if 语句以及强制解析

可以使用 if 语句和 nil 比较来判断一个可选值是否包含值。可以使用"相等"(==) 或"不等"(!=) 来执行比较。

如果可选类型有值，它将不等于 nil：

```
let possibleNumber = "123"
let convertedNumber = Int(possibleNumber)
// convertedNumber 被推测为类型 "Int?"，或者类型 "optional Int"
if convertedNumber != nil {
    print("convertedNumber contains some integer value.")
}
// 控制台输出：convertedNumber contains some integer value.
```

当确定可选类型确实包含值之后，可以在可选的名字后面加一个感叹号（!）来获取值。这个感叹号表示"我确认这个可选有值，请放心使用它。"这被称为可选值的强制解析（强制解包）。如果使用!来获取一个不存在的可选值（实际值为 nil）会导致运行时错误，导致程序崩溃。所以在用!来强制解析值之前，一定要确定可选类型包含一个非 nil 的值。

可选类型就像是普通类型外面再包装一个透明塑料袋，塑料袋内有物品就可以打开取物（解包），若没有物品则注定打开塑料袋会一无所获（报错）。

可选绑定 if let

使用可选绑定来判断可选类型是否包含值，如果包含就把值赋给一个临时常量或者变量，这样处理比强制解析更安全可靠。可选绑定可以用在 if 和 while 语句中，这条语句不仅可以用来判断可选类型中是否有值，同时可以将可选类型中的值赋给一个常量或者变量。

像下面这样在 if 语句中写一个可选绑定：

```
if let constantName = someOptional {
```

```
    statements
}
```

constantName 是某个常量名称，someOptional 是某个可选类型。

可以像上面这样使用可选绑定来重写 possibleNumber 例子：

```
let possibleNumber = "123"
if let actualNumber = Int(possibleNumber) {
    print("\'\(possibleNumber)\' has an integer value of \(actualNumber)")
} else {
    print("\'\(possibleNumber)\' could not be converted to an integer")
}
// 控制台输出：'123' has an integer value of 123
```

这段代码可以被理解为：如果 Int(possibleNumber) 返回的可选 Int 包含一个值，创建一个叫作 actualNumber 的新常量并将可选包含的值赋给它。

如果转换成功，actualNumber 常量可以在 if 语句的第一个分支中使用。它已经被可选类型包含的值初始化过，所以不需要再使用强制解析符号！后缀来获取它的值。在这个例子中，actualNumber 只被用来输出转换结果。

可以在可选绑定中使用常量和变量。如果想在 if 语句的第一个分支中操作 actualNumber 的值，可以改成 if var actualNumber，这样可选类型包含的值就会被赋给一个变量而非常量。

也可以包含多个可选绑定或多个布尔条件在一个 if 语句中，只要使用逗号分开就行。只要有任意一个可选绑定的值为 nil，或者任意一个布尔条件为 false，则整个 if 条件判断为 false。下面的两个 if 语句是等价的：

```
if let firstNumber = Int("4"), let secondNumber = Int("42"), firstNumber <
secondNumber && secondNumber < 100 {
    print("\(firstNumber) < \(secondNumber) < 100")
}
// 控制台输出：4 < 42 < 100
if let firstNumber = Int("4") {
    if let secondNumber = Int("42") {
        if firstNumber < secondNumber && secondNumber < 100 {
            print("\(firstNumber) < \(secondNumber) < 100")
        }
    }
}
// 控制台输出：4 < 42 < 100
```

隐式解析可选类型

可选类型暗示了常量或者变量可以"没有值"。可选类型可以通过 if 语句来判断是否有值，如果有值的话可以通过可选绑定来解析值。

有时候在程序架构中，第一次被赋值之后，可以确定一个可选类型总会有值。在这种情况下，每次都要判断和解析可选值是非常低效的，因为可以确定它总会有值。

这种类型的可选状态被定义为隐式解析可选类型（Implicitly Unwrapped Optionals）。把想要用作可选的类型后面的问号（String?）改成感叹号（String!）来声明一个隐式解析可选类型。与其在使用时把感叹号放在可选类型名称的后面，可以在定义它时直接把感叹号放在可选类型的后面。

隐式解析可选类型主要被用在 Swift 中类的构造过程中，在构造初始化完成后能被直接访问而不需要可选解包。

一个隐式解析可选类型其实就是一个普通的可选类型，但是可以被当做非可选类型来使用，并不需要每次都使用解析来获取可选值。下面的例子展示了可选类型 String 和隐式解析可选类型 String 之间的区别：

```
let possibleString: String? = "An optional string."
let forcedString: String = possibleString! // 需要感叹号来获取值
let assumedString: String! = "An implicitly unwrapped optional string."
let implicitString: String = assumedString  // 不需要感叹号
```

可以把隐式解析可选类型当做一个可以自动解析的可选类型。当使用一个隐式解析可选值时，Swift 首先会把它当作普通的可选值；如果它不能被当成可选类型使用，Swift 会强制解析可选值。在以上的代码中，可选值 assumedString 在把自己的值赋给 implicitString 之前会被强制解析，原因是 implicitString 本身的类型是非可选类型的 String。在下面的代码中，optionalString 并没有显式的数据类型，assumedString 也没有被强制解析，那么根据类型推断，它就是一个普通的可选类型。

```
let optionalString = assumedString
// optionalString 的类型是 "String?"
```

如果在隐式解析可选类型没有值的时候尝试取值，会触发运行时错误，和在没有值的普通可选类型后面加一个感叹号一样。

可以把隐式解析可选类型当做普通可选类型来判断它是否包含值：

```
if assumedString != nil {
    print(assumedString!)
}
// 控制台输出: An implicitly unwrapped optional string.
```

也可以在可选绑定中使用隐式解析可选类型来检查并解析它的值：

```
if let definiteString = assumedString {
    print(definiteString)
}
// 控制台输出: An implicitly unwrapped optional string.
```

留意一下，如果一个变量之后可能变成 nil 的话，请不要使用隐式解析可选类型。如果需要在变量的生命周期中判断是否是 nil 的话，请使用普通可选类型。

可失败构造器

有时定义一个构造器可失败的类，结构体或者枚举是很有用的。这里所指的"失败"指的是，如给构造器传入无效的形参，或缺少某种所需的外部资源，又或是不满足某种必要的条件等。

为了妥善处理这种构造过程中可能会失败的情况，可以在一个类、结构体或是枚举类型的定义中，添加一个或多个可失败构造器。其语法为在 init 关键字后面添加问号（init?）。前面提到的 CGRect 结构体和 UIViewController 类都定义了一个可失败的构造器。典型的可失败构造器为从图片名字构建一个 UIImage 类的实例，因为图片可能被删除或无法找到，就会导致 UIImage 类实例构建失败。

可失败构造器会创建一个类型为自身类型的可选类型的对象。通过 return nil 语句来表明可失败构造器在何种情况下应该"失败"。

下例中，定义了一个名为 Animal 的类，其中有一个名为 legs 的 Int 类型的常量属性。同时该结构体还定义了一个接受一个名为 legs 的 Int 类型形参的可失败构造器。这个可失败构造器检查传入的 legs 值是否小于或等于 0。如果小于或等于 0，则构造失败。否则，legs 属性被赋值，构造成功。

```
class Animal {
    let legs: Int
    init?(legs: Int) {
        if legs <= 0 {
            return nil
        }
        self.legs = legs
    }
}
let dog = Animal(legs: 4)
print(dog?.legs)
// 控制台输出：Optional(4)
let other = Animal(legs: 0)
print(other?.legs)
 // 构建失败，控制台输出：nil
```

一个容易理解的实际例子就是 UIImage 类的构造器：

```
open class UIImage : NSObject, NSSecureCoding {
    public init?(named name: String)
    // 还包含其它代码
}
```

这个 init?(named name: String) 构造器通过图片的名称来生成图片实例，但图片的名称不正确或本身不存在的时候，图片实例构建就会失败，但程序不会崩溃，只是返回 nil。

可选链

与隐式解析可选类型不同，步骤 2 源码的第 11 行代码的 timer 变量是一个普通可选类型，普通可选类型在后续代码使用过程就涉及可选链的概念，比如第 28、33、53 行代码的 timer 后面跟随一个问号（?），这个问号（?）在输入代码过程会自动补全。

可选链式调用是一种可以在当前值可能为 nil 的可选值上请求和调用属性、方法及下标的方法。如果可选值有值，那么调用就会成功；如果可选值是 nil，那么调用将返回 nil。多个调用可以连接在一起形成一个调用链，如果其中任何一个节点为 nil，整个调用链都会失败，即返回 nil。

通过在想调用的属性、方法，或下标的可选值后面放一个问号（?），可以定义一个可选链。这一点很像在可选值后面放一个感叹号（!）来强制解包它的值。它们的主要区别在于当可选值为空时可选链式调用只会调用失败，即返回 nil，程序不会崩溃，然而强制解包将会触发运行时错误和程序崩溃。

为了反映可选链式调用可以在空值（nil）上调用的事实，不论这个调用的属性、方法及下标返回的值是不是可选值，它的返回结果都是一个可选值。可以利用这个返回值来判断可选链式调用是否调用成功，如果调用有返回值则说明调用成功，返回 nil 则说明调用失败。

这里需要特别指出，可选链式调用的返回结果与原本的返回结果具有相同的类型，但是被包装成了一个可选值。例如，使用可选链式调用访问属性，当可选链式调用成功时，如果属性原本的返回结果是 Int 类型，则会变为 Int? 类型。

下面几段代码将解释可选链式调用和强制解包的不同。

首先定义两个类 Person 和 Residence：

```
class Person {
    var residence: Residence?
}
class Residence {
    var numberOfRooms = 1
}
```

Residence 有一个 Int 类型的属性 numberOfRooms，其默认值为 1。Person 具有一个可选的 residence 属性，其类型为 Residence?。

假如创建了一个新的 Person 实例，它的 residence 属性由于是可选类型而将被初始化为 nil，在下面的代码中，john 有一个值为 nil 的 residence 属性：

```
let john = Person()
```

如果使用感叹号（!）强制解包获得这个 john 的 residence 属性中的 numberOfRooms 值，会触发运行时错误，因为这时 residence 没有可以解包的值：

```
let roomCount = john.residence!.numberOfRooms
// 这会引发运行时错误
```

john.residence 为非 nil 值的时候，上面的调用会成功，并且把 roomCount 设置为 Int 类型的房间数量。正如上面提到的，当 residence 为 nil 的时候，上面这段代码会触发运行时错误。

可选链式调用提供了另一种访问 numberOfRooms 的方式，使用问号（?）来替代原来的叹号（!）：

```
if let roomCount = john.residence?.numberOfRooms {
    print("John's residence has \(roomCount) room(s).")
} else {
    print("Unable to retrieve the number of rooms.")
}
// 控制台输出：Unable to retrieve the number of rooms.
```

在 residence 后面添加问号之后，Swift 就会在 residence 不为 nil 的情况下访问 numberOfRooms。

因为访问 numberOfRooms 有可能失败，可选链式调用会返回 Int? 类型，或称为"可选的 Int"。如上例所示，当 residence 为 nil 的时候，可选的 Int 将会为 nil，表明无法访问 numberOfRooms。访问成功时，可选的 Int 值会通过可选绑定解包，并赋值给非可选类型的 roomCount 常量。

要注意的是，即使 numberOfRooms 是非可选的 Int 时，这一点也成立。只要使用可选链式调用就意味着 numberOfRooms 会返回一个 Int? 而不是 Int。

可以将一个 Residence 的实例赋给 john.residence，这样它就不再是 nil 了：

```
john.residence = Residence()
```

john.residence 现在包含一个实际的 Residence 实例，而不再是 nil。如果试图使用先前的可选链式调用访问 numberOfRooms，它现在将返回值为 1 的 Int? 类型的值：

```
if let roomCount = john.residence?.numberOfRooms {
    print("John's residence has \(roomCount) room(s).")
} else {
    print("Unable to retrieve the number of rooms.")
}
// 控制台输出：John's residence has 1 room(s).
```

📱 通过可选链式调用访问属性

可以通过可选链式调用在一个可选值上访问它的属性，并判断访问是否成功。

创建下面的 Person 类、Residence 类和 Address 类，创建一个 Person 实例，然后像之前一样，尝试访问 numberOfRooms 属性，如下代码：

```
class Person {
    var residence: Residence?
}
class Residence {
    var numberOfRooms = 1
    func printNumberOfRooms() {
        print("The number of rooms is \(numberOfRooms)")
    }
    var address: Address?
}
class Address {
```

```
    var buildingNumber: String?
    var street: String?
}
let john = Person()
if let roomCount = john.residence?.numberOfRooms {
    print("John's residence has \(roomCount) room(s).")
} else {
    print("Unable to retrieve the number of rooms.")
}
// 控制台输出：Unable to retrieve the number of rooms.
```

因为 john.residence 为 nil，所以这个可选链式调用依旧会像先前一样失败。

还可以通过可选链式调用来设置属性值：

```
let someAddress = Address()
someAddress.buildingNumber = "29"
someAddress.street = "Acacia Road"
john.residence?.address = someAddress
```

在这个例子中，通过 john.residence 来设定 address 属性也会失败，因为 john.residence 当前为 nil。

上面代码中的赋值过程是可选链式调用的一部分，这意味着可选链式调用失败时，等号右侧的代码不会被执行。对于上面的代码来说，很难验证这一点，因为像这样赋值一个常量没有任何副作用。下面的代码完成了同样的事情，但是它使用一个函数来创建 Address 实例，然后将该实例返回用于赋值。该函数会在返回前打印"Function was called"，这就可以用来验证等号右侧的代码，即 createAddress() 函数是否被执行。

```
func createAddress() -> Address {
    print("Function was called.")
    let someAddress = Address()
    someAddress.buildingNumber = "29"
    someAddress.street = "Acacia Road"
    return someAddress
}
john.residence?.address = createAddress()
```

没有任何控制台输出消息，可以看出 createAddress() 函数并未被执行。

实际上，修改步骤 2 源码的第 28、33、53 行代码的 timer 后面的问号（?）为感叹号（!）也是可以的，只是此时要求 timer 一定要有值，否则会导致程序崩溃。而原来的问号，若 timer 无值，只是会导致 timer 的 fireDate 属性赋值失败，并不会导致程序崩溃。

通过可选链式调用来调用方法

可以通过可选链式调用来调用方法，并判断是否调用成功，即使这个方法没有返回值。

如上例子，Residence 类中的 printNumberOfRooms() 方法打印当前的 numberOfRooms 值，如下所示：

```
func printNumberOfRooms() {
    print("The number of rooms is \(numberOfRooms)")
}
```

这个方法没有返回值。然而如之前函数讨论，没有返回值的方法具有隐式的返回类型 Void。这意味着没有返回值的方法也会返回 ()，或者说空的元组，此时若用 print() 打印无返回值函数运行结果，则会是一对圆括号 ()，返回值为 Void，这与方法没有执行结果为 nil 不同。

如果在可选值上通过可选链式调用来调用这个方法，该方法的返回类型会是 Void?，而不是 Void，因为通过可选链式调用得到的返回值都是可选的。这样我们就可以使用 if 语句来判断能否成功调用 printNumberOfRooms() 方法，即使方法本身没有定义返回值。通过判断返回值是否为 nil 可以判断调用是否成功：

```
if john.residence?.printNumberOfRooms() != nil {
    print("It was possible to print the number of rooms.")
} else {
    print("It was not possible to print the number of rooms.")
}
// 控制台输出: It was not possible to print the number of rooms.
```

同样的，可以据此判断通过可选链式调用为属性赋值是否成功。在上面的例子中，尝试给 john.residence 中的 address 属性赋值，即使 residence 为 nil。通过可选链式调用给属性赋值成功会返回 Void?，此时若用 print() 打印赋值结果，则会是 Optional(())，通过判断返回值是否为 nil 就可以知道赋值是否成功：

```
let someAddress = Address()
someAddress.buildingNumber = "29"
someAddress.street = "Acacia Road"
john.residence?.address = someAddress
if (john.residence?.address = someAddress) != nil {
    print("It was possible to set the address.")
} else {
    print("It was not possible to set the address.")
}
// It was not possible to set the address.
```

可以通过连接多个可选链式调用在更深的模型层级中访问属性、方法以及下标。然而，多层可选链式调用不会增加返回值的可选层级。也就是说：如果访问的值不是可选的，可选链式调用将会返回可选值；如果访问的值就是可选的，可选链式调用不会让可选返回值变得"更可选"，swift 并不存在"更可选"的概念。

提前退出 guard 语句

像 if 语句一样，guard 的执行取决于一个表达式的布尔值。使用 guard 语句来要求条件必须为真，以执行 guard 语句后的代码。不同于 if 语句，一个 guard 语句总是有一个 else 从句，如果条件不为真则执行 else 从句中的代码，即 guard-else{} 语句的条件满足则什么也不做，如果不满

足则执行 {} 内语句。与 if 语句一样，guard-else{} 语句既可以用于普通类型，也可以用于可选类型。同时，guard 语句需要在一个函数内被调用，并具有控制转移语句。例如：

```
func greet(person: [String: String]) {
    guard let name = person["name"] else {
        return
    }
    print("Hello \(name)!")
    guard let location = person["location"] else {
        print("I hope the weather is nice near you.")
        return
    }
    print("I hope the weather is nice in \(location).")
}
greet(person: ["name": "John"])
// 控制台输出: Hello John!
// 控制台输出: I hope the weather is nice near you.
greet(person: ["name": "Jane", "location": "Cupertino"])
// 控制台输出: Hello Jane!
// 控制台输出: I hope the weather is nice in Cupertino.
```

上述代码中，如果 guard 语句的条件被满足，则继续执行 guard 语句大括号后的代码。将变量或者常量的可选绑定作为 guard 语句的条件，都可以保护 guard 语句后面的代码。

如果条件不被满足，在 else 分支上的代码就会被执行。这个分支必须转移控制以退出 guard 语句出现的代码段，可以用控制转移语句如 return、break、continue 或者 throw 做这件事，或者调用一个不返回的方法或函数，例如 fatalError()。

注意，在 if 条件语句中使用常量和变量来创建一个可选绑定，仅在 if 语句的句中（body）中才能获取到值。相反，在 guard 语句中使用常量和变量来创建一个可选绑定，仅在 guard 语句外且在语句后才能获取到值，这可以理解为 guard-else{} 语句条件成立时候不被 return 等语句转移，才能运行 guard-else{} 之后的代码。

下面的例子将对比使用 guard-else{} 语句和仅用 if 语句的效果，首先应用 guard-else{} 语句：

```
func checkup(person: [String: String]) {        // 参数为字典
    // 检查身份证，如果身份证没带，则不能进入考场
    guard let id = person["id"] else {
        print("没有身份证，不能进入考场!")
        return
    }
    // 检查准考证，如果准考证没带，则不能进入考场
    guard let examNumber = person["examNumber"] else {
        print("没有准考证，不能进入考场!")
        return
    }
    // 身份证和准考证齐全，方可进入考场
    print("您的身份证号为:\(id)，准考证号为:\(examNumber)，请进入考场!")
```

```
        }
        checkup(person: ["id": "123456"])  // 没有准考证，不能进入考场！
        checkup(person: ["examNumber": "654321"])   // 没有身份证，不能进入考场！
        checkup(person: ["id": "123456", "examNumber": "654321"])
```

控制台输出：

```
没有准考证，不能进入考场！
没有身份证，不能进入考场！
您的身份证号为：123456，准考证号为：654321。请进入考场！
```

若不用 guard-else{} 改用 if 语句，可以写成：

```
func checkup(person: [String: String]) {
        // 检查身份证，如果身份证没带，则不能进入考场
        if let id = person["id"] {}
        else{
            print("没有身份证，不能进入考场！")
                return
        }
        // 检查准考证，如果准考证没带，则不能进入考场
        if let examNumber = person["examNumber"] {}
        else {
            print("没有准考证，不能进入考场！")
            return
        }
        // 身份证和准考证齐全，方可进入考场
     // print("您的身份证号为：\(id)，准考证号为：\(examNumber)，请进入考场！")
        // 上面一行print语句因为if let内的id超出作用域范围，运行报错
    print("您的身份证号为：\( person["id"]!)，准考证号为：\( person["examNumber"]!)，
请进入考场！")
        }
        checkup(person: ["id": "123456"])  // 没有准考证，不能进入考场！
        checkup(person: ["examNumber": "654321"])   // 没有身份证，不能进入考场！
        checkup(person: ["id": "123456", "examNumber": "654321"])
```

控制台输出：

```
没有准考证，不能进入考场！
没有身份证，不能进入考场！
您的身份证号为：123456，准考证号为：654321，请进入考场！
```

可以看到用 if else 实现的方法显然不如 guard 实现的那么简洁，而且 id 和 examNumber 的作用域只限在 if 的第一个大括号内，超出这个作用域编译就会报错。

相比于可以实现同样功能的 if 语句，按需使用 guard 语句会提升代码的可读性。它可以使代码连贯地被执行而不需要将它包在 else 块中，可以在紧邻条件判断的地方处理违规的情况。

3.3.2　字符串类型与类型转换

步骤 2 源码的第 48 行主要用于同步显示竖直上抛运动 y 轴的坐标值，比如 361.88、

扫一扫

字符串类型与
类型转换（上）

扫一扫

字符串类型与类
型转换（中）

289.52 等浮点数，单位是 pt。由于显示文本标签的位置宽度有限，需要对显示的数字做字符化格式处理，要求保留二位小数点，这些操作都涉及 swift 字符串的知识点。

字符串是一系列字符的集合，例如 "hello, world"、"3.14159"。Swift 的字符串通过 String 类型来表示。与 String 类型容易混淆的单个字符类型为 Character 。Swift 的 String 和 Character 类型提供了一种快速且兼容 Unicode 的方式来处理代码中的文本内容。

字符串字面量

可以在代码里使用一段预定义的字符串值作为字符串字面量。字符串字面量是由一对双引号包裹着的具有固定顺序的字符集。字符串字面量可以用于为常量和变量提供初始值：

```
let greeting = Hello"
var otherGreeting = "Salutations"
```

扫一扫

字符串类型与类
型转换（下）

Swift 之所以推断 greeting 常量和 otherGreeting 变量为字符串 String 类型，是因为它使用了字面量方式进行初始化。如果使用 let 为字符串分配常量，则该字符串不可变，并且无法修改。通过为字符串分配变量，可以允许更改字符串。如果字符串中会包含双引号等特殊符号，则还需使用在 Swift 中被称为转义符的反斜杠（\），告诉 Swift 需要对反斜杠（\）之后的特殊符号进行转义。特殊字符主要包括 \0（空字符）、\\（反斜线）、\t（水平制表符）、\n（换行符）、\r（回车符）、\"（双引号）、\'（单引号）。

```
let greeting - "It is traditional in programming to print
\"Hello, world!\""
print(greeting)
// 控制台输出: It is traditional in programming to print "Hello, world!"
```

单个字符属于 Character 类型。但比较单个字符而言，字符串在编程中更为常见。因此，Swift 通常会将多个字符的组合甚至一个字符推断为 String 类型，除非使用类型注解特别指定：

```
let a = "a"              //a 推断为 String 类型
let b: Character = "b"   //b 指定为 Character 类型
```

初始化空字符串

要创建一个空字符串作为初始值，可以将空的字符串字面量赋值给变量，也可以初始化一个新的 String 实例：

```
var emptyString = ""                    // 空字符串字面量
var anotherEmptyString = String()    // 初始化方法
// 两个字符串均为空并等价。
```

可以通过检查 Bool 类型的 isEmpty 属性来判断该字符串是否为空：

```
if emptyString.isEmpty {
    print("Nothing to see here")
}
// 控制台输出：Nothing to see here
```

字符串连接和插值

字符串有时需要串联连接起来，加号（+）运算符不仅适用于数字，还可将字符串连接起来。

可以使用 + 将多个 String 值连串起来创建一个新的 String 值。

```
let string1 = "Hello"
let string2 = ", world!"
let myString = string1 + string2      // 值为 "Hello, world!"
```

可以通过将一个特定字符串分配给一个变量来对其进行修改，或者分配给一个常量来保证其不会被修改：如果现有 String 为变量，则可用 += 运算符进行添加或修改：

```
var myString = "Hello"
myString = myString + ", world!" // "Hello, world!"
myString += " Hello!" // "Hello, world!  Hello!"
```

随着字符串变得愈加复杂，使用 + 运算符可能会让代码变得棘手，难以处理。比如在上述代码中，可能会忘记在 "Hello!" 前加一个空格。

Swift 提供了一种名为字符串插值的语法，可以更加轻松地在代码中包含常量、变量、字面量和表达式。字符串插值可用于轻松地将多个值合并到一个 String 常量或变量中。

可以通过在字符串名称前面添加一个反斜杠 \，然后再用圆括号 () 括住该名称来将常量或变量原始值插入到 String 中。

在下面的示例中，打印的 String 会包含 name 和 age 常量的原始值。

```
let name = "Rick"
let age = 30
let info = "\(name) is \(age) years old"
print(info)
// 控制台输出: Rick is 30 years old
print("\(name) is \(age) years old")
// 控制台输出: Rick is 30 years old
```

可将整个表达式放在圆括号内。这些表达式始终都会先进行计算，然后再打印和储存。

```
let a = 4
let b = 5
print("If a is \(a) and b is \(b), then a + b equals \(a+b)")
// 控制台输出: If a is 4 and b is 5, then a + b equals 9
```

使用字符串插值可将 a 和 b 常量的原始值插入到打印的 String 值中。

可以用 append() 方法将一个字符或字符串附加到一个字符串变量的尾部：

```
var welcome = "hello there"
let exclamationMark: Character = "!"
let doubleExclamationMark = "!!"
welcome.append(exclamationMark)
print(welcome)
// welcome 现在等于 "hello there!"
welcome.append(doubleExclamationMark)
print(welcome)
// welcome 现在等于 "hello there!!!"
```

📲 数字字符串格式化输出

对于数字显示时候，往往需要按照一定的格式显示，比如不足多少位按 0 补足、小数点后多少位等。String 的格式化初始方法可以通过类似 %d、%f 这样的格式在指定的位置设定占位符，然后通过参数的方式将实际要输出的内容补充完整（类似 C 语言格式），从而将数字格式化字符串后输出，比如：

```
let num = 1.234567
let format = String(format:"%.2f",num)
print(format)
// 控制台输出: 1.23
```

上述代码中，%.2f 用来输出浮点型数字，保留小数点后 2 位。

```
let num = 12345
let format = String(format:"%10d",num)
print(format)
// 控制台输出:      12345
```

%10d 用来输出整型数字，占位 10 位，不足 10 位前面补空格，超过 10 位按实际位数输出。由于 12345 只有 5 位，因此前面会输出 5 个空格。

```
let num = 256
let format = String(format:"%f",num)
print(format)
// 控制台输出: 100
```

%f 以十六进制形式输出整数 , %o 以八进制形式输出整数。

📲 字符串的比较

开发者需要经常比较 String 值来确定它们是否相等。

与处理数字的方式一样，可以使用等于操作符（==）和不等于操作符（!=）来检查两个字符串是否相等。等于操作符（==）会检查同一命令中的相同字符。由于大写字符和对应的小写字符并不相同，因此只有在每个字符的大小写都匹配的情况下，字符串才会具有相同值。

```
let month = "January"
let otherMonth = "January"
let lowercaseMonth = "january"
if month == otherMonth {
    print("They are the same.")
}
if month != lowercaseMonth {
    print("They are not the same.")
}
// 控制台输出: They are the same.
// 控制台输出: They are not the same.
```

若希望在检查字符串相等性时忽略字符串的大小写，则可以使用 lowercased() 方法对两个字符串进行标准化，将字符串的全小写版本与调用字符串的全小写版本进行比较。

```
let name = "Johnny Appleseed"
if name.lowercased() == "joHnnY aPPleseeD".lowercased() {
  print("The two names are equal.")
}
// 控制台输出: The two names are equal.
```

如需匹配字符串的开头或结尾，可以使用 hasPrefix 或 hasSuffix 方法进行判断，返回 true 或 false，这两种方法也区分大小写。

```
let greeting = "Hello, world!"
print(greeting.hasPrefix("Hello"))    // 控制台输出: true
print(greeting.hasSuffix("world!"))   // 控制台输出: true
print(greeting.hasSuffix("World!"))   // 控制台输出: false
```

若想检查一个字符串是否包含在另一个字符串之内，可以使用 contains(_:) 方法返回一个指示是否找到子字符串的布尔值。

```
let greeting = "Hi Rick, my name is Amy."
print(greeting.contains("my name is"))    // 控制台输出: true
```

字符串是由多个字符（character）构成的，因此其长度等于所有字符长度的总和。每个 Swift String 都可使用 count 属性来确定任意集合的大小。

```
let newPassword = "1234"
if newPassword.count < 8 {
    print("This password is too short.")
}
// 控制台输出: This password is too short.
```

字符串是值类型

在 Swift 中 String 类型是值类型。如果创建了一个新的字符串，那么当其进行常量、变量赋值操作，或在函数方法中传递时，会进行值复制，都会对已有字符串值创建新副本，并对该新副本而非原始字符串进行传递或赋值操作。

Swift 默认复制字符串的行为保证了函数方法对所传递的字符串的所属权，无论该值来自于哪里，都可以确信传递的字符串不会被修改，除非专门去修改它。

在实际编译时，Swift 编译器会优化字符串的使用，使实际的复制只发生在绝对必要的情况下，这意味着将字符串作为值类型的同时可以获得极高的性能。

Unicode 字符集和 UTF-8 编码

所有 Swift String 都遵循称为"Unicode"的国际计算标准。遵守 Unicode 让 Swift 突破了英语语言中字符和字母不够丰富的限制。这些字符包括中文汉字、表情符号（☺）、符号（∞）以及其他特殊字符（🐞）。因此，常量、变量、函数、类及结构体等名称都可以用中文命名：

```
let 中国 = "中国加油！"
print(中国.count)      // 控制台输出: 5
```

Unicode 字符集为每一个字符分配一个唯一的 ID，学名为码位，Unicode 是信源编码，对字符集数字化。而 UTF-8 等编码规则将码位转换为字节序列的规则，编码 / 解码也可以理解为加密 / 解密的过程，这是信道编码，节省硬盘空间和网络传输流量，为更好的存储和传输。例如"知"的码位是 30693，记作 U+77E5（30693 的十六进制为 0x77E5）。

当一个 Unicode 字符串被写进文本文件或者其他储存时，字符串中的 Unicode 标量会用 Unicode 定义的几种编码格式编码，包括 UTF-8、UTF-16 和 UTF-32。编码格式的每一个字符串中的小块编码都被称代码单元（CodeUnit），UTF-8 为 8 位的代码单元，UTF-16 为 16 位的代码单元，而 UTF-32 则为 32 位的代码单元。

UTF-8 是在互联网上使用最广的一种 Unicode 的实现方式，这是为传输而设计的编码，其最大的一个特点是变长的编码方式。从 Unicode 到 UTF-8 编码并不是直接的对应，而是要通过一些算法和规则来转换。UTF-8 可以使用 1 ~ 4 个字节表示一个符号，根据不同的符号而变化字节长度，当字符在 ASCII 码的范围时，就用一个字节表示，保留了 ASCII 字符一个字节的编码做为它的一部分。

```swift
let mark:Character = "\u{203c}"   // 用 unicode 方式输入双叹号 ‼
var dogString = "Dog"
dogString.append(mark)   // 现在是 Dog‼，不同于 Dog‼
print(dogString)                // 控制台输出：Dog‼
for codeUnit in dogString.utf8 {
    print("\(codeUnit) ", terminator: " ")   // 不换行
// 控制台输出：68 111 103 226 128 188
}
for codeUnit in dogString.utf16 {
    print("\(codeUnit) ", terminator: " ")   // 不换行
    // 继续前面同一行末尾，控制台输出：68 111 103 8252
}
```

前三个 codeUnit 值 (68, 111, 103) 代表了字符 D、o 和 g，它们的 UTF-16 代码单元和 UTF-8 代码单元完全相同，因为都是基本 ASCII 字符。第四个 codeUnit 值 (8252) 是一个等于十六进制 0x203C 的十进制值，这个代表了双感叹号字符的 Unicode 标量值 U+203C。这个字符在 UTF-16 中可以用一个代码单元表示，而在 UTF-8 中用三个代码单元表示，即（226，128，188）。

Terminator 是 print 的终止符，打印完所有项目后要打印的字符串，默认是换行（"\n"），这里设置为空格，也表示不换行。

📱📱 字符串的插入和删除

调用 insert(_:at:) 方法可以在一个字符串的指定索引插入一个字符，调用 insert(contentsOf:at:) 方法可以在一个字符串的指定索引插入一个段字符串。

```swift
var welcome = "hello"
welcome.insert("!", at: welcome.endIndex)
// welcome 变量现在等于 "hello!"
welcome.insert(contentsOf:" there", at: welcome.index(before: welcome.endIndex))
// welcome 变量现在等于 "hello there!"
```

在上面代码基础上，调用 remove(at:) 方法可以在一个字符串的指定索引删除一个字符，调用 removeSubrange(_:) 方法可以在一个字符串的指定索引删除一个子字符串。

```
welcome.remove(at: welcome.index(before: welcome.endIndex))
// welcome 现在等于 "hello there"
let range = welcome.index(welcome.endIndex, offsetBy: -6)..<welcome.endIndex
welcome.removeSubrange(range)
// welcome 现在等于 "hello"
```

🔹 字符串的 NSString 方法截取

Swift 的 String 类型与 Foundation NSString 类进行了无缝桥接。Foundation 还对 String 进行扩展使其可以访问 NSString 类型中定义的方法。比如对字符串的任意截取也可用 Objective-C 的 NSString 来截取：

```
let number = "1234567890"  // number 为 String
let ns1 = (numer as NSString).substring(from: 5) // 临时转化为 NSString 类型，
                                                    第 1 位序号默认为 0；
let ns2 = (number as NSString).substring(to: 4)   // 第 1 位序号为 1，因此，只有 4 个
                                                    字符，留意！
let ns3 = (number as NSString).substring(with: NSMakeRange(4, 1)) // 第 1 位序
                                                    号默认为 0

print(ns1)  // 控制台输出：67890
print(ns2)  // 控制台输出：1234
print(ns3)  // 控制台输出：5
```

上述 ns1、ns2、ns3 都为 Swift 的 String 类型，(number as NSString) 的作用只是临时转换为 NSString 类型，以便可以调用 NSString 类型的 substring 方法。

🔹 类型转换和类型检查

Swift 提供了一种简单达意的方式去转换和检查类型，类型转换使用 as、as! 及 as? 操作符，而类型检查则使用 is 操作符。

as 是有保证的转换，从派生类转换为父类，即向上转型，总是能成功。

as! 是强制父类向子类（派生类）转换，即向下转型，这是一个不被保证的转换，当试图向下转型为一个不正确的类型时，强制形式的类型转换失败会触发一个运行时错误，导致应用 App 程序崩溃。转换成功不是返回可选类型。

as? 和 as! 操作符的转换规则完全一样。但 as? 如果转换不成功的时候便会返回一个 nil 对象，转换成功返回一个可选类型值，需要拆包后使用，或以可选链方式使用。

```
class Animal {}
class Dog: Animal {
    func shout() {
        print("汪汪")
    }
}
class Cat: Animal {}
let animal = Animal()
```

```
let dog = Dog()
let cat = Cat()
let myDogAnimal: Animal = Dog()

//--- 向上转换：as ---
let myAnimal = dog as Animal // 向上转换，一般都成功，无须用 as！
//let myDog1= animal as Dog  // 编译报错，as 只能向上转换，不能将父类实例转换为子类 Dog

//--- 向下转换：as! 和 as? ---
//let myDog2 = animal as! Dog           // 编译成功，运行崩溃，转换失败
let myDog3 = animal as? Dog            // 转换失败，返回可选类型
print(myDog3)                          // 控制台输出：nil

//let myDog4 = cat as! Dog              // 编译成功，运行崩溃，cat 与 Dog 类无关，永远失败
let myDog5 = cat as? Dog               // 转换永远失败
print(myDog5)                          // 控制台输出：nil

//myDogAnimal.shout()                   // 无法调用该方法
let myDog6 = myDogAnimal as! Dog       // 转换成功
print(myDog6)                          // 控制台输出实例
myDog6.shout()                         // 运行成功，控制台输出：汪汪
(myDogAnimal as! Dog).shout()          // 运行成功，控制台输出：汪汪
let myDog7 = myDogAnimal as? Dog       // 转换成功，返回可选类型
print(myDog7)                          // 控制台输出实例
myDog7?.shout()                        // 可选链，控制台输出：汪汪
```

上面的例子，myDogAnimal 实例转换之前无法调用子类的 shout() 方法，因为 myDogAnimal 实例名义上依旧是一个 Animal 类实例，尽管实质是一个 Dog() 子类类型。as! 或 as? 转换成功后，myDogAnimal 实例才回归子类 Dog()，也就拥有了 shout() 方法功能。

is 是类型检查操作符，用来检查一个实例是否属于特定子类型。若实例属于那个子类型，类型检查操作符返回 true，否则返回 false。

```
class MediaItem {
    var name: String
    init(name: String) {
        self.name = name
    }
}
class Movie: MediaItem {
    var director: String
    init(name: String, director: String) {
        self.director = director
        super.init(name: name)
    }
}
class Song: MediaItem {
    var artist: String
    init(name: String, artist: String) {
```

```
        self.artist = artist
        super.init(name: name)
    }
}
let library = [
    Movie(name: "Casablanca", director: "Michael Curtiz"),
    Song(name: "Blue Suede Shoes", artist: "Elvis Presley"),
    Movie(name: "Citizen Kane", director: "Orson Welles"),
    Song(name: "The One And Only", artist: "Chesney Hawkes"),
    Song(name: "Never Gonna Give You Up", artist: "Rick Astley")
]
// 数组 library 的类型被推断为 [MediaItem]，即 MediaItem 类型数组
for item in library {
    if let movie = item as? Movie {        // 可选绑定
        print("Movie: \(movie.name), dir. \(movie.director)")
    } else if let song = item as? Song {
        print("Song: \(song.name), by \(song.artist)")
    }
}
// 控制台输出：Movie: Casablanca, dir. Michael Curtiz
// 控制台输出：Song: Blue Suede Shoes, by Elvis Presley
// 控制台输出：Movie: Citizen Kane, dir. Orson Welles
// 控制台输出：Song: The One And Only, by Chesney Hawkes
// 控制台输出：Song: Never Gonna Give You Up, by Rick Astley
var movieCount = 0
var songCount = 0
for item in library {
    if item is Movie {
        movieCount += 1
    } else if item is Song {
        songCount += 1
    }
}
print("Media library contains \(movieCount) movies and \(songCount) songs")
// 控制台输出：Media library contains 2 movies and 3 songs
```

创建了一个父类和二个子类后，创建了一个数组常量 library，包含两个 Movie 实例和三个 Song 实例。library 的类型是在它被初始化时根据它数组中所包含的内容推断来的。Swift 的类型检测器能够推断出 Movie 和 Song 有共同的父类 MediaItem，所以它推断出 [MediaItem] 类作为 library 的类型。

在幕后 library 里存储的媒体项依然是 Movie 和 Song 类型的。但是，若迭代它，依次取出的实例会是 MediaItem 类型，而不是 Movie 和 Song 类型。为了让它们作为原本的类型工作，需要 as? 向下转换它们到其他类型或者用 is 检查它们的类型。

若当前 MediaItem 是一个 Movie 类型的实例，item is Movie 返回 true，否则返回 false。同样的，item is Song 检查 item 是否为 Song 类型的实例。在循环结束后，movieCount 和 songCount 的值

就是被找到的属于各自类型的实例的数量。

作为更宽泛的类型，Swift 为不确定类型提供了两种特殊的类型别名：

- Any 可以表示任何类型，包括函数类型。
- AnyObject 可以表示任何类类型的实例。

只有当确实需要它们的行为和功能时才使用 Any 和 AnyObject，一般最好还是在代码中指明需要使用的具体类型。

扫一扫

类的继承

3.3.3 类的继承

在步骤 2 源码中，按住【cmd】键右击查看 UIScreen 类和 UIViewController 类定义，发现与 CGRect 结构体定义的类型名称之后有一个显著的区别，就是 UIScreen 类和 UIViewController 类的类名后面有一个冒号（：），且冒号后面是另外一个或多个类（实际上也可能是协议，后续详细讨论）：

```
open class UIScreen : NSObject, UITraitEnvironment { }
open class UIViewController : UIResponder, NSCoding, UIAppearanceContainer,
UITraitEnvironment, UIContentContainer, UIFocusEnvironment { }
```

类的这种关系称为继承，而结构体不具有继承功能。

一个类可以继承另一个类的方法、属性和其他特性。当一个类继承其他类时，继承类叫子类，被继承类叫父类（或超类）。在 Swift 中，继承是区分类与其他类型（结构体等）的一个基本特征。

在 Swift 中，类可以调用和访问父类的属性和方法（后续详细讨论）等，并且可以重写这些属性和方法等来优化或修改它们的行为。Swift 会检查重写定义在父类中是否有匹配的定义，以此确保重写行为是正确的。

可以为类中继承来的属性添加属性观察器，当属性值改变时，类就会被通知到。可以为任何属性添加属性观察器，无论它原本被定义为存储型属性还是计算型属性。

定义一个基类

不继承于其他类的类，称之为基类。比如 UIScreen 类和 UIViewController 类最终的基类都是 NSObject 类。

注意：Swift 中的类并不是从一个通用的基类继承而来的。如果不为自己定义的类指定一个父类的话，这个类就会自动成为基类。

下面的例子定义了一个叫 Vehicle 的基类。这个基类声明了一个名为 currentSpeed、默认值是 0.0 的存储型属性，属性类型自动推断为 Double。Vehicle 基类还定义了一个名为 makeNoise 的方法。这个方法实际上不为 Vehicle 实例做任何事，但之后将会被 Vehicle 的子类定制：

```
class Vehicle {
    var currentSpeed = 0.0
    func makeNoise() {
        // 什么也不做——因为车辆不一定会有噪音
```

```
        }
    }
```

可以用初始化语法创建一个 Vehicle 的新实例，这个 Vehicle 类为所有属性提供了默认值，又没有提供任何自定义的构造器，根据前面构造器讨论，Swift 会给这个类提供一个默认构造器，即类名后面跟一个空括号：

```
let someVehicle = Vehicle()
```

现在已经创建了一个 Vehicle 的新实例，可以访问它的 currentSpeed 属性来打印车辆的当前速度：

```
print("Vehicle: \(someVehicle.currentSpeed)")
// 控制台输出：Vehicle: 0.0
```

Vehicle 类定义了一个具有通用特性的车辆类，但实际上对于它本身来说没什么用处。为了让它变得更加有用，还需要进一步完善它，从而能够描述一个具体类型的车辆。

📄 子类生成

子类生成指的是在一个已有类的基础上创建一个新的类。子类继承父类的特性，并且可以进一步完善，还可以为子类添加新的特性。

为了指明某个类的父类，将父类名写在子类名的后面，用冒号分隔：

```
class SomeClass: SomeSuperclass {
    // 这里是子类的定义
}
```

下一个例子，定义了一个叫 Bicycle 的子类，继承自父类 Vehicle：

```
class Bicycle: Vehicle {
    var hasBasket = false
}
```

新的 Bicycle 类自动继承 Vehicle 类的所有特性，比如 currentSpeed 属性，还有 makeNoise() 方法。

除了所继承的特性，Bicycle 类还定义了一个默认值为 false 的存储型属性 hasBasket，属性类型自动推断为 Bool。

默认情况下，创建的所有新的 Bicycle 实例不会有一个篮子，即 hasBasket 属性默认为 false。创建该实例之后，可以为 Bicycle 实例设置 hasBasket 属性为 ture：

```
let bicycle = Bicycle()
bicycle.hasBasket = true
```

还可以修改 Bicycle 实例所继承的 currentSpeed 属性和查询实例所继承的 description 属性：

```
bicycle.currentSpeed = 15.0
print("Bicycle: \(bicycle.currentSpeed)")
// 控制台输出：Bicycle: 15.0
```

子类还可以继续被其他类继承，下面的示例为 Bicycle 创建了一个名为 Tandem（双人自行车）

的子类：

```
class Tandem: Bicycle {
    var currentNumberOfPassengers = 0
}
```

Tandem 从 Bicycle 继承了所有的属性与方法，这又使它同时继承了 Vehicle 的所有属性与方法。Tandem 也增加了一个新的叫做 currentNumberOfPassengers 的存储型属性，默认值为 0。

如果创建了一个 Tandem 的实例，可以使用它所有的新属性和继承的属性，还能查询从 Vehicle 继承来的属性 currentSpeed：

```
let tandem = Tandem()
tandem.hasBasket = true
tandem.currentNumberOfPassengers = 2
tandem.currentSpeed = 22.0
print("Tandem: \(tandem.currentSpeed)")
// 控制台输出：Tandem: 22.0
```

重写

子类可以为继承来的实例方法、类方法、实例属性、类属性或下标提供自己定制的实现，把这种行为叫重写。

如果要重写某个特性，需要在重写定义的前面加上 override 关键字。这样，就表明了想提供一个重写版本，而非错误地提供了一个相同的定义。意外的重写行为可能会导致不可预知的错误，任何缺少 override 关键字的重写都会在编译时被认定为错误。

override 关键字会提醒 Swift 编译器去检查该类的父类（或其中一个父类）是否有匹配重写版本的声明。这个检查可以确保子类的重写定义是正确的。

访问父类的方法、属性及下标

当在子类中重写父类的方法、属性或下标时，有时在子类的重写版本中使用已经存在的父类实现会大有裨益。比如，可以完善已有实现的行为，或在一个继承来的变量中存储一个修改过的值。

在合适的地方，可以通过使用 super 前缀来访问父类版本的方法、属性或下标：

- 在方法 someMethod() 的重写实现中，可以通过 super.someMethod() 来调用父类版本的 someMethod() 方法。
- 在属性 someProperty 的 getter 或 setter 的重写实现中，可以通过 super.someProperty 来访问父类版本的 someProperty 属性。

重写方法

在子类中，可以重写继承来的实例方法或类方法，提供一个定制或替代的方法实现。

下面的例子定义了 Vehicle 的一个新的子类，叫 Train，它重写了从 Vehicle 类继承来的 makeNoise() 方法：

```
class Train: Vehicle {
    override func makeNoise() {
        print("Choo Choo")
    }
}
```

如果创建一个 Train 的新实例，并调用了它的 makeNoise() 方法，就会发现 Train 版本的方法被调用：

```
let train = Train()
train.makeNoise()
// 控制台输出：Choo Choo
```

🔽 重写属性

可以重写继承来的实例属性或类型属性，提供自己定制的 getter 和 setter，或添加属性观察器，使重写的属性可以观察到底层的属性值什么时候发生改变。

🔽 重写属性的 getters 和 setters

可以提供定制的 getter 或 setter 来重写任何一个继承来的属性，无论这个属性是存储型还是计算型属性。子类并不知道继承来的属性是存储型的还是计算型的，它只知道继承来的属性会有一个名字和类型。

在重写一个属性时，必须将它的名字和类型都写出来。这样才能使编译器去检查重写的属性是与父类中同名同类型的属性相匹配的。

可以将一个继承来的只读属性重写为一个读写属性，只需要在重写版本的属性里提供 getter 和 setter 即可。但不可以将一个继承来的读写属性重写为一个只读属性，即大于等于父类属性的规则。

```
class Vehicle {
    var currentSpeed = 2.0
    func makeNoise() {
        // 什么也不做——因为车辆不一定会有噪音
    }
}
class Car: Vehicle {
    var gear = 2.0
    override var currentSpeed : Double{
        get {
            return super.currentSpeed * gear
        }
        set {
            super.currentSpeed = newValue
            // 千万不要如下设置值，会导致死循环，运行时出错
            //self.currentSpeed = newValue
        }
    }
}
```

```
let benz = Car()
print(benz.currentSpeed)
// 控制台输出：4.0
benz.currentSpeed = 10.0
print(benz.currentSpeed)
// 控制台输出：20.0
```

若对只读计算属性重写一个只读计算属性，则只需要 getter，同时也可以省略 get 关键字，直接写 return 语句。

◤重写属性观察器

可以通过重写属性为一个继承来的属性添加属性观察器。这样，无论被继承属性原本是如何实现的，当其属性值发生改变时，就会收到通知。

下面的例子定义了一个新类叫 AutomaticCar，它是 Car 的子类。AutomaticCar 表示自动档汽车，它可以根据当前的速度自动选择合适的档位：

```
class AutomaticCar: Car {
    override var currentSpeed: Double {
        didSet {
            gear = Int(currentSpeed / 10.0) + 1
        }
    }
}
```

当设置 AutomaticCar 的 currentSpeed 属性，属性的 didSet 观察器就会自动地设置 gear 属性，为新的速度选择一个合适的档位。具体来说就是，属性观察器将新的速度值除以 10，然后向下取得最接近的整数值，最后加 1 来得到档位 gear 的值。例如，速度为 35.0 时，档位为 4：

```
let automatic = AutomaticCar()
automatic.currentSpeed = 35.0
print("AutomaticCar: \(automatic.currentSpeed) in gear \( automatic.gear)")
// 控制台输出：AutomaticCar: 35.0 miles per hour in gear 4
```

◤◤防止重写

可以通过把方法、属性或下标标记为 final 来防止它们被重写，只需要在声明关键字前加上 final 修饰符即可（例如：final var、final func、final class func 及 final subscript）。

任何试图对带有 final 标记的方法、属性或下标进行重写的代码，都会在编译时会报错。在类扩展中的方法、属性或下标也可以在扩展的定义里标记为 final。

可以通过在关键字 class 前添加 final 修饰符（final class）来将整个类标记为 final。这样的类是不可被继承的，试图继承这样的类会导致编译报错。

◤◤类型属性

实例属性属于一个特定类型的实例，每创建一个实例，实例都拥有属于自己的一套属性值，实例之间的属性相互独立。

与实例属性不同，也可以为类型本身定义属性，无论创建了多少个该类型的实例，这些属性都只有唯一一份。这种属性就是类型属性。

比如猫都有两只眼睛，这个与具体不同品种的猫个体实例无关，不需要实例化就可以使用，可以定义为类型属性。而不同品种的猫的眼睛颜色不一定相同，与个体实例直接相关，因此可以定义为实例属性，需要实例化后才能使用。

步骤 2 源码的第 6 行中使用 UIScreen 是类型本身（大写字母开头），调用的 main() 属性就是一个类型属性，因此无法使用类似"UIScreen.bounds"这样的表达式来调用，因为 UIScreen 并不是一个实例。

类型属性用于定义某个类型所有实例共享的数据，比如所有实例都能用的一个常量，或者所有实例都能访问的一个变量。

存储型类型属性可以是变量或常量，计算型类型属性跟实例的计算型属性一样只能定义成变量属性。

留意一下，跟实例的存储型属性不同，必须给存储型类型属性指定默认值，因为类型本身没有构造器，也就无法在初始化过程中使用构造器给类型属性赋值。

存储型类型属性是延迟初始化的，它们只有在第一次被访问的时候才会被初始化。即使它们被多个线程同时访问，系统也保证只会对其进行一次初始化，并且不需要对其使用 lazy 修饰符。

在 Swift 中，类型属性是作为类型定义的一部分写在类型最外层的花括号内，因此它的作用范围也就在类型支持的范围内。

使用关键字 static 来定义类型属性。在为类定义计算型类型属性时，可以改用关键字 class 来支持子类对父类的实现进行重写。下面的例子演示了存储型和计算型类型属性的语法：

```
struct SomeStructure {
    static var storedTypeProperty = "Some value."
    static var computedTypeProperty: Int {
        return 1
    }
}
enum SomeEnumeration {
    static var storedTypeProperty = "Some value."
    static var computedTypeProperty: Int {
        return 6
    }
}
class SomeClass {
    static var storedTypeProperty = "Some value."
    static var computedTypeProperty: Int {
        return 27
    }
    class var overrideableComputedTypeProperty: Int {
        return 107
```

```
        }
    }
```

上述例子中的计算型类型属性是只读的，但也可以定义可读可写的计算型类型属性，跟计算型实例属性的语法相同。

跟实例属性一样，类型属性也是通过点运算符来访问。但是，类型属性是通过类型本身来访问（类型名是大写字母开头），而不是通过实例（实例名是小写字母开头）。比如：

```
print(SomeStructure.storedTypeProperty)
// 控制台输出：Some value.
SomeStructure.storedTypeProperty = "Another value."
print(SomeStructure.storedTypeProperty)
// 控制台输出：Another value.
print(SomeEnumeration.computedTypeProperty)
// 控制台输出：6
print(SomeClass.computedTypeProperty)
// 控制台输出：27
```

关键字 static 和 class 都是表示类型范围作用域的关键字，在使用上具有一定的区别。

- static 可以在类和结构体类型中（枚举、协议也是）使用用来表示类型属性，包括存储属性和计算属性（类型方法也可以，后面讨论）。
- class 是专门用在类中修饰类的计算属性与类型方法，但无法使用 class 修饰类的存储属性。
- 使用 static 修饰的类属性和类方法无法在子类中重写（override），也就是说，static 修饰的类方法和类属性包含了终结（final）关键字的特性，不能再被子类修改。

下面的代码中，子类 Wang 会有报错。

```
class Person {
    static let age: Int = 30      // 存储属性
    static var wotkTime: Int {    // 计算属性
        return 8
    }
    static func sleep() {         // 类方法
        print("sleep")
    }
}
class Wang: Person {
    override static var wotkTime: Int {      // 报错
        return 4
    }
    override static func sleep() {       // 报错
        print("sleep")
    }
}
```

下面代码修改 static 为 class 后，代码正确。

```
class Person {
```

```
    static let age: Int = 30      // 存储属性
    class var wotkTime: Int {    // 计算属性
        return 8
    }
    class func sleep() {          // 类方法
        print("sleep")
    }
}
class Wang: Person {
    override class var wotkTime: Int {
        return 4
    }
    override class func sleep() {
        print("sleep")
    }
}
```

UIScreen 类总结

按住【cmd】键右击，进入 UIScreen 类定义：

```
@available(iOS 2.0, *)
open class UIScreen : NSObject, UITraitEnvironment {
    @available(iOS 3.2, *)
    open class var screens: [UIScreen] { get }
    open class var main: UIScreen { get }
    open var bounds: CGRect { get }
    //…
@available(iOS, introduced: 2.0, deprecated: 9.0)
    open var applicationFrame: CGRect { get }
}
```

NSObject 是 UIScreen 类的父类，即继承关系，用冒号"："间隔。

UITraitEnvironment 是一个协议（Protocol），即 UiScreen 遵循该协议，若类有继承，则冒号后先写继承的父类，再写遵循的协议（协议的使用将在后续详细讨论）。

@available（iOS 3.2, *）位于在函数、类或协议前面，表明这些类型适用的平台和版本。参数（iOS 3.2, *）是一种简写形式，全写形式是（iOS, introduced: 3.2），introduced: 3.2 参数表示指定平台（iOS）从 3.2 开始引入该声明，表示必须在 iOS 3.2 版本以上才可用。而 applicationFrame 属性（9.0 版本前用于返回应用程序占用的矩形尺寸）已经不推荐使用了。@available 还有其他一些参数可以使用，比如下面的 UIWebView 类代码（可以在 Xcode 任意 Swift 文件合适地方输入 UIWebView，然后按住【cmd】键右击即可看到）deprecated：版本号，表示从指定平台某个版本开始过期的声明，表示此方法已废弃，还可以继续使用，但以后此类或方法都不会再更新，后期也可能会删除，从而存在兼容性问题，不推荐使用。Xcode 代码提示会在调用处方法上加上横线，即划掉方法。message 表示给出一些附加信息。@available 声明也可以不写，表示所有情况都可以使用。

```
available(iOS, introduced: 2.0, deprecated: 12.0, message: "No longer
supported; please adopt WKWebView.")
open class UIWebView : UIView, NSCoding, UIScrollViewDelegate {
//…
}
```

screens 和 main 的 var 关键字前面都有 class 修饰，因此都是 UIScreen 类的类型属性。

Bounds 是一个 CGRect 结构体类型（字面上看不出来，需要按住【cmd】键右击查看定义即可知道），也是一个实例属性。留意一下，在步骤 2 源码第 6 行调用 UIScreen 是类本身。UIScreen 并没有构造器构建一个 UIScreen 的实例，而是通过类属性 main 来"间接"完成实例化。因此，这里的调用必须是 UIScreen.main.bounds 形式。而 UIScreen.main.bounds.size 属性返回的是当前设备的高和宽的逻辑分辨率，单位是点 pt，并且横屏转换为竖屏时，高和宽数值会对换。因此，该数据一方面可以用于判断当前用户是哪款 iPhone 手机设备，另一方面还可以判断用户手机当前状态是横屏还是竖屏，这对游戏等 App 应用具有较重要的参考价值。

{ get } 表示 screens、main 及 CGRect 属性也都是一个只读的计算属性，即只有返回值。留意一下，按住【cmd】键右击看到的 UIScreen 类定义属性的 { get } 字样只是一种指示，因为无法看到源码，在 UIScreen 类的实际源码是具有只读计算属性的具体实现。

3.3.4 构造器的继承

扫一扫

构造器的继承

类里面的所有存储型属性，包括所有继承自父类的属性，都必须在构造过程中设置初始值。

Swift 为类类型提供了两种构造器来确保实例中所有存储型属性都能获得初始值，它们被称为指定构造器和便利构造器。

📱 指定构造器

指定构造器是类中最主要的构造器。前面提及的构造器都是指定构造器。指定构造器的基本语法为：

```
init(parameters) {
    statements
}
```

一个指定构造器将初始化类中提供的所有属性，并调用合适的父类构造器让构造过程沿着父类链继续往上进行。

类倾向于拥有极少的指定构造器，普遍的是一个类只拥有一个指定构造器。指定构造器像一个个"漏斗"放在构造过程发生的地方，让构造过程沿着父类链继续往上进行。

每一个类都必须至少拥有一个指定构造器。在某些情况下，许多类通过继承了父类中的指定构造器而满足了这个条件。

📱 构造器的继承和两段式构造过程

Swift 中的子类默认情况下不会继承父类的构造器。Swift 的这种机制可以防止一个父类的简单构造器被一个更精细的子类继承，而在用来创建子类时的新实例时没有完全或错误地初始化。

　　Swift 中类的构造过程包含两个阶段。第一个阶段，类中的每个存储型属性赋一个初始值。当每个存储型属性的初始值被赋值后，第二阶段开始，它给每个类一次机会，在新实例准备使用之前进一步自定义它们的存储型属性。

　　两段式构造过程的使用让构造过程更安全，同时在整个类层级结构中给予了每个类完全的灵活性。两段式构造过程可以防止属性值在初始化之前被访问，也可以防止属性被另外一个构造器意外地赋予不同的值。

```swift
class MyClass {
    var firstNumber = 0
    var secondNumber = 0
    init(firstNumber: Int, secondNumber: Int) { // 指定构造器
        self.firstNumber = firstNumber
        self.secondNumber = secondNumber
    }
}
class SubClass: MyClass {          // 继承 MyClass
    var thirdNumber = 0
    init(thirdNumber: Int) {
        //-------- 第一阶段 -------
        self.thirdNumber = thirdNumber
        super.init(firstNumber: 10, secondNumber: 10)
        //-------- 第二阶段 ------
        self.firstNumber = 20
        super.firstNumber = 15   // 覆盖上面的值 20
    }
}
let number = SubClass(thirdNumber: 30)
print(number.firstNumber,number.secondNumber,number.thirdNumber)
// 控制台输出: 15 10 30
```

　　对于上述例子，第一阶段确保子类和父类所有的存储属性都初始化完毕，父类的指定构造器 super.init(firstNumber: 10, secondNumber: 10) 在子类中必须调用，以确保父类得到完备的初始化。第二阶段对父类中的存储属性作进一步的处理，这个时候才能通过 self.firstNumber 和 super.firstNumber 访问到父类继承来的属性以及父类自身的属性。留意一下，在子类 init 构建过程中，子类的 self.firstNumber 的赋值会被父类的 super.firstNumber 赋值覆盖。子类构建完毕后，子类和父类的实例各自独立。

　　🔄🔄便利构造器

　　便利构造器是类中比较次要的、辅助型的构造器。可以定义便利构造器来调用同一个类中的指定构造器，并为部分形参提供默认值。也可以定义便利构造器来创建一个特殊用途或特定输入值的实例。便利构造器的基本语法为：

```swift
convenience init(parameters) {
    statements
```

```
    }
```

应当只在必要的时候为类提供便利构造器，比如说某种情况下通过使用便利构造器来快捷调用某个指定构造器，能够节省更多开发时间并让类的构造过程更清晰明了。

🔽🔽 指定构造器和便利构造器的调用

为了简化指定构造器和便利构造器之间的调用关系，Swift 构造器之间调用遵循的规则为：

指定构造器必须总是向上代理：指定构造器必须调用其直接父类的指定构造器。

便利构造器必须总是横向代理：便利构造器必须调用同类中定义的其他构造器，并在最后必须调用指定构造器。

🔽🔽 构造器的自动继承

如上所述，子类在默认情况下不会继承父类的构造器。但是如果满足特定条件，父类构造器是可以被自动继承的。事实上，这意味着对于许多常见场景不必重写父类的构造器，并且可以在安全的情况下以最小的代价继承父类的构造器。

假设子类中引入的所有新属性都提供了默认值，以下 2 条规则下子类会继承父类的构造器：

规则 1：如果子类没有定义任何指定构造器，它将自动继承父类所有的指定构造器。

规则 2：如果子类提供了所有父类指定构造器的实现，这个实现无论是通过规则 1 继承过来的，还是提供了自定义实现——它将自动继承父类所有的便利构造器。子类也可以将父类的指定构造器实现为便利构造器来满足本规则 2。

即使在子类中添加了更多的便利构造器，这 2 条规则仍然适用。举例：

```
class MyClass {
    var firstNumber = 0
    var secondNumber = 0
    init(firstNumber: Int, secondNumber: Int) { // 指定构造器
        self.firstNumber = firstNumber
        self.secondNumber = secondNumber
    }
}
class SubClass: MyClass {          // 继承 MyClass
    var thirdNumber = 0
    }
let number = SubClass(firstNumber: 50, secondNumber: 50)
print(number.firstNumber,number.secondNumber,number.thirdNumber)
// 控制台输出: 50 50 0
```

此时，子类符合规则 1，因此子类会继承父类的指定构造器，从而完成子类的实例化构建。

3.3.5　访问控制

🔽 默认访问控制级别

通过查看 UIScreen 类、UIViewController 类和 CGRect 结构体的定义，可以看到可以给类、结构体、属性及构造器等提供诸如 open、public 等关键字的访问权限声明。

UIScreen 类和 UIViewController 类都是一个 open 访问控制级别，而 CGRect 结构体是一个 public 访问控制级别，如下：

```
public struct CGRect {
    public var origin: CGPoint
    public var size: CGSize
    public init()
    public init(origin: CGPoint, size: CGSize)
}
```

CGRect 结构体关键词 struct 前面的 public 是访问控制权限级别，该级别比 open 权限稍低。public 修饰的类、结构体、属性、方法等能在其他任何地方被访问，但是只有在当前模块（module）中能被继承，其他模块只能访问，无法重写（override）。Swift 模块是指独立的代码单元、框架（framework，比如 UIKit）或应用程序（App，比如 FlappyBird 项目）会作为一个独立的模块来构建和发布，且一个模块可以使用 import 关键字导入另外一个模块。

实际上，Swift 提供了五种不同的访问级别，权限从低到高分别为 private、fileprivate、interal、public 及 open，还为某些典型场景提供了默认的访问级别，一般情况默认访问级别为 internal，这样就不需要在每段代码中都显式声明访问级别。如果只是开发一个单目标的应用程序，完全可以不用显式声明代码的访问级别。

访问控制可以限定其他源文件或模块对代码的访问。这个特性可以隐藏代码的实现细节，并且能提供一个接口来让别人访问和使用代码。

可以明确地给单个类型（类、结构体、枚举）设置访问级别，也可以给这些类型的属性、方法、构造器等设置访问级别。

模块和源文件

Swift 中的访问控制模型基于模块和源文件这两个概念。

在 Swift 中，Xcode 的每个 target（如框架或应用程序）都被当作独立的模块处理。如果为了实现某个通用的功能，或者是为了封装一些常用方法而将代码打包成独立的框架，这个框架就是 Swift 中的一个模块。当它被导入某个应用程序或者其他框架时，框架的内容都将属于这个独立的模块。

源文件就是 Swift 模块中的源代码文件（实际上，源文件属于一个应用程序或框架），一般以 .swift 扩展名结尾。尽管一般会将不同的类型分别定义在不同的源文件中，但是同一个源文件也可以包含多个类型、函数等的定义。

访问控制语法

private：所修饰的属性、方法只能在当前类中访问。

fileprivate：类似名字的含义，就是文件之间是 private 的关系，也就是在同一个文件中是可以访问的，但是在其他文件中就不可以访问。如果功能的部分实现细节只需要在文件内使用时，可以使用 fileprivate 来将其隐藏。

internal：在模块内部可以访问，在模块外部不可以访问，是默认级别。如果是框架或者库代码，则在整个框架内部都可以访问，框架由外部代码所引用时，则不可以访问。如果是 App 应用，也是在整个 App 内部可以访问。

public：所修饰的类、属性及方法可以在任何地方被访问，但只能在本模块中被继承或被本模块子类重写（override），其他模块只能访问，无法继承和重写。

open：只能作用于类和类的成员，所修饰的类和成员能够在模块外被继承和重写（override）。

在不使用修饰符显式声明访问级别的情况下，以下 SomeInternalClass 类和 someInternalConstant 变量的访问级别是 internal：

```
class SomeInternalClass {}   // 隐式 internal
var someInternalConstant = 0 // 隐式 internal
```

如果想为一个自定义类型指定访问级别，在定义类型时进行指定即可。新类型只能在它的访问级别限制范围内使用。一个类型的访问级别也会影响到类型成员（属性、方法、构造器、下标）的默认访问级别。如果将类型指定为 private 或者 fileprivate 级别，那么该类型的所有成员的默认访问级别也会变成 private 或者 fileprivate 级别。如果将类型指定为 internal 或 public（或者不明确指定访问级别，而使用默认的 internal），那么该类型的所有成员的默认访问级别将是 internal。

```
public class SomePublicClass {                       // 显式 public 类
    public var somePublicProperty = 0                // 显式 public 类成员
    var someInternalProperty = 0                     // 隐式 internal 类成员
    fileprivate func someFilePrivateMethod() {}      // 显式 fileprivate 类成员
    private func somePrivateMethod() {}              // 显式 private 类成员
}
class SomeInternalClass {                            // 隐式 internal 类
    var someInternalProperty = 0                     // 隐式 internal 类成员
    fileprivate func someFilePrivateMethod() {}      // 显式 fileprivate 类成员
    private func somePrivateMethod() {}              // 显式 private 类成员
}
fileprivate class SomeFilePrivateClass {            // 显式 fileprivate 类
    func someFilePrivateMethod() {}                  // 隐式 fileprivate 类成员
    private func somePrivateMethod() {}              // 显式 private 类成员
}
private class SomePrivateClass {                     // 显式 private 类
    func somePrivateMethod() {}                       // 隐式 private 类成员
}
```

一个 public 类型的所有成员的访问级别默认为 internal 级别，而不是 public 级别。如果想将某个成员指定为 public 级别，那么必须显式指定。这样做的好处是，在定义公共接口的时候，可以明确地选择哪些接口是需要公开的，哪些是内部使用的，避免不小心将内部使用的接口公开。

Swift 中的访问级别遵循一个基本原则：实体不能定义在具有更低访问级别或者说更严格的

实体中。比如一个 public 的变量，其类型的访问级别不能是 internal、fileprivate 或 private，因为无法保证变量的类型在使用变量的地方也具有访问权限。

 思考题

1. UIResponder 类主要有什么作用？
2. UIView 类和 UIViewController 类有什么区别和联系？
3. Swift 语言的可选类型有什么作用？
4. Swift 语言构造器继承需要什么条件？
5. Swift 语言的访问控制修饰有哪些？各有什么区别？

任务 4

实现飞行背景

4.1 任务描述

任务 3 提供了一个简单按钮控制的小鸟竖直上抛运动，并提供了少量文字信息展示。至此，对 Swift 语言的语法规则也具备了一定的基础。从本任务开始，会逐步增加 iOS SDK 框架的相关技术要点，并正式从零起步开始 FlappyBird 游戏的 App 开发。

学习完成本任务内容后，要求在 Xcode 模拟器上完成 FlappyBird 游戏的动态背景，包括城市背景、大地背景以及水管背景。在实现动态背景之前，先完成静态背景的创建，然后利用轮播图原理实现动态效果。最终效果如图 4-1 所示。

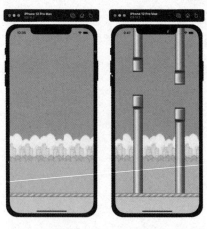

图 4-1 静态城市和大地背景及全背景

4.2　任务实现

4.2.1　视图和视图控制器

一个应用程序 App 中的所有的界面场景都是由多个 UIView 视图组成的，这些视图共同构成视图层次结构。视图经常发生嵌套，包含一个或多个视图的视图称为父视图，包含在另一个视图中的视图称为子视图。UINavigationBar、UITabBar 及 UITableView 等视图常用于组成一个复杂的应用程序 App 层次结构，而它们基本都是 UIView 的子类，如图 4-2 所示。

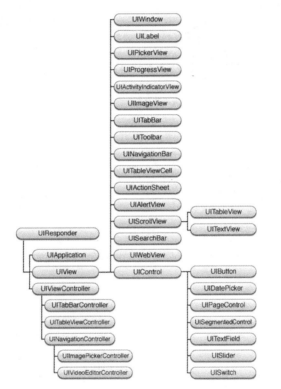

扫一扫

视图和视图控制器

图 4-2　UIView 和 UIViewController 的常用子类

同时，UIKit 定义了控制视图、设置子视图、控制视图所显示的内容，以及响应用户交互的特殊类，这种类称为 UIViewController。应用程序 App 中的每个屏幕可以用故事板 Storyboard 中的场景表示，而故事板中的每个场景都与 UIViewController 的子类相关联。这些关联的 UIViewController 子类在容纳控制场景所有逻辑的 Swift 文件中定义。每个 UIViewController 类都有一个根 view 属性用以表示场景的父视图。UIViewController 和 UIVew 类都继承自 UIResponder 类，而 UINavigationBar、UITabBar 及 UITableView 等视图的控制器都继承自 UIViewController 类。

第 2、3 个任务中构建的屏幕自由落体运动和竖直上抛运动中，就具有带一个场景的故事板 Storyboard，该场景被链接到了称为 ViewController 的 UIViewController 子类。小鸟图像、所有红色的小方块、文本等都是 ViewController 的根 view 的子视图。

● 扫一扫

创建静态的城市和大地背景

4.2.2　创建动态背景

步骤 1：创建静态的城市和大地背景

启动 Xcode，在欢迎界面选择 Create a new Xcode project，然后选择 iOS 下的 App，单击 Next 按钮，输入项目名称"Flappy Bird"，其他配置都为默认，单击 Next 按钮，然后选择项目存放的目录，可以存放在桌面，单击 Create 按钮即完成新项目创建，如图 4-3 ～图 4-6 所示。

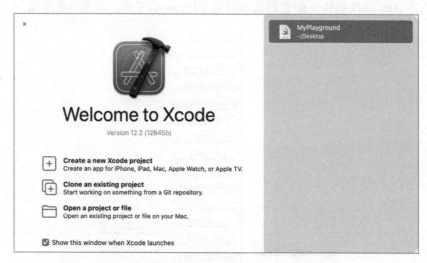

图 4-3　选择 Create a new Xcode project

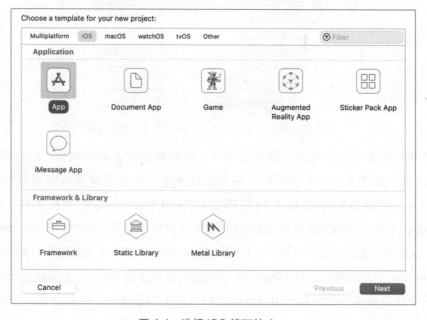

图 4-4　选择 iOS 线下的 App

图 4-5　输入项目名称及确认其它配置

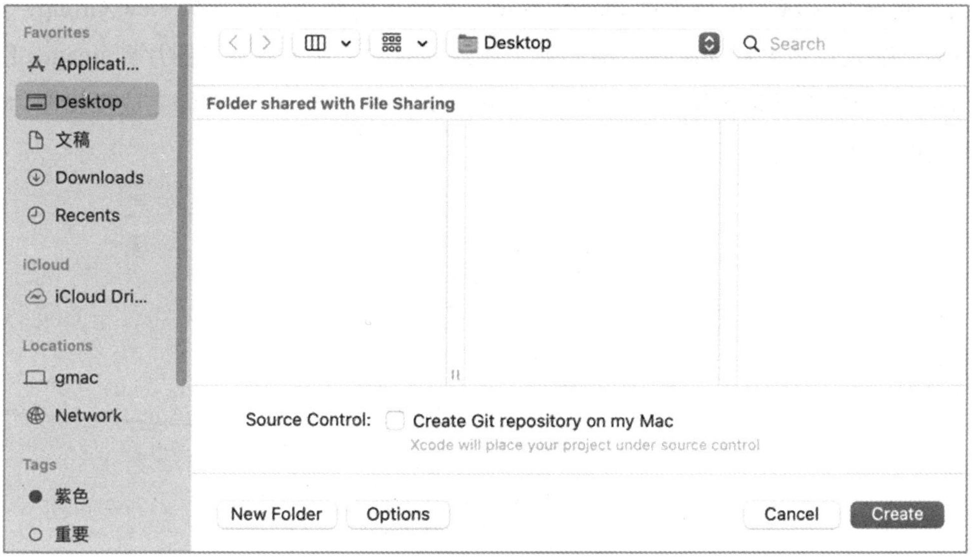

图 4-6　选择项目存放的目录

创建项目后，单击左侧导航区域的项目名称 Flappy Bird 下的 Main.storyboard 目录，单击右下方的 Device 区域，修改设计界面的设备为 iPhone 12 Pro Max，以便和本任务采用的模拟器型号一致，如图 4-7 所示。以纯代码方式完成，storyboard 内的设备型号并不会影响到模拟器的运行效果，但为了习惯，这里还是先做这样的修改。

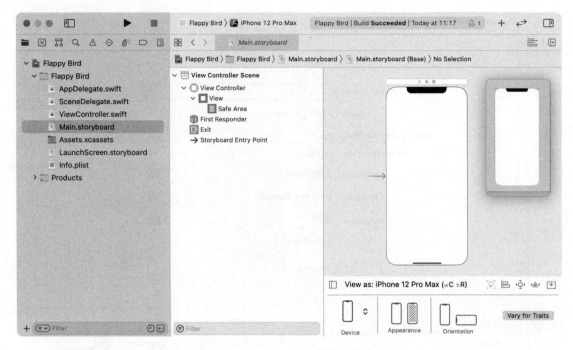

图 4-7　storyboard 设备型号修改

接下来正式开始添加静态的城市和大地背景。

右击左侧导航区域的项目名称 Flappy Bird，在弹出的快捷菜单选择 New Group，如图 4-8 所示。然后，输入目录名称 images。拖动事先准备好的城市和大地背景图片到 images 目录下方后松开，确认弹出的对话框选择 "Copy items if needed"，单击 Finish 按钮即完成项目图片的添加，如图 4-9 ～图 4-11 所示。

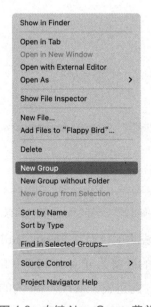

图 4-8　右键 New Group 菜单

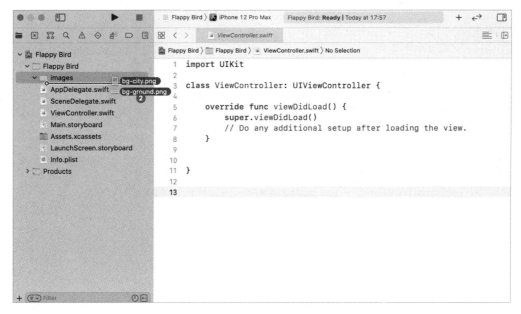

图 4-9　拖动图片到目录 images

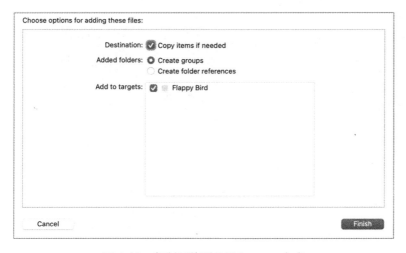

图 4-10　复制图片到目录 images 方式

单击项目的 ViewController.swift 文件，添加相关代码最终为如下：

```
1   import UIKit
2
3   let SCREEN_SIZE = UIScreen.main.bounds
4
5   class ViewController: UIViewController {
6
7       override func viewDidLoad() {
8           super.viewDidLoad()
9           self.creatBackgroundView()
10      }
```

```
11
12    func creatBackgroundView(){
13        // 创建城市背景
14        let imageCity = UIImage(named: "bg-city.png")
15        let viewCity = UIImageView(image: imageCity)
16        viewCity.frame = CGRect(x: 0, y: 0, width: SCREEN_SIZE.width, height:
SCREEN_SIZE.height)
17        self.view.addSubview(viewCity)
18         // 创建大地背景
19        let viewGround = UIImageView(frame: CGRect(x: 0, y: SCREEN_SIZE.
height - 100, width: SCREEN_SIZE.width, height: 100))
20        let imageGround = UIImage(named: "bg-ground.png")
21        viewGround.image = imageGround
22        self.view.addSubview(viewGround)
23    }
24
25 }
```

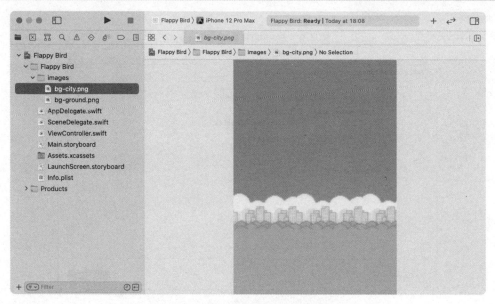

图 4-11　完成复制图片到目录 images

在上述代码中：

第 3 行获取模拟器设备型号的主屏幕高度和宽度，单位是 Point。

第 9 行在 viewDidLoad() 方法内添加一个创建项目背景的函数，表示在根视图 View 加载完毕后，就立即创建项目背景。

第 12 ~ 22 行就是创建项目背景的函数，主要包括创建一个城市背景和大地背景。

第 13 ~ 17 行用于创建城市背景。一般一个 UIImageView 对象至少需要两个要素：一个是矩形位置，包括矩形左上角在父视图的坐标值、宽以及高；另一个是图片对象。第 14 行表示用图片名称的方式构造实例化一个图片对象 imageCity，返回值是一个可选类型，即 imageCity 是可选类型。第 15 行表示使用刚才的 imageCity 对象来构建一个图像视图对象 viewCity。第 16 行明确刚才的图像视图对象 viewCity 的矩形区域，即占据整个主屏幕，与主屏幕等高等宽。第 17 行将图像视图对象 viewCity 添加到根视图 view。

第 18 ～ 22 行用于创建大地背景。与前面城市背景创建的方法不一样，图像视图对象 viewGround 构建采用另外一个构造器实现，即先明确矩形区域，再给 viewGround 对象的 image 属性赋值。两者的构建构造器思路不同，结果一样，都完成图像视图对象的构建。第 19 行大地背景与屏幕等宽，但高度只有 100 pt，且位于屏幕下方。

按快捷键【cmd + R】运行项目，结果如图 4-12 所示。

根据刚才先添加城市背景再添加大地背景的先后顺序，可以预见大地背景应该叠放在城市背景的上方，而城市背景应该叠放在根 view 的上方，如图 4-13 所示。可见，在用户视图和根视图 view 之前，iOS 还具有多个 view，包括继承自 UIView 的 UIWindow。

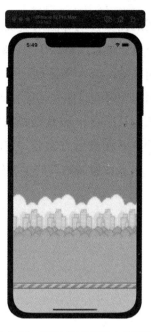

图 4-12　静态的城市和大地背景

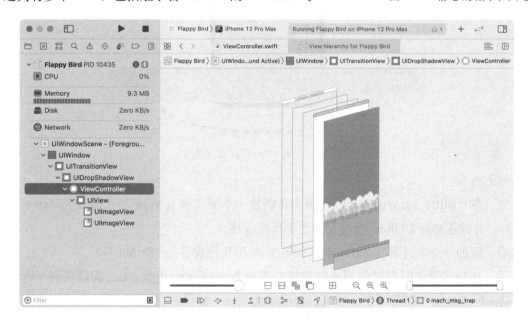

图 4-13　各 view 的层次关系

步骤 2：创建动态的城市和大地背景

为了实现小鸟飞行的动态效果，根据相对运动的原理，只要背景或小鸟两者之一运动，即可模拟实现小鸟第一人称飞行视角。本项目采用背景不断运动，而小鸟不动的方式来实现。

实现动态的城市和大地背景方法包括动画等多种方式，下面采用最简单的类似轮播

扫一扫

创建动态的城市和大地背景

145

图的图像移动算法来实现。如图 4-14 所示，有 A 和 B 两幅一样的图像，初始状态为 A 图像完全位于屏幕内部，B 图像紧随 A 图像，但位于屏幕外部（右边）。两幅图像 A 和 B 同时向左匀速移动，当 A 图像彻底移出屏幕范围时，迅速将 A 图像移动到 B 图像的后方，从而形成 B 和 A 两幅图像同时向左匀速移动。当 B 图像彻底移出屏幕范围时，迅速将 B 图像移动到 A 图像的后方，从而又形成 A 和 B 两幅图像同时向左匀速移动。如此，即可形成无限运动循环。由于 A 图像移动到 B 图像后方需要一定时间，而在此时间内，B 图像已经向左移动了少许距离，因此需要在 A 和 B 图像做边界的重叠处理，从而形成无缝滚动，否则图像运动时候边界会有一条白线。

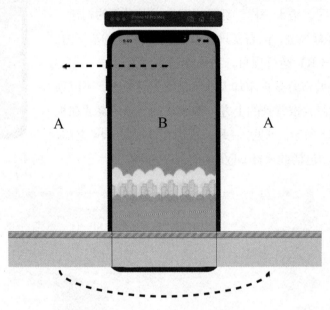

图 4-14　各 view 的层次关系

具体思路为：

首先，在 creatBackgroundView() 函数内再创建一个城市背景 view 和大地背景 view（充当 B 的角色），并设置坐标 CGRect 为屏幕右边不可见区域。

然后，添加一个定时器 timerBg 来控制每次 A 和 B 图像移动的时间间隔。

最后，添加实现定时器时间到来时候的处理函数 backgroundMove()，即设置每个时间节拍向左移动的距离及前一幅图像完全移出屏幕后添加到后一幅视图之后。

完成之后的 ViewController.swift 文件完整代码如下：

```
1    import UIKit
2
3    let SCREEN_SIZE = UIScreen.main.bounds
4
5    class ViewController: UIViewController {
6
7        var timerBg:Timer?
8
```

```
9       override func viewDidLoad() {
10          super.viewDidLoad()
11          self.creatBackgroundView()
12          self.creatTimer()
13      }
14
15      func creatBackgroundView(){
16          // 创建城市背景
17          let imageCity = UIImage(named: "bg-city.png")
18          let viewCity = UIImageView(image: imageCity)
19          let viewCity2 = UIImageView(image: imageCity)
20          viewCity.frame = CGRect(x: 0, y: 0, width: SCREEN_SIZE.width, height:
SCREEN_SIZE.height)
21          viewCity2.frame = CGRect(x: SCREEN_SIZE.width, y: 0, width: SCREEN_
SIZE.width + 1, height: SCREEN_SIZE.height)
22          self.view.addSubview(viewCity)
23          self.view.addSubview(viewCity2)
24          viewCity.tag = 101
25          viewCity2.tag = 102
26          // 创建大地背景
27          let viewGround = UIImageView(frame: CGRect(x: 0, y: SCREEN_SIZE.
height - 100, width: SCREEN_SIZE.width, height: 100))
28          let viewGround2 = UIImageView(frame: CGRect(x: SCREEN_SIZE.width, y:
SCREEN_SIZE.height - 100, width: SCREEN_SIZE.width + 2, height: 100))
29          let imageGround = UIImage(named: "bg-ground.png")
30          viewGround.image = imageGround
31          viewGround2.image = imageGround
32          self.view.addSubview(viewGround)
33          self.view.addSubview(viewGround2)
34          viewGround.tag = 103
35          viewGround2.tag = 104
36      }
37
38      func creatTimer(){
39          timerBg = Timer.scheduledTimer(timeInterval: 0.02, target: self, selector:
#selector(self.backgroundMove), userInfo: nil, repeats: true)
40      }
41
42      @objc func backgroundMove(){
43          let viewCity = self.view.viewWithTag(101)
44          let viewCity2 = self.view.viewWithTag(102)
45          let viewGround = self.view.viewWithTag(103)
46          let viewGround2 = self.view.viewWithTag(104)
47          if (viewCity?.frame.origin.x)! > -SCREEN_SIZE.width{
48              viewCity?.frame.origin.x -= 1
49          }else{
50              viewCity?.frame.origin.x=SCREEN_SIZE.width
51          }
52          if (viewCity2?.frame.origin.x)! > -SCREEN_SIZE.width{
```

```
53              viewCity2?.frame.origin.x -= 1
54          }else{
55              viewCity2?.frame.origin.x = SCREEN_SIZE.width
56          }
57          if (viewGround?.frame.origin.x)! > -SCREEN_SIZE.width{
58              viewGround?.frame.origin.x -= 2
59          }else{
60              viewGround?.frame.origin.x = SCREEN_SIZE.width
61          }
62          if (viewGround2?.frame.origin.x)! > -SCREEN_SIZE.width{
63              viewGround2?.frame.origin.x -= 2
64          }else{
65              viewGround2?.frame.origin.x = SCREEN_SIZE.width
66          }
67      }
68
69 }
```

与步骤 1 的代码区别主要包括：

第 7、12 以及 38 ~ 40 行创建并实现一个 0.02 秒间隔的定时器，即每秒 50 帧，可基本确保图像移动平滑不抖动。

第 19、21 及 23 行创建一个新的城市背景实例，并放置在第一个城市背景实例右边。同时，新城市背景的宽度比屏幕宽度多 1 pt，用于"轮播"运动实现的重叠，避免间隙出现。

第 24 ~ 25 行给两个城市背景视图一个标签，以便后续快速调用。

第 28、31 及 33 行创建一个新的大地背景实例，并放置在第一个大地背景实例右边。同时，新大地背景的宽度比屏幕宽度多 2 pt，用于"轮播"运动实现的重叠，避免间隙出现。

第 34 ~ 35 行给两个大地背景视图一个标签，以便后续快速调用。

第 42 ~ 67 行是定时器每个节拍的运动控制，采用最简单的——列举方式，分别对四张背景图片进行位移控制。留意一下，大地背景每个节拍左移 2 pt，而城市背景每个节拍左移 1 pt，主要是为了与实际物理世界中远处物体运动在人类感觉上会较慢些相一致，这也是第 28 行新大地背景的宽度比屏幕宽度多 2 pt 而不是 1 pt 的原因。这样设计，可以让小鸟的第一人称飞行视角更真实。

第 47、52、57 及 62 行中 if 条件表达式中涉及了可选链操作，而可选链返回值是可选类型。为了与表达式大于符号（>）之后的类型（非可选类型）一致，需要对可选链返回值做强制解包处理，即添加感叹号（！）。

扫一扫

步骤 3：创建静态的水管背景

本步骤主要实现静态的水管背景，具体思路为：

首先，类似步骤 1 过程，先添加两张上下水管的图片到项目 images 目录，分别为 tube-down.png 和 tube-up.png 文件。

然后，在 viewDidLoad() 方法添加 creatTube() 函数并实现该函数。

创建静态的水管背景

creatTube() 函数主要添加三对水管背景共六个 UIImageView 实例，实现方法与 creatBackgroundView() 类似。完成后的项目目录结构和 ViewController.swift 文件的代码结构如图 4-15 所示。

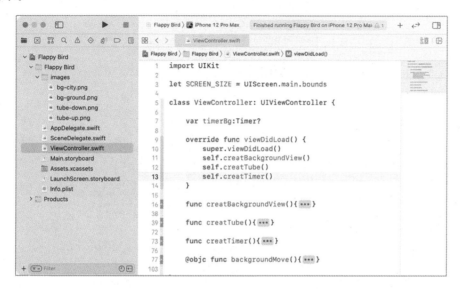

图 4-15　ViewController.swift 文件的代码结构

在图 4-15 中，对若干函数进行了折叠处理，这个功能 Xcode 默认不打开，可以通过 Xcode 菜单栏，选择 Xcode -> Preferences -> Text Editing -> Code folding ribbon 即可打开，如图 4-16 所示。打开后，在 Xcode 菜单栏的 Editor 就会出现 Code Folding 选项，如图 4-17 所示，并可以对折叠进行快捷方式操作，比如折叠一个函数的快捷键为【cmd + Option + Left/Right】。

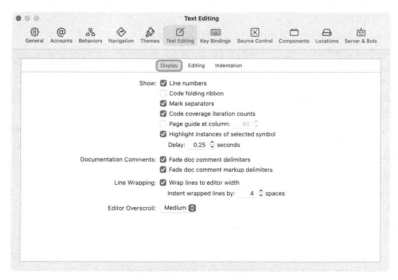

图 4-16　打开 Xcode 函数折叠功能

随着代码量的增多，对于与之前步骤相同的函数将进行代码折叠隐藏处理，不再呈现完整的代码，以重点突出当前步骤的代码和解析。

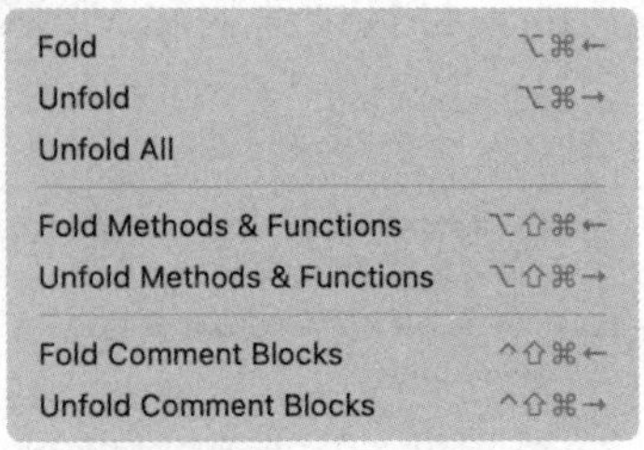

Fold	⌥⌘←
Unfold	⌥⌘→
Unfold All	
Fold Methods & Functions	⌥⇧⌘←
Unfold Methods & Functions	⌥⇧⌘→
Fold Comment Blocks	⌃⇧⌘←
Unfold Comment Blocks	⌃⇧⌘→

图 4-17　Code Folding 选项

下面对 creatTube() 函数进行解析：

```
1   func creatTube(){
2       let imageTubeUp = UIImage(named: "tube-up.png")
3       let imageTubeDown = UIImage(named: "tube-down.png")
4       // 第一对水管
5       let viewTubePairOneUp = UIImageView(frame: CGRect(x: 0, y: -SCREEN_SIZE.height + 100, width: 54, height: SCREEN_SIZE.height))
6       let viewTubePairOneDown = UIImageView(frame: CGRect(x: 0, y: SCREEN_SIZE.height - 200, width: 54, height: SCREEN_SIZE.height))
7       viewTubePairOneUp.image = imageTubeUp
8       viewTubePairOneDown.image = imageTubeDown
9       viewTubePairOneUp.tag = 201
10      viewTubePairOneDown.tag = 202
11      // 第二对水管
12      let viewTubePairTwoUp = UIImageView(frame: CGRect(x: SCREEN_SIZE.width/2, y: -SCREEN_SIZE.height + 100, width: 54, height: SCREEN_SIZE.height))
13      let viewTubePairTwoDown = UIImageView(frame: CGRect(x: SCREEN_SIZE.width/2, y: SCREEN_SIZE.height - 200, width: 54, height: SCREEN_SIZE.height))
14      viewTubePairTwoUp.image = imageTubeUp
15      viewTubePairTwoDown.image = imageTubeDown
16      viewTubePairTwoUp.tag = 203
17      viewTubePairTwoDown.tag = 204
18      // 第三对水管
19      let viewTubePairThreeUp = UIImageView(frame: CGRect(x: SCREEN_SIZE.width, y: -SCREEN_SIZE.height + 100, width: 54, height: SCREEN_SIZE.height))
20      let viewTubePairThreeDown = UIImageView(frame: CGRect(x: SCREEN_SIZE.width, y: SCREEN_SIZE.height - 200, width: 54, height: SCREEN_SIZE.height))
21      viewTubePairThreeUp.image = imageTubeUp
22      viewTubePairThreeDown.image = imageTubeDown
23      viewTubePairThreeUp.tag = 205
24      viewTubePairThreeDown.tag = 206
25      // 添加水管到到第一个大地背景视图下方
26      let viewGroud = self.view.viewWithTag(103)!
27      self.view.insertSubview(viewTubePairOneUp, belowSubview: viewGroud)
28      self.view.insertSubview(viewTubePairOneDown, belowSubview: viewGroud)
29      self.view.insertSubview(viewTubePairTwoUp, belowSubview: viewGroud)
30      self.view.insertSubview(viewTubePairTwoDown, belowSubview: viewGroud)
31      self.view.insertSubview(viewTubePairThreeUp, belowSubview: viewGroud)
```

```
32        self.view.insertSubview(viewTubePairThreeDown, belowSubview: viewGroud)
33    }
```

在上述代码中：

第 5 ～ 10 行代码创建第一对水管，包括上下两个 UIImageView 视图。第 5、6 行代码使用 CGRect 作为参数的构造器生成图像视图对象。第 7、8 行代码赋值 image 属性，第 9、10 行代码配置一个数字标签，以便后续调用该图像视图对象。

第 12 ～ 17 行代码创建第二对水管。

第 19 ～ 24 行代码创建第三对水管。

第 26 ～ 32 行代码添加以上全部水管视图到第一个大地背景视图下方，即大地背景不被任何视图遮挡。

从以上三对水管的 CGRect 矩形参数可知，三对水管水平间距相等，第一对水管位于屏幕最左边（水平 x 轴坐标值为 0），第二对水管位于屏幕中间位置，第三对水管位于屏幕最右边位置。因此第三对水管是位于屏幕之外而不可见。同样，以上三对水管的垂直 y 轴坐标值都相等且水管的大部分图像位于屏幕之外，只有 100 pt 高度的图像可见，其中下水管还有 100 pt 高度被第一大地背景所遮挡而不可见。项目运行结果如图 4-18 所示。

上述代码只是为了展示三对水管视图对象确实已成功创建。实际上，项目运行开始后，水管应该是不可见的，等过若干时间后，水管才出现并对小鸟造成威胁。因此，最终代码删除第 5、12、19 行代码中的 "＋100" 字样以及删除第 6、13、20 行代码中的 "－200" 字样，以使三对水管在初始状态都位于屏幕之外，此时项目运行结果如图 4-19 所示。

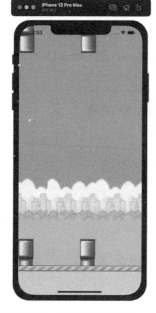

图 4-18　水管视图添加展示

图 4-19　隐藏三对水管

步骤 4：创建动态的水管背景

水管的运动主要包括两个方面内容：一是快要移出屏幕的水管重复添加到屏幕最右边，这与前面步骤 2 的轮播图原理类似，二是添加到屏幕最右边的水管要重新调整高度坐标，以便每对水管之间的间隙位置发生改变。具体思路为：

首先，在 ViewController 类内添加一个定时器 timerTube 属性，并在 creatTimer（）函数内创建 timerTube 实例，时间节拍为 0.02 秒，每个节拍调用函数为 tubeMove()。

其次，实现定时器调用函数 tubeMove()，实现类似轮播图操作。

最后，完成水管高度坐标的调整函数 getPosition()，采用随机数方法。

ViewController.swift 文件的最终代码结构如图 4-20 所示。

```
1    import UIKit
2
3    let SCREEN_SIZE = UIScreen.main.bounds
4
5    class ViewController: UIViewController {
6
7        var timerBg:Timer?
8        var timerTube:Timer?
9
10       override func viewDidLoad() { ••• }
16
17       func creatBackgroundView(){ ••• }
39
40       func creatTube(){ ••• }
73
74       func creatTimer(){ ••• }
78
79       @objc func backgroundMove(){ ••• }
105
106      @objc func tubeMove(){ ••• }
121
122      func getPosition(viewUp: UIImageView, viewDown: UIImageView){ ••• }
130
131   }
```

图 4-20　ViewController.swift 文件的最终代码结构

与步骤 3 相比，主要修改的函数代码为：

```
1   func creatTimer(){
2       timerBg = Timer.scheduledTimer(timeInterval: 0.02, target: self, selector:
#selector(self.backgroundMove), userInfo: nil, repeats: true)
3       timerTube = Timer.scheduledTimer(timeInterval: 0.02, target: self, selector:
#selector(self.tubeMove), userInfo: nil, repeats: true)
4       }
5
6   @objc func tubeMove(){
7       // 通过间隔 Tag 取值，获取图像视图
8       for i in stride(from: 201, to: 206, by: 2) {
9       // 水管移出左边屏幕一半的距离时候就添加到屏幕最右边
```

```
10          if self.view.viewWithTag(i)!.frame.origin.x > -SCREEN_SIZE.width/2 {
11          self.view.viewWithTag(i)?.frame.origin.x -= 2
12          self.view.viewWithTag(i + 1)?.frame.origin.x -= 2
13          }else{
14          self.view.viewWithTag(i)?.frame.origin.x = SCREEN_SIZE.width
15          self.view.viewWithTag(i + 1)?.frame.origin.x = SCREEN_SIZE.width
16          // 调整水管 y 轴坐标值，即高度
17          self.getPosition(viewUp: self.view.viewWithTag(i) as! UIImageView, viewDown:
self.view.viewWithTag(i + 1) as! UIImageView)
18          }
19      }
20      }
21
22  func getPosition(viewUp: UIImageView, viewDown: UIImageView){
23      // 产生随机数，范围 [30,330)，范围越大小鸟越不容易通过
24      let height = arc4random()%300 + 30
25      // 设置上下水管的 y 轴坐标值
26      viewUp.frame.origin.y = (CGFloat)(-SCREEN_SIZE.height)+(CGFloat)(height)
27      // 上下水管之间的间隙设置为 100，间隙越大小鸟越容易通过
28      viewDown.frame.origin.y = (CGFloat)(height) + 100.0
29      }
```

在上述代码中：

第 3 行创建一个用于控制水管移动的定时器 timerTube，每个节拍调用的函数为 tubeMove()。

第 10 行判断水管是否移出左边屏幕一半的距离，这里使用了感叹号 (!) 来让可选链最终取值一个非可选类型值。

第 11 ～ 12 行使用大步 for-in 循环，Tag 分别取值 201、203 及 205，每次循环对上下水管两个图像视图的 x 轴坐标重新赋值，移动速度与大地左移速度一致，是城市背景左移速度的二倍。

第 14 ～ 15 行添加上下水管两个图像视图到屏幕最右边。

第 17 行调用 getPosition() 函数来更新上下水管的 y 轴坐标。留意一下，viewWithTag() 函数返回的类型为 UIView?，即 UIView 的可选类型。getPosition() 函数的两个参数要求是 UIImageView 类型，因此需要进行向下类型转换 as!。getPosition() 函数调用方式是有意设计用于对类类型及转换的理解，从实现角度完全可以不用该函数，而直接在 tubeMove() 函数体内赋值。

第 24 行使用 arc4random() 函数产生一个随机数且不需要种子，生成的随机数范围比较大，最小值为 0，最大值为 0x100000000 (4294967296)。这里用取模的算法对随机值进行限制，最大值为 229。height 值越大，水管之间的落差越大，小鸟可控性要求增加，从而越不容易通过水管。

第 26 ～ 28 行用于设置上下水管的相对位置，上下水管之间的间隙设置为一固定值，间隙越大，小鸟越容易通过。这里设置间隙为 100 pt，若难度稍大，可修改为 150 pt。height 值的自动推断类型为 UInt32，因此需要进行强制类型转换为 CGFloat。

项目最后运行结果如图 4-21 所示。

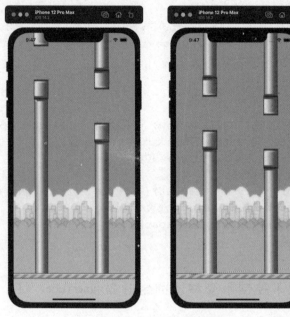

图 4-21　背景运行结果

4.3　相关知识

扫一扫

UIView视图
层次

4.3.1　UIView 视图层次

在步骤 1 ～ 4 代码中，使用了大量的 UIIamgeView 类，从而实现了飞行背景的静态画面。而 UIView 视图是 iOS 负责大部分可视化内容的呈现描画，因此，UIIamgeView 类继承自 UIView 也就理所应当了，如图 4-2 所示。在 UIIamgeView 视图最终显示之前，也使用了 UIScreen、UIImage 及 UIWindow 等类，它们都在 UIIamgeView 视图显示过程起着不可或缺的作用。

📷 视图的继承关系

从 UIImageview 类开始往 UIResponder 父类追溯，主要经历的相关层次如下：

UIView 视图：是所有用户界面的可视化组件的父类，定义了视图的基本行为（显示和布局），但并没有定义具体的视觉表现（子类来实现）和响应用户的交互（UIControl 类来实现）。UIViewController 内含的根 View 是一个 UIView，且一定存在，相当于一块基本的大画布，后续所有描画（新的 UIView 或其子类）都必须叠加在该画布之上。

UIResponder 响应类：赋予子类具有响应触摸、运动等事件的能力。UIView、UIViewController 等类都是直接继承自 UIResponder 类，因此，UIView 视图、UIControl 控件、UIViewController 视图控制器以及继承自以上类的自定义子类（UIImageView 等）都有响应事件的能力。在 iOS 应用 App 中，所有视图是按一定的结构层次组织起来的，即树状层次结构。除了根视图外，每个视图都有一个父视图，而每个视图都可以有 0 个或多个子视图。在这个树状结构构建的同时，也构建了一条完整的事件响应链。一般情况，视图层次架构中最底层的视图（倒树结构）是响应链的第一响应者，是最有机会处理事件的对象。正是 UIResponder 负责管理响应链逐层传递的行为。

UIWindow 窗口类：是一种特殊的 UIView 子类。不同于桌面 macOS 系统，iOS 的应用程序 App 通常只有一个 UIWindow。App 启动完毕后，创建的第一个视图就是 UIWindow 对象，接着创建控制器的根 View，最后将控制器的根 View 添加到 UIWindow 对象上，于是控制器的根 View 就显示在屏幕上了。App 之所以能显示在屏幕上，完全是因为有 UIWindow，也就是说，没有 UIWindow 就看不到任何 UI 界面。UIWindow 对象在启动的时候由 SceneDelegate.swift 文件定义。UIWindow 窗口相当于 UIView 画布的一个画框，是画布有序存在的基本依附。

UIScreen 屏幕类：是 iOS 硬件设备物理屏幕的抽象，其中一个属性是整个屏幕区域长和宽，可以充当物理屏幕的替代者，获取屏幕的连接及物理特性等参数。UIScreen 相当于 UIWindow 画框所在的墙壁，是绘画存在的基本物质基础。UIScreen(屏幕)、UIWindow(窗口) 和 UIView(视图) 是 iOS 界面的三个基本元素。

UIImage 图片类：对图片及其底层数据进行封装，可以直接绘制在一个视图内。使用一个图片的最简单方法就是通过静态方法，该方法提供了直接的接口，用来共享位于内存的缓存图片，简单高效，适合非大量图片加载情况，本任务就是这种情况。

UIViewController 视图控制器类：负责处理各类视图（UIView 或其子类）的装载与卸载、处理由于设备旋转导致的界面旋转，以及和用于构建复杂用户界面的高级导航对象进行交互。例如常见的标签控制器 UITabBarController 管理一个可选择展示的界面，可以控制多个无层级关系的 UIViewController，每个标签栏中的每一个标签关联一个自定义的 UIViewController。导航控制器 UINavigationController 能够管理子 UIViewController，通过栈的方式进行入栈（显示）出栈（移除）操作，专门管理具有层级关系内容的导航，每个 UIViewController 管理各自的视图，显示在导航控制器上的 view 永远是栈顶控制器的 view。一个导航控制器只有一个导航条，也就是说所有子控制器共用同一个导航条，导航条上显示的内容和栈顶控制器有关，显示的内容由栈顶控制器控制，当 push 一个子控制器到堆栈后，前一个控制器的 view 并没有被立即销毁。UIViewController 视图控制器就相当于画笔，控制如何在画布上不断的描画、粘贴、调整和移除等操作。

应用程序 App 创建第一个视图 UIWindow 对象后，通过其根视图控制器属性 rootViewController（Xcode 类快捷键【cmd】+ 右击 UIWindow）创建视图控制器根 view，并将该 view 添加到 UIWindow 对象上，于是根视图控制器的 view 就显示在屏幕上了，如图 4-22 所示。一旦 UIWindow 窗口显示完成，后面基本不会再使用，更多的是对根 view 上的各个 UIView 子类进行操作。

iOS 应用程序 App 启动后，首先找到 main() 入口（早期的 Xcode 版本新建项目内能看到，但新版 Xcode 已经看不到了，这里依然这样推测），当完成启动这个事件后，创建并调用执行 AppDelegate 代理的 application(_, didFinishLaunchingWithOptions) -> Bool {} 方法（AppDelegate.swift 文件）。之后即将连接场景时

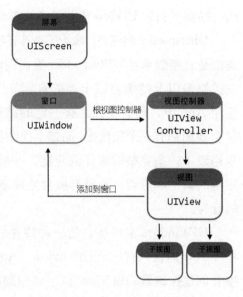

图 4-22　UIView 的加载过程

候，创建并调用执行 SceneDelegate 代理的 scene (_, willConnectTo, options) {} 方法（SceneDelegate.swift）。对于使用故事板 Storyboard 时，窗口 UIWindow 会自动初始化并添加到该场景 Scene 中。若在 scene(_, willConnectTo, options) {} 方法内添加如下代码，即可打印当前的窗口 UIWindow 对象和根控制器 rootViewController 对象：

```
print(self.window!)
print(self.window!.rootViewController!)
```

代码添加完成如图 4-23 所示的第 17 ~ 18 行。

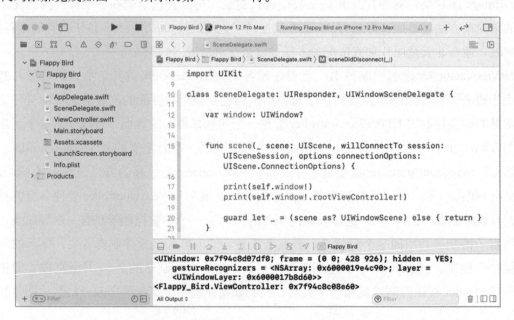

图 4-23　UIWindow 和 rootViewController

从调试区域可见，UIWindow 对象的大小是（428，926），这与该项目模拟器设备 iPhone 12 Pro Max 设备的点分辨率（逻辑分辨率）一致。同时，根控制器为项目的 ViewController 对象，该类就是在 4.2.2 节步骤 1 ～ 4 中频繁使用的 ViewController.swift 文件类定义。

4.3.2　UIViewController 的生命周期

扫一扫

UIView Controller生命周期

在步骤 1 ～ 4 代码中，游戏的城市背景和大地背景创建以及定时器启动都放在 viewDidLoad() 方法内完成。事实上，应用程序 App 的 UIViewController 第一次创建完毕，根 view 后会调用 viewDidLoad() 方法进行界面元素的初始化。与 viewDidLoad() 方法类似，UIViewController 还有其他若干方法都与根 view 的生命周期息息相关，这意味着应用程序 App 的诸多操作必须选择根 view 生命周期内适当的时刻来完成。

通过 Xcode 内快捷键【cmd】＋右击 UIViewController 类，可以查看到视图控制器可以处于不同的状态：

- 视图已载入：调用 viewDidLoad() 方法。
- 视图正在显示：调用 viewWillAppear(_ animated: Bool) 方法。
- 视图已显示：调用 viewDidAppear(_ animated: Bool) 方法。
- 视图正在消失：调用 viewWillDisappear(_ animated: Bool) 方法。
- 视图已消失：调用 viewDidDisappear(_ animated: Bool) 方法。

当视图从一种状态转换为另一种状态时，iOS 调用 SDK 定义的方法，这些回调方法可以在代码中实现，供开发者进一步处理相关操作，如图 4-24 所示。

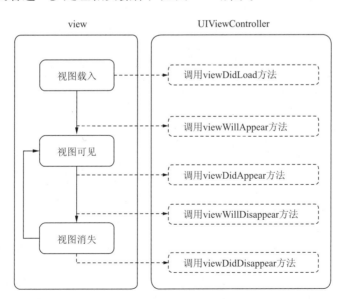

图 4-24　视图的生命周期和回调方法

注意下方法名称中的规律，在载入视图之后，方法成对出现，含有关键词 "Will" 和 "Did"。这种 iOS 标准设计式样可用于在发生指定事件之前和之后编写代码。但必须要注意，可能会发生有 "Will" 回调但没有对应 "Did" 回调的情况，例如，即使从未发生过 viewDidDisappear(_:) 也可以调用 viewWillDisappear(_:)。总之，可以按照开发者的需要进行调用。

在完成视图控制器 UIViewController 实例化之后（无论是从故事板 Storyboard 还是以编程代码的方式），视图控制器都会将视图载入内存，之后就会调用 viewDidLoad() 方法，让开发者可以根据视图的载入和就绪情况执行后续相关操作，比如额外的视图初始化、网络请求及数据库访问等。视图可见前后会调用 viewWillAppear 方法和 viewDidAppear 方法，而视图不可见前后会调用 viewWillDisappear() 方法和 viewDidDisappear() 方法。viewDidLoad() 方法尤其适合只需要执行一次的有关操作，比如本任务的飞行背景建立。

除 viewDidLoad() 方法外，其他方法都可以回调多次。如果应用程序 App 的视图发生改变，那么视图控制器会自动调用其生命周期方法，就可以对视图状态的改变做出响应。比如，视图消失后可以让视图重新可见，然后再次消失，如此循环。

按第 2 个任务 2.2.2 节步骤 1 新建 App 项目，项目名称可为 snippet，在 ViewController. swift 文件的 ViewController 类内的 viewDidLoad() 方法内添加打印提示信息，并类似添加 viewWillAppear(_:) 方法、viewDidAppear(_:) 方法、viewWillDisappear(_:) 方法和 viewDidDisappear(_:) 方法，代码如下：

```
1   import UIKit
2
3   class ViewController: UIViewController {
4
5       override func viewDidLoad() {
6           super.viewDidLoad()
7           print("viewDidLoad")
8       }
9       override func viewWillAppear(_ animated: Bool) {
10          super.viewWillAppear(animated)
11          print("viewWillAppear")
12      }
13      override func viewDidAppear(_ animated: Bool) {
14          super.viewDidAppear(animated)
15          print("viewDidAppear")
16      }
17      override func viewWillDisappear(_ animated: Bool) {
18          super.viewWillDisappear(animated)
19          print("viewWillDisappear")
20      }
21      override func viewDidDisappear(_ animated: Bool) {
```

```
22              super.viewDidDisappear(animated)
23              print("viewDidDisappear")
24          }
25
26      }
```

第 6、10、14、18、22 行是每个方法体的第一行代码，该代码往往是对父类该方法的调用，以避免可能发生意想不到的问题。相应的，每个方法名前面必须加上 override 字样，以表示覆盖父类中的该方法实现，不执行父类的该方法（实际上，在子类该方法体的第一行代码使用 super 关键词来调用父类的该方法）。

快捷键【cmd + R】运行项目后，在调试区域依次输出 viewDidLoad、viewWillAppear 及 viewDidAppear 字样，如图 4-25 所示。

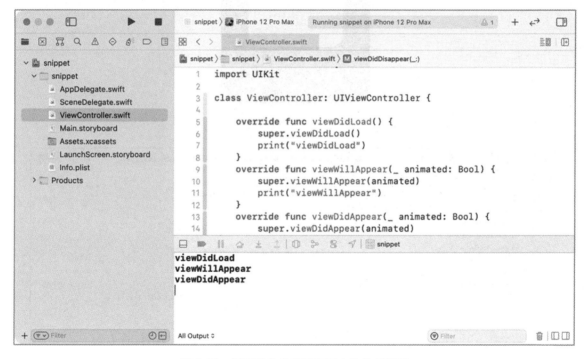

图 4-25　视图的生命周期回调方法执行顺序

项目启动后，模拟器的屏幕应该为纯白色，此时单击模拟器屏幕，让焦点落在模拟器上，按快捷键【cmd + Shift + HH】（H 按两次），即可以折叠的方式呈现目前的应用程序，如图 4-26 所示。然后，选中 snippet 程序向上拖动，让 snippet 应用程序关闭，此时 Xcode 调试区域进一步输出 viewWillDisappear 及 viewDidDisappear 字样，表示 view 窗口已经消失，如图 4-27 所示。

图 4-26　关闭应用程序

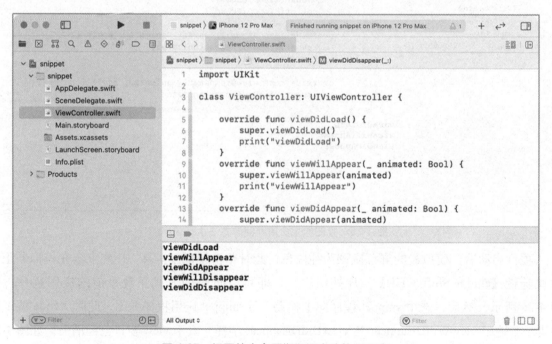

图 4-27　视图的生命周期回调方法执行顺序

4.3.3　UIView 属性

UIKit 中定义的所有视觉元素的基础类是 UIView 视图。视图是可经过自定义在屏幕中显示任何内容的清晰矩形区域。文本、图像及线条都是使用 UIView 的实例创建的。
UIKit 也定义了许多执行特殊任务的特殊 UIView 类，例如任务 3 中用于提供点击操作的
UIButton、用于显示文本的 UILabel 及用于显示图像的 UIImageView。

想要在屏幕中显示 UIView 视图，就需要首先对其确定位置和大小，并将其添加到
视图层次结构中。视图内的区域为其界限，视图在默认情况下为透明，因此一般需要设
定背景颜色等外观属性。视图 UIView 的外观属性主要有背景颜色、切边、透明度以及显
示与否等。在本项目中，单击 Storyboard 页面的 View Control Scene → View Controller 下
的 View 组件，再单击右侧检查区域的属性检查页面符号 ，即可查看目前 view 的基本
属性，如图 4-28 和图 4-29 所示。留意一下，图 4-28 通过单击左上角的 符号对 Xcode
的导航区域进行了隐藏，再次单击该符号，可显示导航区域。同样的，单击右上角的
符号，可以对 Xcode 的检查区域进行显示和隐藏。

扫一扫

UIView属性
（上）

扫一扫

UIView属性
（下）

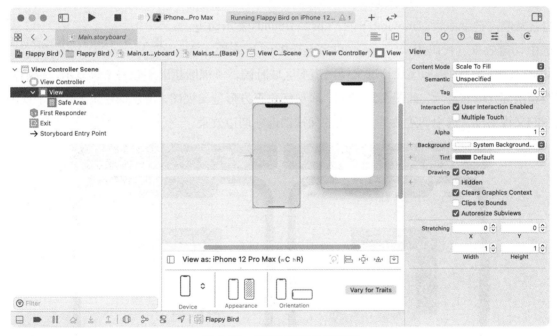

图 4-28　视图与属性检查页面

图 4-29 中，Tag 是一个标签标记，以便后续快速调用。这里输入一个 100 以上的任意数字，
即可实现步骤 2 代码的第 24 ～ 25 行城市背景视图标签和第 34 ～ 35 行水管视图标签同样的效
果。区别在于图 4-29 输入方式是一种可视化属性配置，而步骤 2 中是以代码的方式进行配置，
方法不同，结果一样。Interaction 的第一个选项 User Interaction Enabled 默认为选上（即类的属
性 isUserInteractionEnabled=true），表示 UIView 具有可响应交互能力。

Alpha 是透明度设置，取值范围 0.0 ～ 1.0 之间，表示完全透明到完全不透明，留意一下，
若设置视图为完全透明，则视图自身及其子视图都会被隐藏，不管子视图的 Alpha 值是多少，

并且视图自身也会从响应链中移除。Background 是背景颜色设置，对应的颜色类为 UIColor 类，与步骤 2 代码第 44 行效果一致。背景颜色对于视图上的带有线条的内容是无法改变的，比如字体颜色。Tint 即（UIView.tintColor 属性）是描述线条轮廓的一种颜色，通常用于设置镂空图片的颜色和系统控件的颜色，比如镂空图标、系统进度条。为了系统界面（可尝试理解为皮肤风格）风格的一致，该颜色默认具有传递性，默认状态下最底部视图的 Tint 会一直往上面的视图传递，默认颜色为蓝色。

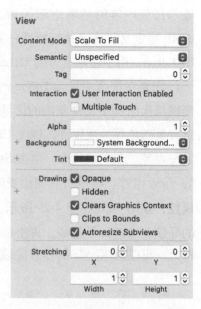

图 4-29　视图的属性检查页面

Drawing 下的 Hidden 是配置隐藏属性，与步骤 2 代码第 26、54 行效果一致。同样，若设置视图为隐藏，则视图自身及其子视图都会被隐藏，不管子视图的 Hidden 真假，并且视图自身也会从响应链中移除。Drawing 下的 Clips to Bounds 表示切边，若选中切边效果（代码用 UIView 类的 clipsToBounds 属性，值为 true），则子视图矩形区域超过父视图矩形区域时候，子视图超出部分将不再显示，否则，子视图超出部分依然显示，如图 4-30 所示，底层红色正方形是父视图，上层绿色正方形是子视图，左图的父视图没有选中切边效果，右图的父视图选中切边效果。

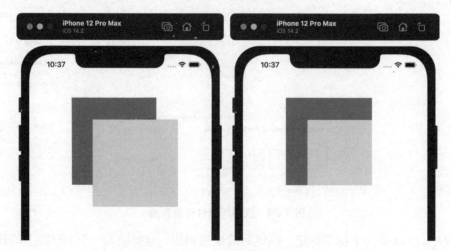

图 4-30　非切边（左图）和切边（右图）

单击属性检查页面符号 ☰ 右侧的 ◣ 符号，即进入对 UIView 视图的尺寸检查页面。尺寸检查页面主要对 UIView 的位置大小（X,Y,Width,Height）、自动布局 Autoresizing 等配置，如图 4-31 所示。因为该 view 是视图控制器的根 view，所以该 view 是充满屏幕且不可修改，而自定义的普通 UIView 视图一般都是可以修改的。与 Tag 标签一样，位置大小的修改与步骤 2 代码的第 20～21 行城市背景位置大小和第 27～28 行水管背景位置大小设置具有同样的效果。

可以说，图 4-29 和图 4-31 中所有属性配置都可以用代码的方式实现，反之则不行。因此，图 4-29 和图 4-31 只是列出了 UIView 视图常用的属性配置，更多的配置建议用代码的方式给出。可视化的属性配置一般只能一次，用于视图的初始化，而代码配置可以多次，可随时对相关属性进行修改。

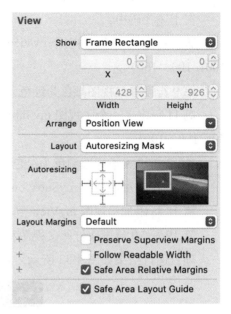

图 4-31　视图的尺寸检查页面

对于 UIView 视图尺寸检查所涉及的位置大小（X,Y,Width,Height）值，一定会涉及 frame 和 bounds 的概念。这两个属性已经在第 2 个任务 2.2.2 节步骤 3 的图 2-33 进行初步介绍，即 frame 属性以父视图坐标系为参照定义一个矩形范围，而 bounds 属性以自身坐标系定义一个矩形范围。尽管上述表述已清晰区别 frame 和 bounds 的不同，但在实际使用中仍存在混淆之处，下面举例进一步阐述说明。

按第 2 个任务 2.2.2 节步骤 1 新建 App 项目，项目名称可为 snippet，在 ViewController.swift 文件的 ViewController 类内的 viewDidLoad() 方法内首先添加代码，最终如下：

```
1   import UIKit
2
3   class ViewController: UIViewController {
4
5       override func viewDidLoad() {
6           super.viewDidLoad()
7           // 父视图
8           let myView = UIView(frame: CGRect(x: 100, y: 100, width: 100, height: 100))
9           myView.backgroundColor = UIColor.red
10          // 子视图
11          let mySubView = UIView(frame: CGRect(x: 50, y: 50, width: 100,
height: 100))
12          mySubView.backgroundColor = UIColor.green
13
14          // 添加子视图到父视图
15          myView.addSubview(mySubView)
16
17          // 添加父视图到根 view 视图
18          self.view.addSubview(myView)
19          print(" 父视图原来 frame 为 (100,100,100,100), 新 frame 为 :",myView.frame)
20          print(" 子视图原来 frame 为 (50,50,100,100) , 新 frame 为 :",mySubView.frame)
21      }
22
23  }
```

在上述代码中：

第 8 行定义一个父视图 myView，相对其父视图——根 view 视图位置大小分别是（100，100，100，100）。

第 9 行设置父视图颜色为红色。

第 11 行定义一个子视图 mySubView，相对其父视图——myView 视图位置大小分别是（50，50，100，100）。

第 12 行设置子视图颜色为绿色。

第 15 行添加子视图 mySubView 到 myView。

第 18 行添加父视图 myView 到根视图 view（祖父视图）。

第 19～20 行再次打印父视图和子视图，观察 frame 属性的变化。

项目运行结果如图 4-32 所示，底层红色正方形是父视图，上层绿色正方形是子视图。

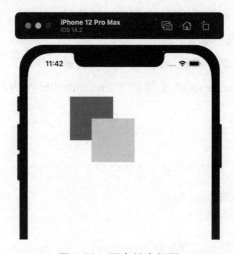

图 4-32　两个基本视图

📝 修改一：

在第 16 行空白行添加如下代码：

```
myView.bounds = CGRect(x: -50, y: -50, width: 100, height: 100)
```

即父视图原本的 frame 定位基础上，修改 bounds 的原点值为（-50，-50），长度和宽度都保持不变。修改后，红色正方形父视图的左上角自身坐标由原来的（0，0）调整为（-50，-50）。如此，绿色正方形子视图左上角到红色正方形左上角的 X、Y 方向距离由原来的 50 增加为 100，相对位置发生变化，项目运行后结果如图 4-33 所示，父视图和子视图的 frame 的变化如图 4-34 所示。

📝 修改二：

将上述修改后的第 16 行进一步修改为如下代码：

```
myView.bounds = CGRect(x: -50, y: -50, width: 50, height: 50)
```

　　即原点（X，Y）坐标保持不变，长度和宽度由原来的 100 减少为 50。留意一下，此时长度和宽度的缩小造成红色正方形中心点坐标不变情况下，整体缩小(即中心缩放)，进而造成原点(X，Y）坐标发生变化，而绿色正方形子视图左上角到红色正方形左上角的 X、Y 方向距离由仍然由原来的 50 增加为 100，因此绿色正方形子视图的位置需要向右下角平移，项目运行后结果如图 4-35 所示，父视图和子视图的 frame 的变化如图 4-36 所示。

图 4-33　修改一运行结果

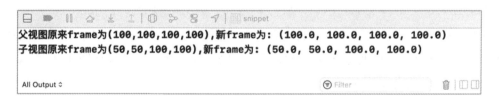

图 4-34　修改一的 frame 值比较

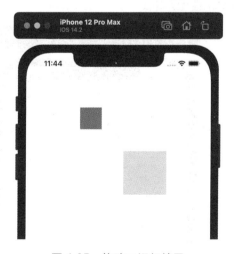

图 4-35　修改二运行结果

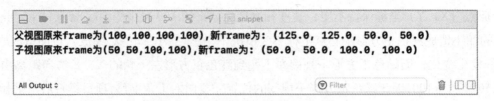

```
父视图原来frame为(100,100,100,100),新frame为: (125.0, 125.0, 50.0, 50.0)
子视图原来frame为(50,50,100,100),新frame为: (50.0, 50.0, 100.0, 100.0)
```

图 4-36　修改二的 frame 值比较

从图 4-34 和图 4-36 可知，父视图 bounds 属性的高宽值变化会影响到自身视图的 frame 属性的原点值，对子视图的 frame 属性无影响。

📌 修改三：

保持刚才第 16 行代码不变，在第 13 行空白行添加如下代码：

```
mySubView.bounds = CGRect(x: -50, y: -50, width: 100, height: 100)
```

在子视图原本的 frame 定位基础上，修改 bounds 的原点值为（-50，-50），长度和宽度都保持不变。因为子视图 mySubView 下面已经没有孙视图了，所有 bounds 原点值变化并没有对刚才所有视图发生任何影响，项目运行后结果如图 4-37 所示，父视图和子视图的 frame 的变化如图 4-38 所示。

📌 修改四：

将上述修改后的第 13 行代码修改为如下代码：

```
mySubView.bounds = CGRect(x: -50, y: -50, width: 200, height: 200)
```

即原点（X，Y）坐标保持不变，长度和宽度由原来的 100 增加为 200。此时长度和宽度的增加造成绿色正方形中心点坐标不变，整体放大一倍，项目运行后结果如图 4-39 所示，父视图和子视图的 frame 的变化如图 4-40 所示。

从图 4-38 和图 4-40 可知，子视图 bounds 属性的高宽值变化会影响到自身视图的 frame 属性的原点值，对父视图的 frame 属性无影响。

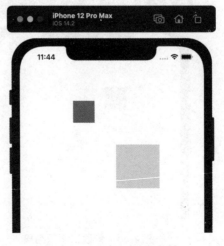

图 4-37　修改三运行结果

图 4-38 修改三的 frame 值比较

图 4-39 修改四运行结果

图 4-40 修改四的 frame 值比较

4.3.4 图像视图 UIImageView

在本任务之前的各个步骤中使用了 UIImageView、UIButton 以及 UILabel 等视图，从图 4-2 可知，UIImageView 和 UILabel 直接继承自 UIView 类，而 UIButton 继承自 UIControl，UIControl 继承自 UIView。所以，以上三者都具备 UIView 的可视化功能，即 4.3.3 小节的所有属性。下面重点介绍 UIImageView 的一些关键使用。

扫一扫

图像视图
UIImageView

新建 Xcode 的 App 项目，项目名称可为 snippet，在项目导航区域的 Storyboard 页面，参照第 2 个任务 2.2.2 小节步骤 2 的操作，在 Xcode 的组件库 Library 内（图 2-13）选择 ImageView 拖入 Storyboard 的设计界面内，如图 4-41 所示。其属性检查页面如图 4-42 所示，上半部分是 UIImageView 子类新增的属性，下半部分是 UIView 的属性。

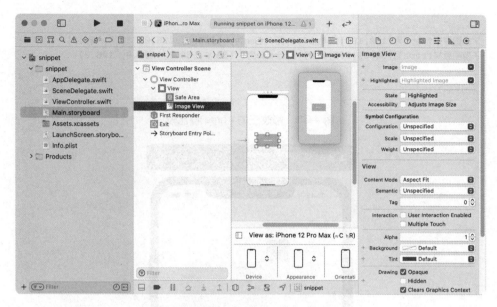

图 4-41　添加 UIImageView 视图到 Storyboard

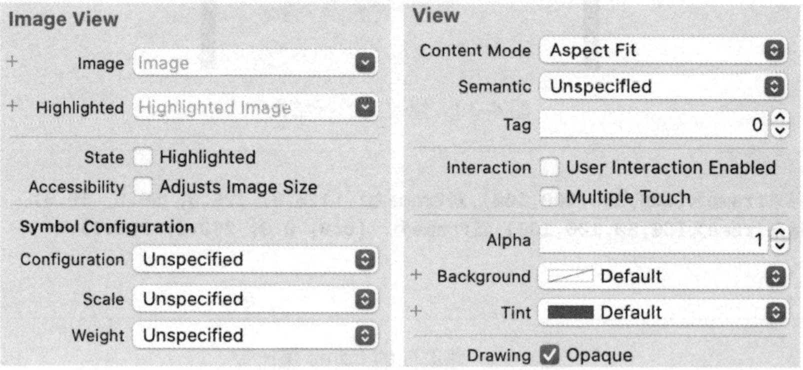

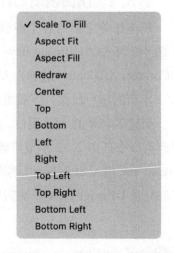

图 4-42　UIImageView 的属性

对于 UIImageView 子类，Content Mode 属性的默认值为 Scale to Fill。实际上，UIView 视图的 Content Mode 属性的可选值共有 13 个，如图 4-43 所示。Content Mode 属性值设置在可视化设置界面的下拉菜单，在纯代码编程中就是枚举类型，后续讨论。

常用的选项主要包括 Scale To Fill、Aspect Fit 及 Aspect Fill，区别如下：

Scale To Fill：把图片完全填充到 UIImageView 的矩形范围内，高宽比例各自缩放，图片会发生畸变。Content Mode 属性的默认值为 Scale To Fill。

Aspect Fit：把图片以原有的高宽比缩放，直到图片完全装入 UIImageView 的矩形范围内，若有留白部分则透明处理。

图 4-43　Content Mode 的可选值

Aspect Fill: 把图片以原有的高宽比缩放，直到图片完全充满 UIImageView 的矩形范围没有留白为止，超出矩形范围的图片部分会被裁减。若 UIImageView 视图的 clipsToBounds 属性为 true，则裁减的图片部分不显示，否则，裁减的图片部分依然显示。UIImageView 视图的 clipsToBounds 属性默认值为 false。

放置一张原始分辨率为 150 px × 150 px 的图片到刚才创建的 snippet 项目目录，然后修改 ViewController.swift 文件如下，以创建一个纯正无畸变的标准视图：

```
1  import UIKit
2
3  class ViewController: UIViewController {
4
5      override func viewDidLoad() {
6          super.viewDidLoad()
7          let myImage = UIImage(named: "swift.png")
8          let myImageView = UIImageView(frame: CGRect(x: 139, y: 100, width:
150, height: 150))
9          myImageView.image = myImage
10         myImageView.backgroundColor = UIColor.gray
11         self.view.addSubview(myImageView)
12         print(myImageView.contentMode.rawValue)
13     }
14
15 }
```

在上述代码中：

第 7 ～ 9 行创建一个 UIImageView 实例，高宽与图片原始尺寸一致。

第 10 行设置背景色，万一有留白部分，即可以灰色呈现（实际不会发生）。

第 12 行输出默认的视图 Content Mode 属性值。这里输出为 0，表示为 Scale To Fill 值。

项目运行后结果如图 4-44 所示。

图 4-44 UIImageView 原图

继续修改 ViewController.swift 文件如下，以创建三个不同模式的视图：

```
1.  import UIKit
2.
3.  class ViewController: UIViewController {
4.
5.      override func viewDidLoad() {
6.          super.viewDidLoad()
7.          let myImage = UIImage(named: "swift.png")
8.          let myImageView1 = UIImageView(frame: CGRect(x: 164, y: 100, width:
100, height: 50))
9.          myImageView1.image = myImage
10.         myImageView1.backgroundColor = UIColor.gray
11.         let myImageView2 = UIImageView(frame: CGRect(x: 164, y: 200, width:
100, height: 50))
12.         myImageView2.image = myImage
13.         let myImageView3 = UIImageView(frame: CGRect(x:164, y: 300, width:
100, height: 50))
14.         myImageView3.image = myImage
15.
16.         myImageView2.backgroundColor = UIColor.gray
17.         myImageView2.contentMode = UIView.ContentMode(rawValue: 1)!
18.         myImageView3.clipsToBounds = true
19.         myImageView3.contentMode = UIView.ContentMode(rawValue: 2)!
20.
21.         self.view.addSubview(myImageView1)
22.         self.view.addSubview(myImageView2)
23.         self.view.addSubview(myImageView3)
24.      }
25.
26. }
```

在上述代码中：

第 7 ~ 14 行创建三个 UIImageView 实例，高宽与图片原始尺寸不一致，宽度为 100 pt，高度为 50 pt，宽高比为 2:1。

第 17 行设置第二个 UIImageView 视图的 Content Mode 属性为 Aspect Fit 值。

第 18 行设置第三个 UIImageView 视图切边有效。

第 19 行设置第三个 UIImageView 视图的 Content Mode 属性为 Aspect Fill 值。

第 21 ~ 23 行添加三个 UIImageView 实例到根视图 view。

项目运行后结果如图 4-45 所示。

如图 4-45 所示，原始图片的分辨率为 150×150，放到一个宽高 100×50 的矩形空间的 UIImageView 视图，显然两者在尺寸上很不匹配。分析 Content Mode 属性值分别为 Scale

图 4-45　UIImageView 三个实例

To Fill、Aspect Fit 以及 Aspect Fill 值时候的区别：

Scale To Fill：150×150 分辨率图片要放到 100×50 的视图矩形范围中，要做的就是宽 (150) 要缩小到 100，高 (150) 要缩小到 50，缩小比例不一致，有点感觉像把图片在垂直方向挤压导致图形畸变。但矩形区域充满，无留白，无露出背景颜色。

Aspect Fit：这时候图片通过等比例缩小，将 150×150 分辨率图片要放到 100×50 的视图矩形范围中，与 Scale To Fill 缩放不同，它的宽高都是使用同一比例进行缩放，宽 150×0.5=75，高 100×0.5=50，即以比例最小的为准。最后，缩放后的图片很真实，无畸变，但有留白并露出背景颜色。Fit 的含义就是适合，无论如何都要不失真地去适合矩形空间。

Aspect Fill：这时候图片也通过等比例缩小，将 150×150 分辨率图片要放到 100×50 的视图矩形范围中，与 Aspect Fit 缩放不同，宽 150×0.667=100，高 100×0.667=66.7，即以比例最大的为准。最后，缩放后的图片尽管无畸变无留白无露出背景颜色，但短斤缺两，只显示了部分图片，多余部分被切边。Fill 的含义就是填充，无论如何都要不留白地去填充满矩形空间。

Aspect Fill 也可以理解为先把图片等比例缩放到 Fit（Aspect Fit 效果），然后继续放大至无留白。

对于图 4-43 所示的 Redraw 值表示视图的 bounds 发生改变时，系统会重新绘制视图。Center 至 Bottom Right 值时候，正如其字面含义，表示原图在不缩放时候放置的位置，例如 BottomRight 表示内容放在视图右侧底部。一般情况下，若目标矩形范围大于原图则原图全部显示，且有留白；若目标矩形范围小于原图，则原图只会显示部分内容，无留白。

另外，留意一下，在图 4-42 中，UIImageView 视图的 Interaction 第一个选项 User Interaction Enabled 默认没有选上，即不具有响应交互能力，对应的属性 isUserInteractionEnabled 值是 false。当一个视图对象的 isUserInteractionEnabled 被置为 false，则这个视图对象就被从响应者链里移除，其所负责响应的事件全部无效，相应的子视图事件也会被丢弃。当重新设为 true 时，则事件可以正常传递给该视图对象。

4.3.5　按钮控件 UIButton

如图 4-2 所示，UIButton 类继承自 UIControl 类，因此增加了响应交互"控制"的功能，比如已在第 3 个任务使用的点击响应功能。这里称 UIButton 为控件，只是一种通俗的说法，实际上，UIButton 仍然是一个视图，甚至在有些地方把所有 Xcode 组件库（Library）内的组件都称为控件。第 3 个任务使用了拖放组件库中的 UIButton 组件到 Storyboard 界面的方式进行创建，再通过拖放界面中的组件到代码的方式建立输出口属性（IBOutlet）和点击事件动作（IBAction）的关联。接下来会使用纯代码的方式创建 UIButton 控件、设置相关属性和建立响应动作的关联。

扫一扫

按钮控件
UIButton

新建 Xcode 的 App 项目，项目名称可为 FlappyBird（为了对照第 3 个任务 3.2.2 节内容），在项目导航区域的 Storyboard 页面，参照第 2 个任务 2.2.2 小节步骤 2 的操作，在 Xcode 的组件库 Library 内（图 2-13）选择 Button 组件拖入 Storyboard 的设计界面内，如图 4-46 所示（隐藏

Xcode 导航区域）。其属性检查页面如图 4-47 所示，上半部分是 UIButton 子类新增的属性，中间部分是 UIControl 子类新增的属性，下半部分是 UIView 的属性（未列出，参考图 4-42 所示）。

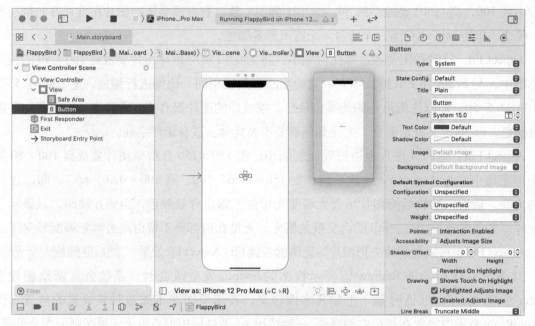

图 4-46　拖入 UIButton 控件

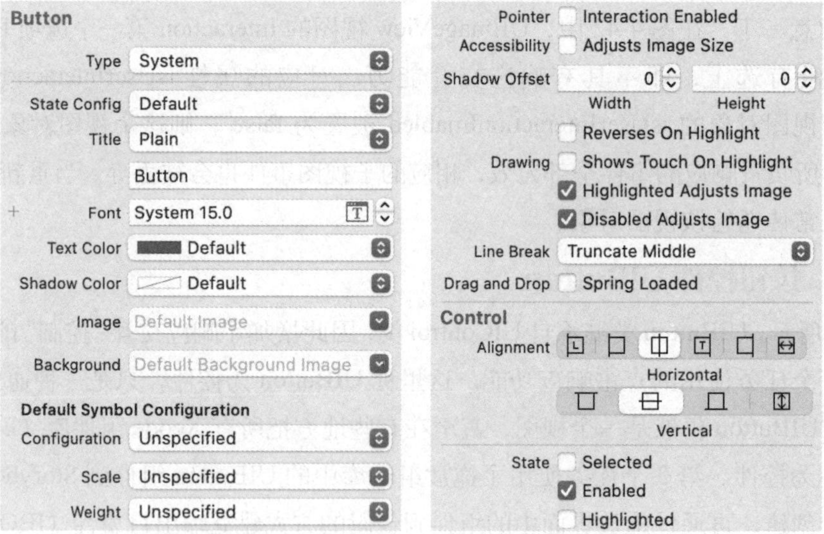

图 4-47　UIButton 的属性检查页面

在图 4-47 中，Type 属性表示按钮的类型，主要有 7 个选项，如图 4-48 所示，默认值为 System，表示是系统风格。系统风格一般按钮前面不带图标，默认文字颜色为蓝色，触摸时高亮（Highlighted）效果。若纯代码方式时，通常设置为 Custom，即自定义的定制按钮，此时，前面也不带图标，默认文字颜色为白色，触摸时无高亮效果，需要自己设置高亮效果。

ontactAdd：前面带"+"图标按钮，默认文字颜色为蓝色，触摸时有高亮效果。DetailDisclosure 为"i"图标按钮，默认文字颜色为蓝色，触摸时有高亮效果。InfoLight 和 InfoDark 都为"i"圆形按钮，它们之间颜色稍有区别。AddContact 为"+"圆形按钮。Close 为叉号圆形按钮。

State Config 属性表示按钮的状态，主要有 4 个选项。默认为 Default，还包括高亮 Highlighted、选中 Selected 及禁用 Disabled 状态。Highlighted 表示是否是高亮状态，是手指点击到控件但没有松手时的状态，一般都会对控件的高亮状态做单独设置，以及时反馈用户是否点击到控件了。按钮的状态非常重要，在代码编程时候经常要设置不同状态下显示不同的内容，以增加交互特性。

Title 就是按钮控件上的文字提示，默认为 Button 字样。Font 可用于设置字体、字号大小以及字体粗细类型。字体的粗细类型共 9 种，如图 4-49 所示，其中 Black 为最粗，Ultra Light 为最细。

UIButton 控件有两个设置图片的方法。若想设置为纯图片背景的按钮，设置图片时使用 Image 选项，Title 文字不会显示，即此时图片相当于前景图片，遮挡 Title 文字。若 Title 文字需要显示，则设置 Background 背景图片，此时图片会位于 Title 的下层，所以图片和文字一并显示且文字在前。在可视化界面中，只要设置 Image 选项，则 Type 类型会自动转换为 Custom 模式，即自定义模式。

图 4-48　UIButton 的类型属性　　　　　　　　图 4-49　UIButton 的字体粗细属性

图 4-47 的 UIControl 子类主要包含对齐 Alignment 属性，就是对控件上的内容（文字或图片）进行水平或垂直对齐，默认都是居中。State 属性默认是 Enabled，即控件可用，否则控件为不可用不可点击状态。

接下来，删除该 FlappyBird 刚才添加的 UIButton 控件（或设置 UIButton 的 Title 属性为空），然后分别添加小鸟图片、按钮背景图片两张（普通和高亮状态）及按钮前景图片两张（普通和高亮状态）。修改 ViewController.swift 文件如下：

```
1.  import UIKit
2.
3.  let G:Float = 9.8  // 重力加速度常数，单位m/s²
4.  let INTERVAL:Float = 0.2  // 采样时间间隔，单位 s
```

```
5.    let V0:Float = 15.0    //设置竖直上抛运动的初速度，单位 m/s
6.    let SCREEN_SIZE = UIScreen.main.bounds
7.    class ViewController: UIViewController {
8.
9.        var bird: UIImageView!
10.       var startBtn: UIButton!
11.       var timer:Timer?      //定义定时器
12.       var t:Float = 0.0     //定义时间变量
13.       override func viewDidLoad() {
14.           super.viewDidLoad()
15.           self.creatBirdAndButton()
16.           self.creatTimer()     //创建定时器
17.       }
18.
19.       func creatBirdAndButton(){
20.
21.           // 创建小鸟视图
22.           bird = UIImageView(frame: CGRect(x: 20, y: 446, width: 35, height: 35))
23.           bird.image = UIImage(named: "bird.png")
24.           self.view.addSubview(bird)
25.
26.           // 创建按钮视图
27.           startBtn = UIButton(type: UIButton.ButtonType.custom)
28.           startBtn.frame = CGRect(x: 164 , y: 446, width: 100, height: 35)
29.           //startBtn.backgroundColor = UIColor.white
30.           startBtn.setTitle("PLAY", for: UIControl.State.normal)
31.           startBtn.setTitle("GO!", for: .highlighted)
32.           startBtn.titleLabel!.font = UIFont.systemFont(ofSize: 20.0, weight:
UIFont.Weight.black)
33.           startBtn.setTitleColor(UIColor.white, for: .normal)
34.           startBtn.setTitleColor(UIColor.green, for: .highlighted)
35.
36.           // 设置按钮背景图片，显示文字
37.           startBtn.setBackgroundImage(UIImage(named: "gameplay.png"), for: .normal)
38.           startBtn.setBackgroundImage(UIImage(named: "gameplay-highlighted.png"),
for: .highlighted)
39.
40.           // 设置按钮圆角
41.           startBtn.layer.cornerRadius = 10
42.           startBtn.layer.borderWidth = 5
43.           startBtn.layer.borderColor = UIColor.red.cgColor
44.           startBtn.clipsToBounds = true
45.
46.           // 设置按钮前景图片方式，不显示文字
47.           //startBtn.setImage(UIImage(named: "play.png"), for: .normal)
48.           //startBtn.setImage(UIImage(named: "play-highlighted.png"), for:
.highlighted)
49.
50.           // 设置按钮点击动作
```

```
51.        startBtn.isUserInteractionEnabled = true
52.        startBtn.addTarget(self, action: #selector(self.startBtnClick), for:
UIControl.Event.touchUpInside )
53.        //startBtn.addTarget(self, action: #selector(self.startBtnClick),
for: .touchUpInside )
54.
55.        // 添加按钮到根 view
56.        self.view.addSubview(startBtn)
57.    }
58.
59.    @objc func startBtnClick() {
60.        bird.frame.origin.y = 446
61.        t = 0.0
62.        for oneSubView in self.view.subviews {
63.            oneSubView.removeFromSuperview()
64.        }
65.        self.view.addSubview(bird!)
66.        self.view.addSubview(startBtn!)
67.        //startBtn.isHidden = true   // 隐藏按钮
68.        startBtn.isEnabled = false   // 按钮失效
69.        timer!.fireDate = Date.distantPast as Date   // 开启定时器
70.    }
71.
72.    func creatTimer() {
73.        timer = Timer.scheduledTimer(timeInterval: TimeInterval(INTERVAL),
target: self, selector: #selector(self.birdMove), userInfo: nil, repeats: true)
74.        timer!.fireDate = Date.distantFuture as Date   // 暂停定时器
75.    }
76.
77.    @objc func birdMove() {
78.        let RATIO:Float = 30.0    // 转换系数
79.        if bird.frame.origin.y < SCREEN_SIZE.height - 150 {
80.            t += INTERVAL
81.            bird.frame.origin.y = CGFloat(446 - (V0*t - G*(t*t/2))*RATIO)
82.            //bird.frame.origin.x = CGFloat(20.0 + 70*t)
83.            // 绘制 5*5 的小方块
84.            let square = UIView(frame: CGRect(x: CGFloat(50.0 + 70*t), y:
bird.frame.origin.y, width: 5, height: 5))
85.            square.backgroundColor = UIColor.red
86.            self.view.addSubview(square)
87.            // 标注小方块的值
88.            let label = UILabel(frame: CGRect(x: CGFloat(70.0 + 70*t), y:
bird.frame.origin.y - 8, width: 80, height: 16))
89.            label.text = String(format:"%.2f", bird.frame.origin.y)
90.            label.textAlignment = NSTextAlignment.center
91.            self.view.addSubview(label)
92.        }
93.        else {
94.            timer!.fireDate = Date.distantFuture as Date   // 暂停定时器
```

```
95.              //startBtn.isHidden = false   // 显现按钮
96.              startBtn.isEnabled = true    // 按钮有效
97.          }
98.      }
99.
100.}
```

代码主要修改为小鸟 bird 对象和按钮 startBtn 对象都采用纯代码方式创建，解释如下：

第 9 行定义一个 UIImageView 类变量 bird，并确定有值。

第 10 行定义一个 UIButton 类变量 startBtn，并确定有值。

第 15 行添加创建小鸟 bird 对象和按钮 startBtn 对象的函数。

第 22 ～ 24 行创建小鸟 bird 实例并添加到根视图 view。

第 27 ～ 28 行创建按钮 startBtn 对象，并设置为 custom 自定义类型。

第 30 ～ 31 行分别设置按钮 startBtn 在普通状态和高亮状态的文字，setTitle() 方法的第二个参数是枚举类型，可以写完整类 - 属性 - 值层次结构，也可以以 "." 开头直接写值，因为方法的参数事先已知道值类型。

第 32 行设置文字的字体大小和粗细。

第 33 ～ 34 行分别设置文字在普通状态和高亮状态的颜色。

第 37 ～ 38 行分别设置按钮 startBtn 在普通状态和高亮状态的背景图片。

第 41 ～ 44 行设置按钮圆角、圆角线条粗细、圆角颜色以及是否切边。每个 UIView 对象内部都有一个 CALayer 子类在背后提供内容的绘制和显示。UIView 主要是对显示内容的管理，而 CALayer 主要侧重显示内容的绘制。所以，通过 CALayer，可以完成 UIView 的边框、阴影、圆角、蒙版及渐变等更多的界面表现效果。UIView 相对于 CALayer 来说就是多一个事件处理的功能，CALayer 是不能处理用户的触摸事件。因此，若显示出来的东西需要跟用户进行交互就需要用 UIView，否则，用 UIView 或者 CALayer 都可以。

第 43 行的 cgColor 是 UIColor 的一个 CGColor 类型的只读属性，主要定义在 CoreGaphics 框架中，而 UIColor 是定义在 UIKit 框架中。CoreGraphics 框架是可以跨平台使用的，在 iOS 和 macOS 中都能使用，但 UIKit 只能在 iOS 中使用。因此，为了保证可移植性，QuartzCore 不能使用 UIColor，只能使用 CGColor。因此，为了保证可移植性，QuartzCore 不能使用 UIImage、UIColor，只能使用 CGImageRef、CGColorRef

第 47 ～ 48 行分别设置按钮 startBtn 在普通状态和高亮状态的前景图片，该两行取消注释，即可覆盖背景颜色设置和文字设置。对于纯代码方式，图 4-47 中的 Image 选项就相当于 setImage 方法，Background 选项就相当于 setBackgroundImage 方法。留意一下，setBackgroundImage 方法填充图片时，图片会随着按钮的大小而改变，图片自动会拉伸来适应按钮的大小。setImage 方法不会拉伸图片，保持图片的原始比例显示在按钮中。

第 51 行可省略，因为默认值即为 true，控件具有响应事件功能。

第 52 行设置点击动作的响应函数。

第 53 行是第 52 行的一种枚举省略写法。

第 56 行添加按钮 startBtn 实例到根视图 view。

第 59 行修改函数的参数为空，并对函数添加 @objc 字样。

第 68 行设置按钮无效，此时按钮的颜色会适度变浅，但不影响圆角的设置属性。

项目运行后，功能与第 3 个任务 3.2.2 一致，用纯代码方式可以实现更多按钮控件的变化。若采用背景图片和文字方式，启动界面如图 4-50 所示，左右图分别表示普通状态和高亮状态。取消第 47 ~ 48 行注释即采用前景图片方式，启动界面如图 4-51 所示，左右图分别表示普通状态和高亮状态。

图 4-50　背景图片方式下小鸟和按钮效果

图 4-51　前景图片方式下小鸟和按钮效果

4.3.6　UIView 视图层次结构

扫一扫

UIView视图层
次结构

在 4.2.2 小节的步骤中，城市背景、大地背景以及水管背景都使用了 UIView 视图的 addSubview() 方法来添加到该视图之上。在 4.3.3 小节中也简单演示了根视图 - 父视图 - 子视图的叠加层次。事实上，视图可以通过嵌套、交换、删除、移动等操作形成更复杂的层次结构。

视图发生嵌套时，包含在另一个视图中的视图称为子视图。包含一个或多个视图的视图称为父视图。子视图总是显示在父视图的上方，相应的，若有响应事件发生，一般子视图首先响应，而父视图则响应子视图没有处理的事件。图 4-52 所示为一个常用的应用 App 结构，用户视图是一个表格视图（UITableView），其中，每个单元格（UITableViewCell）都是表格视图的子视图，而每个单元格又是以下三种视图的父视图：显示城市名称的标签（UILabel）、显示时区关联方式的另一个标签（UILabel），以及显示时钟图像的图像视图（UIImage）。

由此可见，视图层次结构的组织方式不仅决定了视图在屏幕上显示的内容，而且也决定了视图对事件的响应顺序。

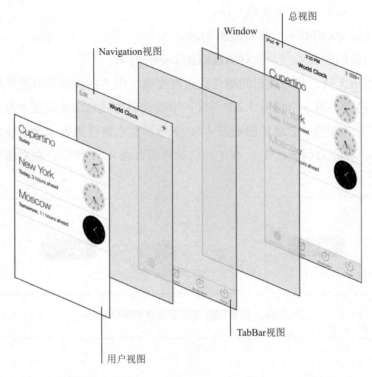

图 4-52　视图的层次结构示例

视图层次进行查看和管理的常用属性和方法如表 4-1 所示。

表 4-1　视图层次查看和管理方法

属性和方法	含　义
superview	获得父视图
subviews	获得子视图列表数组
addSubview(_ view:)	添加子视图在最前面
insertSubview(_ view:, at index:)	在指定位置插入视图
insertSubview(_ view:, belowSubview:)	将视图添加到指定视图的上方
insertSubview(_ view:, aboveSubview:)	将视图添加到指定视图的下方
bringSubviewToFront(_ view:)	将指定子视图移到最前面
sendSubviewToBack(_ view:)	将指定子视图移到最后面
exchangeSubview(at index1:, withSubviewAt:)	交换两个子视图位置
removeFromSuperview()	从父视图移走子视图

下面举例说明上述属性和方法的使用，新建 Xcode 的 App 项目，项目名称可为 snippet，修改 ViewController.swift 文件代码如下：

```
1.  import UIKit
```

```
2.
3. class ViewController: UIViewController {
4.
5.     override func viewDidLoad() {
6.         super.viewDidLoad()
7.         let myView1 = UIView(frame: CGRect(x: 100, y: 100, width: 100, height: 100))
8.         myView1.backgroundColor = UIColor.darkGray
9.         let myView2 = UIView(frame: CGRect(x: 150, y: 150, width: 100, height: 100))
10.        myView2.backgroundColor = UIColor.gray
11.        let myView3 = UIView(frame: CGRect(x: 200, y: 200, width: 100, height: 100))
12.        myView3.backgroundColor = UIColor.lightGray
13.        self.view.addSubview(myView1)
14.        self.view.addSubview(myView2)
15.        self.view.addSubview(myView3)
16.
17.
18.        print(self.view.subviews)
19.        print(self.view.superview ?? "无父视图")
20.    }
21.
22. }
```

在上述代码中：

第 7 ~ 12 行创建三个正方形视图，颜色分别为深灰、灰色及浅灰。

第 13 ~ 15 行依次添加三个正方形视图到根视图，第三个视图在最前面。

项目运行调试区域输出结果如图 4-53 所示，根视图 view 共有三个子视图，三个子视图组成一个数组，数组 index 分别为 0、1 及 2。根视图 view 没有父视图，即 superview 属性的值为 nil。

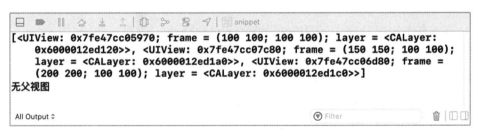

图 4-53　调试区域输出结果

模拟器运行结果如图 4-54 所示，可见 addSubview(_ view:) 方法是一层一层往上加视图，新加的视图只能放到父视图的最上层。

若在代码第 17 行添加以下代码的任意一行，都会导致第二个灰色正方形移到最前方，如图 4-55 所示。

```
self.view.insertSubview(myView3, at: 0)
self.view.insertSubview(myView3, belowSubview: myView2)
self.view.insertSubview(myView3, aboveSubview: myView1)
self.view.bringSubviewToFront(myView2)
self.view.sendSubviewToBack(myView3)
self.view.exchangeSubview(at: 1, withSubviewAt: 2)
```

图 4-54　模拟器运行结果　　　　　　　　图 4-55　第二个灰色正方形移到最前方

由此，insertSubview(_view:, at index:)、insertSubview(_view:,belowSubview:) 及 insertSubview (_ view:, aboveSubview:) 方法可以将视图添加到指定的位置。留意一下，insertSubview(_ view:, at index:) 方法的 index 与数组的 index 顺序一致。

若在代码第 17 行添加以下代码，则会导致第三个浅灰色正方形消失，如图 4-56 所示。

```
myView3.removeFromSuperview()
```

4.3.7　枚举

扫一扫

枚举

在本任务 4.3.4 小节中，UIView 视图的 contentMode 属性的可选值共有 13 个，如图 4-43 所示。在本任务 4.3.5 小节中，UIButton 控件的 buttonType 属性的可选值共有 8 个，如图 4-48 所示。对于纯代码编程而言，对应的 contentMode 和 buttonType

图 4-56　调试区域输出结果

属性值分别是一个 UIView.ContentMode 枚举类型和 UIButton.ButtonType 枚举类型。在 Xcode 内按【cmd】键右击 UIView 类的 contentMode 和 buttonType 属性类型，可得如下定义：

```
public enum ContentMode : Int {
    case scaleToFill = 0
    case scaleAspectFit = 1
    case scaleAspectFill = 2
    case redraw = 3
    case center = 4
    case top = 5
    case bottom = 6
    case left = 7
    case right = 8
    case topLeft = 9
```

```
        case topRight = 10
        case bottomLeft = 11
        case bottomRight = 12
}
public enum ButtonType : Int {
        case custom = 0
        case system = 1
        case detailDisclosure = 2
    case infoLight = 3
        case infoDark = 4
        case contactAdd = 5
        case close = 7
        public static var roundedRect: UIButton.ButtonType { get }
    }
```

其中，enum 是枚举类型的定义关键词，ContentMode 和 ButtonType 是枚举类型名，大写开头，Int 表示使用整数作为原始值（rawValue），下面对其定义和用法具体阐述。

一般情况，若应对需要从有限数量的选项中分配值的情况时，可以使用枚举来执行此操作。枚举是用于表示一组指定选项的特殊 Swift 类型。比如让乘客可以从三个选项中选择座位：靠窗、中间、靠过道，那么这个选项就是有限数量的选项。

使用 enum 关键词来创建枚举并且把整个定义放在一对大括号内：

```
enum SomeEnumeration {
    // 枚举定义放在这里
}
```

考虑一下指南针 App 上的方向：东、南、西、北。该 App 可以帮助用户确定这四个方向中的任意方向。指南针的指针始终指向北，但指南针的朝向随着用户的移动而移动，朝向可以帮助用户确定他们面朝哪个方向。

使用关键字 enum 定义一个新枚举。下面的代码定义了一个用于跟踪指南针方向的 enum：

```
enum CompassPoint {
    case north
    case south
    case east
    case west
}
```

enum 定义了类型，case 选项定义了该类型允许的变量值。最好将枚举名称大写，将 case 选项小写。因为每个枚举定义了一个全新的类型，就像 Swift 中其他类型一样，它们的名字（如Int、Double 等）以一个大写字母开头。

枚举中定义的值（如 north、south、east 和 west）是这个枚举的成员值（或成员），使用 case 关键字来定义一个新的枚举成员值。

此外，也可以在一行中定义多个变量 case，以逗号分隔：

```
enum CompassPoint {
```

```
    case north, east, south, west
}
```

定义了枚举之后，就可以开始像使用 Swift 中的其他任何类型一样使用枚举了。第一种方式是同时指定枚举类型和枚举值：

```
var compassHeading = CompassPoint.west
```

compassHeading 的类型可以在它被 CompassPoint 的某个值初始化时推断出来。一旦 compassHeading 被声明为 CompassPoint 类型，就可以使用更简短的点语法将其设置为另一个 CompassPoint 的值：

```
var compassHeading: CompassPoint = .west
compassHeading = .north
```

当 compassHeading 的类型已知时，再次为其赋值可以省略枚举类型名。在使用具有显式类型的枚举值时，这种写法让代码具有更好的可读性。

🔷 使用 Switch 语句匹配枚举值

在控制流中，已经明白如何使用 if 语句和 switch 语句来响应 Bool 值。在处理不同的枚举 case 时，也可以使用相同的控制流程逻辑。

下面的代码可以打印不同的句子，具体取决于将哪个 CompassPoint 设置为 compassHeading 常量：

```
let compassHeading: CompassPoint = .west
switch compassHeading {
  case .north:
    print("I am heading north")
  case .east:
    print("I am heading east")
  case .south:
    print("I am heading south")
  case .west:
    print("I am heading west")
}
// 控制台输出 :I am heading west
```

正如在控制流中介绍的那样，在判断一个枚举类型的值时，switch 语句必须穷举所有情况。比如，如果忽略了 .east 这种情况，上面那段代码将无法通过编译，因为它没有考虑到 CompassPoint 的全部成员。强制穷举确保了枚举成员不会被意外遗漏。

当不需要匹配每个枚举成员的时候，可以提供一个 default 分支来涵盖所有未明确处理的枚举成员：

```
let compassHeading: CompassPoint = .west
switch compassHeading {
  case .north:
    print("I am heading north")
  case .south:
```

```
        print("I am heading south")
    default:
        print("Not north or south")
    }
    // 控制台输出 :Not north or south
```

原始值

如果你熟悉 C 语言，会知道在 C 语言中，枚举会为一组整型值分配相关联的名称。Swift 中的枚举更加灵活，不必给每一个枚举成员提供一个值。

枚举成员可以被默认值（称为原始值）预填充，该值的类型可以是字符串、字符或者任意整型值或浮点型值，这些默认值称为原始值（rawValue）。留意一下，枚举成员的原始值类型必须相同，且每个原始值在枚举声明中必须是唯一。对于一个特定的枚举成员，其原始值始终不变。

整数原始值

在使用原始值为整数或者字符串类型的枚举时，不需要显式地为每一个枚举成员设置原始值，Swift 将会自动赋值，这就是原始值的隐式赋值。例如，当使用整数作为原始值时，隐式赋值的值依次递增 1。如果第一个枚举成员没有设置原始值，其原始值将为 0。

下面的枚举是对 Planet 枚举的一个细化，利用整型的原始值来表示每个行星在太阳系中的顺序：

```
enum Planet: Int {
    case mercury = 1, venus, earth, mars, jupiter, saturn, uranus, neptune
}
```

在上面的例子中，Plant.mercury 的显式原始值为 1，Planet.venus 的隐式原始值为 2，依次类推。

下面的例子原始值从 0 开始：

```
enum CompassPoint: Int {
    case north, south, east, west
}
```

字符串原始值

当使用字符串作为枚举类型的原始值时，每个枚举成员的隐式原始值为该枚举成员的名称。

下面的例子是 Planet 枚举的细化，使用字符串类型的原始值来表示各个行星的名称：

```
enum Planet: String {
    case mercury, venus, earth, mars, jupiter, saturn, uranus, neptune
}
```

上面例子中，Planet.mercury 拥有隐式原始值 mercury，依次类推。

使用原始值初始化枚举实例

如果在定义枚举类型的时候使用了原始值，那么将会自动获得一个初始化方法，这个方法接收一个叫做 rawValue 的参数，参数类型即为原始值类型，返回值则是枚举成员或 nil。可以使用这个初始化方法来创建一个新的枚举实例。

下面这个例子利用原始值 1 创建了枚举成员 north：

```
let possibleHeading = CompassPoint (rawValue: 1)
// possibleHeading 类型为 CompassPoint, 值为 CompassPoint.south
```

因为并非所有 Int 值都可以找到一个匹配的方向。因此，原始值构造器总是返回一个可选的枚举成员。在上面的例子中，possibleHeading 是 CompassPoint? 类型，或者说"可选的 CompassPoint"。所以，原始值构造器是一个可失败构造器，因为并不是每一个原始值都有与之对应的枚举成员。

如果试图寻找一个原始值为 4 的方向，通过原始值构造器返回的可选 CompassPoint 值将是 nil：

```
let positionToFind = 4
if let someHeading = CompassPoint (rawValue: positionToFind) {
    switch someHeading {
    case .north:
        print("I am heading north")
    default:
        print("Not north")
    }
} else {
    print("There isn't a direction at position \(positionToFind)!")
}
// 控制台输出 :There isn't a direction at position 4!
```

上述例子使用了可选绑定判断，试图通过原始值 4 来访问一个方向。if let someHeading = CompassPoint (rawValue: 4) 语句创建了一个可选 CompassPoint，如果可选 CompassPoint 的值存在，就会赋值给 someHeading。在这个例子中，无法检索到位置为 4 的方向，所以 else 分支被执行了。

若原始值为枚举范围内的值，则通过原始值构造器返回的可选 CompassPoint 值将是正确的值：

```
let positionToFind = 0
if let someHeading = CompassPoint (rawValue: positionToFind) {
    switch someHeading {
    case .north:
        print("I am heading north, someHeading 的原始值为 :", someHeading.rawValue)
    default:
        print("Not north")
    }
} else {
    print("There isn't a direction at position \(positionToFind)!")
}
// 控制台输出 :I am heading north, someHeading 的原始值为 : 0
```

至此，大家应该都能理解本任务 4.3.4 小节有关枚举的使用方法了。对于本节开头提及的 ContentMode 枚举类型也完全可以省略枚举成员后面原始值的赋值。

实际上，与其他一些语言相比，Swift 的枚举类型的功能大大拓展了，具有了很多在传统上只被类类型所支持的特性，例如实例方法、计算属性、构造函数及遵循协议等功能。

思考题

1. 视图的生命周期和回调方法主要有哪些？主要顺序关系如何？

2. 常见的 UIView 子类主要有哪些？

3. UIImageView 的 Content Mode 属性主要有哪些？有什么区别？

4. UIButton 的 Image 属性和 Background 属性有什么区别？

5. Swift 语言的枚举类型原始值如何使用？

任务 5

添加界面动画

5.1 任务描述

···● 扫一扫

任务描述

第 4 个任务完成了 FlappyBird 游戏的背景设计，下面就该主角——小鸟出场了。开始游戏后，小鸟拍打翅膀飞行，点击屏幕后小鸟上升，若不点屏幕则小鸟自由落体运动。在游戏中，小鸟并不做水平位移，而是通过障碍物水管的移动让小鸟有水平运动的感觉，小鸟只需要根据屏幕的点击调整垂直方向的加速度运动就可以了。障碍物水管只要定时产生，随机设定垂直方向的偏移量，让小鸟需要穿过的缝隙位置不定，然后向左运动即可。为适度增加游戏的难度，减少城市背景的审美疲劳，在天空上添加白色云朵漂浮运动。以上所有视图，包括小鸟、云朵以及障碍物水管等，都要设定回收重复利用机制，否则内存占用会越来越大直到崩溃。

学习完成本任务内容后，要求在 Xcode 模拟器上完成 FlappyBird 游戏的小鸟自身飞行动画、云朵动画以及小鸟的受控垂直方向加速度运动（竖直上抛运动及自由落体运动）。最终效果如图 5-1 所示。

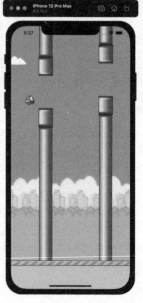

图 5-1　小鸟动画和受控运动

5.2　任务实现

5.2.1　动画和触摸

　　动画效果是用户体验设计中绕不开的环节，而在移动端交互当中，动画效果往往是吸引眼球、承上启下及提升黏性的重要环节。在场景设计中，动画效果让页面设计不那么突兀，提升自然感，更加友好地呈现状态的变化，帮助用户更清晰地明白当前的状态。

扫一扫

动画和触摸

　　在 iOS 的用户界面中，处处充满着看似微小，实际上有意为之的精美动画，从而带来更加流畅的用户体验。在应用程序 App 中，适当添加动画动效，不仅可以更好地传达状态，给用户及时地反馈，更加能增强操纵感和空间感。对于移动端用户而言，因为小屏幕上用户的交互是非常敏感的，没有空间感很容易迷失在页面之中而失去焦点。同样，对于第一次使用的用户，需要花费心力去尽力理解场景的时候，就需要最低的认知负荷，否则，如果一个产品认知负荷重，用户一般不花很大精力去理解。因此，越省心的产品，认知负荷就越低。尤其对于游戏产品设计，动画效果能有效帮助用户理解焦点和功能上的变化。

　　由于人的大脑对图像有短暂的记忆效应，所以当看到多张图片连续快速的切换时，就会被认为是一段连续播放的动画了。iOS 处理动画最基本方法的有"逐帧"法和"关键帧"法。类似于上面提到的手绘翻页方式，可以将这个画面的每帧画面都一一绘制，然后连续播放，这样实现动画的方式就叫作"逐帧动画"。逐帧动画是最直接的，但要处理的帧数较多时候，实现过程就较麻烦且消耗较多资源。

　　若画面类似，动作重复单调，则可以交给处理器而不是人来完成。比如：一个杯子初始位置在左边，1 秒后匀速运动到右边，那么在每 1/60 秒的时候，这个杯子的位置显然是可以计算出来，动画问题就可以变成一个数学和物理的问题。只需要指定一些关键信息，比如起始位置、结束位置、运动速度等，就能让处理器自己计算出每一帧杯子的位置，这种实现动画的方式就叫作"关键帧动画"。给定几个关键帧的画面信息，关键帧与关键帧之间的过渡帧都将由处理器自动生成，从而快速实现需要的动画效果。

　　应用程序 App 与用户进行交互基本上是依赖于各种各样的触发事件和运动事件。例如，第 3、4 个任务提及的用户点击界面上的按钮 UIButton，需要触发一个按钮点击事件，并进行相应的处理，以给用户一个响应。UIView 的三大职责之一就是处理触发事件和运动事件，一个视图是一个事件响应者，可以处理点击等触发事件。

　　本任务将分别对小鸟的逐帧动画、云朵的关键帧动画以及屏幕视图点击动作响应进行完善，完成 FlappyBird 的主角"小鸟"的形象和行为性格塑造。

5.2.2 小鸟飞行运动

步骤 1：创建小鸟飞行动画

第 4 个任务完成了城市大地背景以及水管背景的自右向左运动，根据相对运动原理，小鸟可以保持在一个位置，也可以具有飞行效果。同时，给小鸟增加飞行时翅膀拍打的动作，以便加强小鸟飞行的感官体验。具体思路为：

首先，与 4.2.2 步骤 1 操作类似，添加三张小鸟图片到项目 images 目录，分别为 bird1.png、bird2.png 和 bird3.png，如图 5-2 所示，三张图片只是小鸟翅膀位置不一样，翅膀分别位于身体上部、中部以及下部。如此，三张图片依次循环播放即可有小鸟飞行的效果。

其次，在 ViewController 类添加一个 UIImageView 的隐式解释可选类型属性 bird，作为小鸟视图的容器。

然后，在 viewDidLoad() 方法添加 creatBird() 函数并实现代码，构建小鸟视图对象并实现动画。

ViewController.swift 文件的最终代码结构如图 5-3 所示。留意一下，为节省代码篇幅和突出重点，后续不再对项目代码全部一一列出，而是在项目目录及代码类、属性、方法基本结构的辅助下，只列出增加、修改的代码。

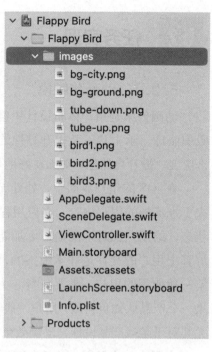

图 5-2 项目目录文件列表

```
1  import UIKit
2
3  let SCREEN_SIZE = UIScreen.main.bounds
4
5  class ViewController: UIViewController {
6
7      var timerBg:Timer?
8      var timerTube:Timer?
9      var bird:UIImageView!
10
11     override func viewDidLoad() { ••• }
18
19     func creatBackgroundView(){ ••• }
41
42     func creatTube(){ ••• }
75
76     func creatTimer(){ ••• }
80
81     @objc func backgroundMove(){ ••• }
107
108    @objc func tubeMove(){ ••• }
123
124    func getPosition(viewUp: UIImageView, viewDown: UIImageView){ ••• }
132
133    func creatBird(){ ••• }
146 }
```

图 5-3 ViewController.swift 文件的最终代码结构

在第 4 个任务基础上，主要修改的函数代码为：

```
1   override func viewDidLoad() {
2       super.viewDidLoad()
3       self.creatBackgroundView()
4       self.creatTube()
5       self.creatTimer()
6       self.creatBird()
7   }
8   func creatBird(){
9       var images = [UIImage]()
10      for i in 1...3 {   //3张鸟动作图片
11          let image = UIImage(named: NSString(format: "bird%d.png", i) as String)
12          images.append(image!)
13      }
14      bird = UIImageView(frame: CGRect(x: 50, y: 200, width: 35, height: 35))
15      bird.animationImages = images
16      bird.animationRepeatCount = 0
17      bird.animationDuration = 0.3
18      bird.startAnimating()
19      self.view.addSubview(bird)
20  }
```

在上述代码中：

第 6 行添加 creatBird() 函数。

第 8 ~ 20 行为 creatBird() 函数的实现。

第 9 行定义一个 UIImage 类型的数组。

第 10 ~ 13 行通过 for-in 循环，以格式化字符串方式生成图片文件名并构建三个图片实例，强制解包后，依次存入数组。

第 14 行构造一个 bird 的图像视图对象，图像视图对象可以存储一个动画图片序列，具有播放动画功能。

第 15 ~ 17 行依次配置动画的图片来源、重复次数（0 表示无限重复）以及整个动画播放时间 0.3 秒，即在 0.3 秒内将播放完 3 帧的动画。

第 18 行启动动画播放。

第 19 行将设置好动画属性的 UIImageView 图像视图添加到根视图中。

如图 5-4 所示，项目启动后，小鸟始终保持在同一个位置上下拍打翅膀，随着城市大地背景及水管的运动，小鸟就具有了飞行的效果。

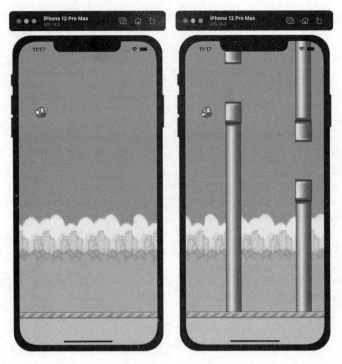

图 5-4 小鸟的飞行效果

步骤 2：创建云朵漂浮动画

步骤 1 实现了多张图片播放帧方式的小鸟动画，以完成小鸟飞行的效果。下面增加城市背景和天空云朵漂浮效果，对水管运动加以干扰，增加游戏难度。与播放帧需要多张图片不同，云朵的漂浮采用一张图片来完成忽上忽下、忽快忽慢的动画效果。为实现该效果，本步骤使用关键帧动画来完成，同时为让云朵漂浮持续不断，使用了代理机制。具体思路为：

首先，添加一张云朵图片到项目 images 目录，文件名为 cloud.png，如图 5-5 所示。

其次，在 ViewController 类名冒号 (:) 最后添加代理协议 CAAnimationDelegate，在类内添加一个 UIImageView 的隐式解释可选类型属性 bird 和 CAKeyframeAnimation 的隐式解释可选类型属性 cloudAnimation，分别用于云朵视图的容器和关键帧动画的容器。

然后，在 viewDidLoad() 方法添加 creatcloud() 函数并实现代码，构建云朵视图对象并添加关键帧动画。

最后，实现关键帧动画协议的回调函数 animationDidStop()，

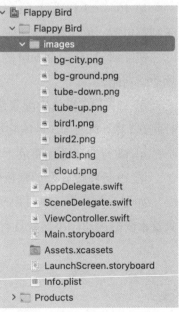

图 5-5　项目目录文件列表

用于动画结束后自动重新开始。

ViewController.swift 文件的最终代码结构如图 5-6 所示。

```
1    import UIKit
2
3    let SCREEN_SIZE = UIScreen.main.bounds
4
5    class ViewController: UIViewController, CAAnimationDelegate {
6
7        var timerBg:Timer?
8        var timerTube:Timer?
9        var bird:UIImageView!
10       var cloud:UIImageView!
11       var cloudAnimation:CAKeyframeAnimation!
12
13       override func viewDidLoad() { ••• }
21
22       func creatBackgroundView(){ ••• }
44
45       func creatTube(){ ••• }
78
79       func creatTimer(){ ••• }
83
84       @objc func backgroundMove(){ ••• }
110
111      @objc func tubeMove(){ ••• }
126
127      func getPosition(viewUp: UIImageView, viewDown: UIImageView){ ••• }
135
136      func creatBird(){ ••• }
149
150      func creatCloud(){ ••• }
170
171      func animationDidStop(_ anim: CAAnimation, finished flag: Bool) { ••• }
176
177  }
```

图 5-6 ViewController.swift 文件的最终代码结构

在步骤 1 基础上，主要修改的函数代码为：

```
1    func creatCloud(){
2        cloud = UIImageView(frame: CGRect(x: 450, y: 60, width: 80, height: 30))
3        cloud.image = UIImage(named: "cloud.png")
4        let viewTube = self.view.viewWithTag(201)!
5        self.view.insertSubview(cloud, belowSubview: viewTube)
6        // 使用便利构造器创建动画实例
7        cloudAnimation = CAKeyframeAnimation(keyPath: "position")
8        // 云朵视图矩形的中心点
9        let point1 = CGPoint(x: 450, y: 60)
10       let point2 = CGPoint(x: 300, y: 100)
11       let point3 = CGPoint(x: 150, y: 60)
12       let point4 = CGPoint(x: -50, y: 150)
13       cloudAnimation.values = [NSValue(cgPoint: point1), NSValue(cgPoint: point2),
NSValue(cgPoint: point3), NSValue(cgPoint: point4)]
14       cloudAnimation.keyTimes = [NSNumber(value: 0.0), NSNumber(value: 0.2),NSNumber
(value: 0.8), NSNumber(value: 1.0)]
15       cloudAnimation.duration = 5.0
```

```
16        // 添加 CAAnimationDelegate 协议代理来获得结束事件的回调
17        cloudAnimation.delegate = self
18        // 开始动画
19        cloud.layer.add(cloudAnimation, forKey: "cloud")
20    }
21
22    func animationDidStop(_ anim: CAAnimation, finished flag: Bool) {
23        if flag == true {
24            cloud.layer.add(cloudAnimation, forKey: "cloud")
25        }
26    }
```

在上述代码中：

第 2 ～ 5 行构建云朵 cloud 视图对象，并添加到水管下方。

第 7 行构建关键帧动画实例，视图属性是 position，即基于位置移动方式。

第 9 ～ 12 行设置四个位置点，是云朵途径点。

第 13 行将四个位置点组合为一个数组后赋值给动画实例属性。

第 14 行设置与四个位置点一一对应的相对到达时刻表，起始值 0.0，终点值 1.0。

第 15 行设置整个动画实际持续时间，这里为 5 秒。

第 17 行设置动画代理为 ViewController 控制器对象，即自身。

第 19 行添加到云朵视图对象的 layer 层，即开始关键帧动画。

第 22 行是实现 CAAnimationDelegate 代理协议内的 animationDidStop（）回调函数，即动画结束后要做什么。

第 23 行判断动画是否正常结束，若正常结束则 flag 为 true，默认关键帧动画正常结束就从 cloud 视图对象移除，即动画只执行一次。

第 24 行添加关键帧动画到 cloud 视图对象，即开始关键帧动画。

项目运行结果如图 5-7 所示，云朵的飞行共分三段，第一段从右上角进入，速度中等，第二段向左上角飘动，速度最慢，第三段迅速从左下角飘离，速度最快。借助代理回调，形成连续的云朵忽上忽下、忽快忽慢的动画效果。当然，使用之前的定时器方式也是可以实现本步骤的全部功能需求。

● 扫一扫

小鸟的自由落体运动

步骤 3：小鸟的自由落体运动

结合第 2 个任务内容，下面使小鸟在没有任何操作时呈现自由落体运动。具体思路为：

首先，在 ViewController 类内添加一个定时器 timerBird 属性和小鸟运动采样时间 t 属性。

其次，在 creatTimer() 函数中创建一个用于控制小鸟位移的定时器 timerBird 实例，每个节拍时间 0.02 秒，节拍调用的函数为 birdMove()。

最后，实现函数 birdMove()，修改小鸟视图对象 y 轴坐标，x 轴坐标保持不变。

图 5-7　云朵漂浮动画效果

ViewController.swift 文件的最终代码结构如图 5-8 所示。

```swift
1    import UIKit
2
3    let SCREEN_SIZE = UIScreen.main.bounds
4
5    class ViewController: UIViewController, CAAnimationDelegate {
6
7        var timerBg:Timer?
8        var timerTube:Timer?
9        var bird:UIImageView!
10       var cloud:UIImageView!
11       var cloudAnimation:CAKeyframeAnimation!
12       var timerBird:Timer?
13       var t:Float = 0.0
14
15       override func viewDidLoad() { ··· }
23
24       func creatBackgroundView(){ ··· }
46
47       func creatTube(){ ··· }
80
81       func creatTimer(){ ··· }
86
87       @objc func backgroundMove(){ ··· }
113
114      @objc func tubeMove(){ ··· }
129
130      func getPosition(viewUp: UIImageView, viewDown: UIImageView){ ··· }
138
139      func creatBird(){ ··· }
152
153      func creatCloud(){ ··· }
173
174      func animationDidStop(_ anim: CAAnimation, finished flag: Bool) { ··· }
179
180      @objc func birdMove(){ ··· }
187
188   }
```

图 5-8　ViewController.swift 文件的最终代码结构

在步骤 2 基础上，主要修改的函数代码为：

```
1   func creatTimer(){
2       timerBg = Timer.scheduledTimer(timeInterval: 0.02, target: self, selector:
#selector(self.backgroundMove), userInfo: nil, repeats: true)
3       timerTube = Timer.scheduledTimer(timeInterval: 0.02, target: self, selector:
#selector(self.tubeMove), userInfo: nil, repeats: true)
4       timerBird = Timer.scheduledTimer(timeInterval: 0.02, target: self, selector:
#selector(self.birdMove), userInfo: nil, repeats: true)
5   }
6   @objc func birdMove(){
7       if bird.frame.origin.y < SCREEN_SIZE.height - 140{
8           // 自由落体运动位移计算
9           bird.frame.origin.y += (CGFloat)(9.8*(t*t/2) - 9.8*(t-0.02)*(t-0.02)/2)*30
10          t += 0.02
11      }
12  }
```

在上述代码中：

第 4 行为 timerBird 实例，每个节拍到来时候调用的函数为 birdMove()。

第 7 行确保小鸟自由落体运动不能低于地面。

第 9 行为自由落体运动位移计算，因为涉及任意位置开始的自由落体运动，所以不能使用第 2 个任务的绝对时间来计算，而应采用前后两个时刻的位移增加量来累计。计算公式最后的数值 30 为转换系数，即把自由落体真实世界的位移单位米转换为手机屏幕分辨率单位点。

第 10 行时间增加，表示时间流逝。

代码完成后项目运行结果如图 5-9 所示。

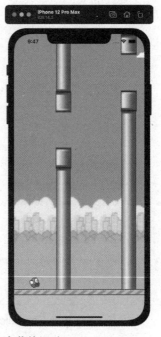

图 5-9　小鸟的自由落体运动

步骤 4：小鸟的竖直上抛运动

在步骤 3 基础上，修改 birdMove() 函数的 bird.frame.origin.y 计算公式如下：

```
1   @objc func birdMove(){
2       if bird.frame.origin.y < SCREEN_SIZE.height - 140{
3           // 竖直上抛运动位移计算
4           bird.frame.origin.y -= (CGFloat)((10.0*t - 9.8*t*t/2) -
    (10.0*(t-0.02)-9.8*(t-0.02)*(t-0.02)/2))*30
5           t += 0.02
6       }
7   }
```

扫一扫

小鸟的竖直上
抛运动

在上述代码中：

第 4 行为竖直上抛运动位移计算。与自由落体运动一样，同样也采用前后两个时刻的位移增加量来累计位移变化。与自由落体运动不同，竖直上抛运动计算公式的 y 轴坐标正方向（向上为正）与 iOS 设备屏幕 y 轴正方向相反（向下为正），因此位移变化应该用操作符 "-="，而不是 "+="。这里设置初始速度为 10.0m/s，根据第 1 个任务式（1-3）可以计算得小鸟竖直上抛运动到最高点需时 1 秒，式（1-4）可以计算出此时小鸟上升的最大位移约为 5 m（10*10/2/9.8），乘以转换率 30，即小鸟在屏幕中会上升约 150 pt，这是比较合适的。

代码修改后，小鸟在屏幕上先向上运行，然后掉头向下自由落体运动，如图 5-10 所示。

图 5-10　小鸟的竖直上抛运动

步骤 5：触屏控制的小鸟综合运动

步骤 3 和步骤 4 分别实现了小鸟的自由落体运动和竖直上抛运动，但它们之间是独立的，并没有形成有序整体。本步骤借助屏幕手指触摸（鼠标单击）事件，对步骤 3 和步骤 4 进行逻辑整合。当屏幕有手指触摸时候，给予小鸟一个初始速度，转为竖直上抛运动，在一定时间内，若没有触摸事件发生，小鸟转为自由落体运动，若在一定时间内又发生触摸事件，则再次给予同样的初始速度（不叠加），如此继续。具体思路为：

首先，在 ViewController 类内添加一个控制向上或向下运动的布尔类型属性 isFlyUpward。

其次，修改定时器的节拍调用函数 birdMove()。

最后，重写 UIViewController 的父类 UIResponder 类的触摸屏幕原始处理方法 touchesBegan()。

ViewController.swift 文件的最终代码结构如图 5-11 所示。

```
1    import UIKit
2
3    let SCREEN_SIZE = UIScreen.main.bounds
4
5    class ViewController: UIViewController, CAAnimationDelegate {
6
7        var timerBg:Timer?
8        var timerTube:Timer?
9        var bird:UIImageView!
10       var cloud:UIImageView!
11       var cloudAnimation:CAKeyframeAnimation!
12       var timerBird:Timer?
13       var t:Float = 0.0
14       var isFlyUpward = false
15
16       override func viewDidLoad() { ••• }
24
25       func creatBackgroundView(){ ••• }
47
48       func creatTube(){ ••• }
81
82       func creatTimer(){ ••• }
87
88       @objc func backgroundMove(){ ••• }
114
115      @objc func tubeMove(){ ••• }
130
131      func getPosition(viewUp: UIImageView, viewDown: UIImageView){ ••• }
139
140      func creatBird(){ ••• }
153
154      func creatCloud(){ ••• }
174
175      func animationDidStop(_ anim: CAAnimation, finished flag: Bool) { ••• }
180
181      @objc func birdMove(){ ••• }
199
200      override func touchesBegan(_ touches: Set<UITouch>, with event: UIEvent?) { ••• }
205
206   }
```

图 5-11   ViewController.swift 文件的最终代码结构

在步骤 4 基础上，主要修改的函数代码为：

```
1    @objc func birdMove(){
2        if isFlyUpward == false {
3            // 自由落体运动
4            if bird.frame.origin.y < SCREEN_SIZE.height - 140 {
```

```
5                bird.frame.origin.y += (CGFloat)(9.8*(t*t/2) - 9.8*(t-0.02)*(t-
0.02)/2)*30
6                t += 0.02
7            }
8        }else{
9            // 竖直上抛运动
10           if t < 0.3 {
11               bird.frame.origin.y -= (CGFloat)((10.0*t-9.8*t*t/2) - (10.0*(t-0.02)-
9.8*(t-0.02)*(t-0.02)/2))*30
12               t += 0.02
13           }else{
14               // 超出 15 个节拍后，不管是否到达最高点，都直接转为自由落体运动
15               isFlyUpward = false
16           }
17       }
18 }
19
20 override func touchesBegan(_ touches: Set<UITouch>, with event: UIEvent?) {
21     // 屏幕触摸动作后，小鸟改为竖直上抛运动
22     isFlyUpward = true
23     t = 0
24 }
```

在上述代码中：

第 2 行条件判断是否进入自由落体运动计算。

第 10 行表示屏幕触摸发生后，在 15 个定时器节拍的 0.3 秒时间内（定时器周期为 0.02 秒）小鸟为竖直上抛运动，超过 15 个节拍后都转为自由落体运动，尽管小鸟此时并没有达到竖直上抛运动的最高点（速度为 0，需要 50 个节拍，1 秒时间）。15 个定时器节拍内，根据第 1 个任务式（1-2）可知小鸟竖直向上总共发生的位移为 2.55 m，乘以转化率 30，相当于屏幕距离 76.5 pt。而之前第 4 个任务步骤 4 设定上下水管之间的间隙为 100 pt，因此，小鸟跳跃通过水管有一定的难度，但还是可以实现的。若此处修改 0.3 为 0.5，则每次跳跃最大值可以达到 112.5 pt，超出水管之间的间隙 100 pt，小鸟碰到水管的概率非常大，通过水管的有相当难度。当然，若修改 0.3 为 0.2，运动精度进一步提高，加大了小鸟的可操控性，从而进一步降低游戏难度。

另外，从体验上看，竖直上抛运动在接近最高点时运动速度会十分缓慢，让整个游戏松散，用户容易分心。选取运动速度较快的竖直上抛运动开头部分作为小鸟位置调整，可以提高游戏的节奏感，提升娱乐性。

第 20 行方法是 UIViewController 类的父类本身具有的方法，这里只要重写下就具有了屏幕触摸功能。

第 22 行修改小鸟为竖直上抛运动。

第 23 行修改方向后，重新计时。

以上代码修改后，当手指触摸屏幕时，小鸟会立即转为竖直上抛运动并迅速改变位置，从

而让用户可以根据自己的预判，尽可能顺利地通过水管间隙，如图 5-12 所示。

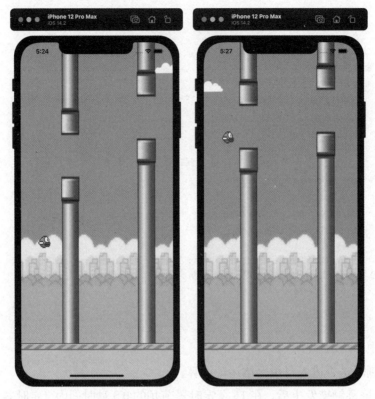

图 5-12　触摸控制的小鸟综合运动

5.3 相关知识

扫一扫

UIView基础
动画

5.3.1　UIView 基础动画

相比起 PC 端的粗糙，移动端的应用更需要精致，恰到好处的动画是表现精致的重要手段。任何复杂的动画都是由一个个简单的动画组合而成的。在步骤 1 中，通过 UIImageView 的逐帧动画，实现了小鸟三张图片的循环播放，从而实现了小鸟飞行的动画。实际上，UIImageView 的父类 UIView 也封装了动画相关的方法和属性。UIView 属于 UIKit 框架，比 UIKit 框架更偏底层的为 Core Animation 框架。UIKit 框架和 Core Animation 框架都可以实现动画，都有缩放、旋转、转场以及关键帧等动画效果，这两部分最底层的实现也都是基于 OpenGL ES。

视图的隐式动画

UIView 有一个 layer 属性，其类型是 CALayer，属于 QuartzCore 框架。UIView 是 UIKit 框架，只能 iOS 系统使用，而 CALayer 是 QuartzCore 框架，iOS 和 macOS 通用。UIView 继承

自 UIResponder 类，因此 UIView 可以处理响应事件，而 CALayer 继承自 NSObject，所以它只是负责内容的创建和绘制。CALayer 本身并不包含在 UIKit 中，不能响应事件。UIView 负责对内容的管理，而 CALayer 则是对内容的绘制。UIView 中有关位置的属性只有 frame、bounds 及 center，而 CALayer 除了具备这些属性之外，还有 anchorPoint 及 position 等。UIView 有一个 CALayer 负责展示，视图是这个 layer 的代理 delegate。改变视图的属性实际上是在改变视图持有的 layer 的属性，比如对视图的 bounds 等属性的操作其实都是对它所持有的 layer 进行操作，通过修改 CALayer 属性可以实现 UIView 无法实现的诸多高级功能。

由于 CALayer 在设计之初就考虑了它的动画操作功能，CALayer 很多属性在修改时都能形成动画效果，这种动画称为隐式动画。比如 CALayer 类的背景颜色 backgroundColor 等大部分属性声明注释最后有 Animatable 字样，即是具有隐式动画特性，比如通过按【cmd】键右击 self.view.layer.backgroundColor 即可查看。注意到 CALayer 类的 frame 注释里面没有 Animatable 字样。事实上，可以理解为图层的 frame 并不是一个真实的属性，当读取 frame 时，会根据图层的 position、bounds、anchorPoint 及 transform 的值计算出它的 frame，而当设置 frame 时，图层会根据 anchorPoint 改变 position 和 bounds，也就是说 frame 本身并没有被保存。

隐式动画并没有额外指定任何动画的类型，对于开发者通常就是修改某个属性值，然后系统就自动实现了动画效果。这也是 iOS 应用程序诸多地方看上去特别优雅的原因，因为背后系统已在合适的位置巧妙地结合了动画。

可以举一个简单的颜色切换例子，新建 Xcode 的 App 项目，项目名称可为 snippet，修改 ViewController.swift 文件代码如下：

```
1   import UIKit
2
3   class ViewController: UIViewController {
4
5       override func viewDidLoad() {
6           super.viewDidLoad()
7           // 创建颜色方块
8           let myView = UIView(frame: CGRect(x: 114, y: 70, width: 200, height: 200))
9           myView.backgroundColor = UIColor.green
10          myView.tag = 101
11          self.view.addSubview(myView)
12          self.creatButton()
13      }
14
15      func creatButton(){
16          // 创建按钮视图
17          let startBtn = UIButton(type: UIButton.ButtonType.system)
18          startBtn.frame = CGRect(x: 164 , y: 300, width: 100, height: 35)
19          startBtn.backgroundColor = UIColor.init(red: 255/255.0, green: 99/255.0,
blue: 71/255.0, alpha: 1.0)
20          startBtn.setTitle("Click", for: .normal)
21          startBtn.titleLabel!.font = UIFont.systemFont(ofSize: 20.0, weight: .bold)
```

```
22        startBtn.setTitleColor(UIColor.white, for: .normal)
23        startBtn.layer.cornerRadius = 5
24        self.view.addSubview(startBtn)
25        // 设置按钮点击动作
26        startBtn.addTarget(self, action: #selector(self.startBtnClick), for:
UIControl.Event.touchUpInside)
27    }
28
29    @objc func startBtnClick() {
30        let view = self.view.viewWithTag(101)!
31        if view.backgroundColor == UIColor.orange {
32            view.backgroundColor = UIColor.green
33        }
34        else {
35            view.backgroundColor = UIColor.orange
36        }
37    }
38
39 }
```

在上述代码中：

第 8 ~ 11 行添加一个 200×200 的绿色方块。

第 17 ~ 24 行在上述绿色方块下方添加一个按钮。

第 26 行添加按钮的一个点击事件。

第 30 ~ 36 行表示每次点击事件发生时，在绿色和桔黄色之间切换方块的颜色。

项目运行后如图 5-13 所示。点击按钮后，从绿色方块切换到桔黄色方块过程时隐含有过渡的动画。CALayer 的隐式动画实际上是自动执行了 CATransaction 动画，执行一次隐式动画大概是 0.25 秒，人眼一般无法捕捉，可以尝试用手机拍摄视频或录屏工具，然后播放倍速设置为 0.1 倍，就应该可以看到颜色过渡的现象。

与隐式动画对应的是 iOS 的显式动画。通常开发者所说的都是显式动画。UIKit 和 Core Animation 是实现显式动画的两个框架。UIKit 框架动画实质上是对 CoreAnimation 的封装，提供简洁的动画接口。

UIView 动画可以设置的动画属性有：

- 大小变化（frame）。
- 拉伸变化（bounds）。
- 中心位置（center）。
- 变换（transform）。
- 透明度（alpha）。
- 背景颜色（backgroundColor）。
- 拉伸内容（contentStretch）。

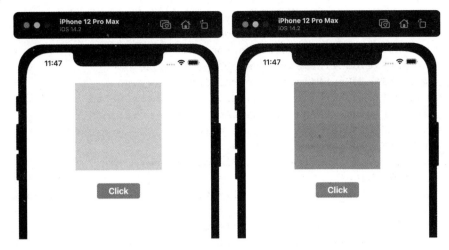

图 5-13　隐式动画

视图的显式动画

UIView 中实现显式动画效果主要通过以下三个类方法，这意味着调用时应该用类名而不是实例的名称（下面方法参数暂略）：

- animate(…)：基本动画，有 4 个常规方法形成重载（不是重写 override）。
- animateKeyframes(…)：关键帧动画。
- transition(…)：转场过渡动画，有 2 个方法形成重载。

为了综合阐述以上动画的使用方法，设计了一个优雅的登录界面，包括一个用户名输入框、一个密码输入框以及一个登录按钮，每个组件都设计了动画效果。用户名输入框和密码输入框的开始采用关键帧动画，效果为从左边飞入。下方的登录按钮为基本动画，由隐藏（alpha=0）到逐步显示（alpha=1），隐藏状态（设置 alpha）。点击登录后用户名输入框和密码输入框的移除采用转场动画，为向后翻页的动画过渡效果。具体代码如下：

```
1   import UIKit
2
3   class ViewController: UIViewController, UITextFieldDelegate {
4
5       override func viewDidLoad() {
6           super.viewDidLoad()
7           self.view.backgroundColor = UIColor.init(red: 9/255.0, green: 179/255.0,
blue: 239/255.0, alpha: 1.0)
8           self.creatTextField()
9           self.creatButton()
10      }
11
12      func creatTextField(){
13          // 用户名输入框
14          let myTextFieldUserName = UITextField(frame: CGRect(x: -300, y: 130,
width: 300, height: 35))
```

```
15          myTextFieldUserName.borderStyle = .roundedRect
16          myTextFieldUserName.placeholder = "用户名"
17          myTextFieldUserName.clearButtonMode = .whileEditing
18          myTextFieldUserName.returnKeyType = .done
19          myTextFieldUserName.autocorrectionType = .no
20          myTextFieldUserName.keyboardType = .namePhonePad
21          myTextFieldUserName.keyboardAppearance = .light
22          myTextFieldUserName.delegate = self
23          myTextFieldUserName.tag = 101
24          self.view.addSubview(myTextFieldUserName)
25          // 密码输入框
26          let myTextFieldPassword = UITextField(frame: CGRect(x: -300, y: 200,
width: 300, height: 35))
27          myTextFieldPassword.isSecureTextEntry = true
28          myTextFieldPassword.borderStyle = .roundedRect
29          myTextFieldPassword.placeholder = "密码"
30          myTextFieldPassword.clearButtonMode = .whileEditing
31          myTextFieldPassword.returnKeyType = .done
32          myTextFieldPassword.autocorrectionType = .no
33          myTextFieldPassword.keyboardType = .default
34          myTextFieldPassword.keyboardAppearance = .light
35          myTextFieldPassword.delegate = self
36          myTextFieldPassword.tag = 102
37          self.view.addSubview(myTextFieldPassword)
38          // 用户名和密码输入框从左到右关键帧动画效果
39          UIView.animateKeyframes(withDuration: 1, delay: 0, options:
.calculationModeLinear, animations: {
40              //myTextFieldUserName.frame.origin.x = 64
41              myTextFieldUserName.transform = CGAffineTransform.init(translationX:
364, y: 0)
42          }, completion: nil)
43          UIView.animateKeyframes(withDuration: 1, delay: 0.5, options:
.calculationModeCubic, animations: {
44              //myTextFieldPassword.frame.origin.x = 64
45              UIView.addKeyframe(withRelativeStartTime: 0.0, relativeDuration:
0.5, animations: {myTextFieldPassword.frame.origin.x = 0})
46              UIView.addKeyframe(withRelativeStartTime: 0.5, relativeDuration:
0.5, animations: {myTextFieldPassword.frame.origin.x = 64})
47          }, completion: nil)
48      }
49
50      func textFieldShouldReturn(_ textField: UITextField) -> Bool {
51          print(textField.tag)
52          textField.resignFirstResponder()
53          return true
54      }
55
56      func creatButton(){
57          // 创建按钮视图
```

```
58          let startBtn = UIButton(type: UIButton.ButtonType.system)
59          startBtn.frame = CGRect(x: 164 , y: 300, width: 100, height: 35)
60          startBtn.backgroundColor = UIColor.init(red: 255/255.0, green:
   99/255.0, blue: 71/255.0, alpha: 0.0)
61          startBtn.layer.cornerRadius = 5
62          startBtn.tag = 103
63          self.view.addSubview(startBtn)
64          // 按钮基本动画效果
65          UIView.animate(withDuration: 1, delay: 1, options: [.curveEaseInOut,.
   allowUserInteraction], animations: {
66              startBtn.backgroundColor = UIColor.init(red: 255/255.0, green:
   99/255.0, blue: 71/255.0, alpha: 1.0)}, completion: {_ in
67              startBtn.setTitle("登录", for: .normal)
68              startBtn.titleLabel!.font = UIFont.systemFont(ofSize: 20.0,
   weight: .bold)
69              startBtn.setTitleColor(UIColor.white, for: .normal)
70              })
71
72          // 设置按钮点击动作
73          startBtn.addTarget(self, action: #selector(self.startBtnClick), for:
   UIControl.Event.touchUpInside)
74      }
75
76      @objc func startBtnClick() {
77          // 用户名和密码输入框转场过渡动画效果
78          UIView.transition(with: self.view.viewWithTag(101)!, duration: 0.5,
   options: .transitionCurlUp, animations: {
79              let view = self.view.viewWithTag(101)!
80              view.alpha = 0.0
81          }, completion: nil)
82          UIView.transition(with: self.view.viewWithTag(102)!, duration: 0.5,
   options: .transitionCurlUp, animations: {
83              let view = self.view.viewWithTag(102)!
84              view.alpha = 0.0
85          }, completion:{_ in
86              let view = self.view.viewWithTag(103)!
87              view.removeFromSuperview()
88              })
89      }
90
91 }
```

在上述代码中：

第 3 行父类后面增加一个 UITextFieldDelegate 协议。

第 7 行设置根 view 的背景颜色为天蓝色。

第 8 ~ 9 行分别创建两个输入框和按钮。

第 14 行创建一个用户名输入框的对象，frame 的原点 x 坐标位于屏幕之外，这是动画的起始位置。

第 15 行设置用户名输入框为圆角矩形样式，UITextField 的 borderStyle 属性是一个 UITextField.BorderStyle 枚举，共可以有 4 个取值，其主要成员如表 5-1 所示。

表 5-1　UITextField.BorderStyle 枚举成员

名　　称	含　　义
none	无边框，为默认值
line	直角矩形边界线
bezel	有阴影的边框
roundedRect	圆角矩形边框（背景图片会失效）

第 16 行设置输入框的默认文本，只有在输入框没有任何文本时，默认文本才会显示。

第 17 行设置输入框的清除按钮模式为 whileEditing，表示当编辑输入框时候，右边显示清除按钮。UITextField 的 clearButtonMode 属性是一个 UITextField.ViewMode 枚举，共可以有 4 个值，其主要成员如表 5-2 所示。

表 5-2　UITextField. ViewMode 枚举成员

名　　称	含　　义
never	清除按钮不出现，为默认值
whileEditing	清除按钮编辑时出现
unlessEditing	清除按钮除了编辑之外时出现
always	清除按钮一直出现

第 18 行设置输入框在输入状态的输入右下角的返回键类型，这里取值 done，表示完成按钮显示 "done" 字样，如图 5-14 所示。UITextField 的 returnKeyType 属性是一个 UITextField. UIReturnKeyType 枚举，共可以有 12 个值，其主要成员如表 5-3 所示。

图 5-14　输入框的输入键盘

第 19 行设置输入框关闭文字的自动修复功能。

第 20 行设置输入框的键盘类型为优化输入姓名和电话号码的键盘 namePhonePad，UITextField 的 keyboardType 属性是一个 UITextField. UIKeyboardType 枚举，通常可以选择数字键盘、网址键盘（有 "." 按键）、email 键盘（有 "@" 按键）及姓名电话键盘等。

第 21 行设置输入框的输入键盘的外观为亮色 light，keyboardAppearance 属性是一个 UITextField. UIKeyboardAppearance 枚举，通常可以选择亮色 light 或暗色 dark 等。

表 5-3　UITextField. UIReturnKeyType 枚举成员

名　称	含　义
default	标有 Return 的灰色按钮，默认值
go	标有 Go 的灰色按钮
google	标有 Goole 的灰色按钮
join	标有 Join 的灰色按钮
next	标有 Next 的灰色按钮
route	标有 Route 的灰色按钮
search	标有 Search 的灰色按钮
send	标有 Send 的灰色按钮
yahoo	标有 Yahoo 的灰色按钮
done	标有 done 的灰色按钮
emergencyCall	标有 EmergencyCall 的灰色按钮
continue	标有 continue 的灰色按钮

第 22 行设置输入框的协议代理为该控制器对象，即在该控制器 self 类内实现协议的回调方法。

第 23 行设置输入框视图的 tag 标签为 101，是该视图对象在父视图的唯一标识，父视图可以通过 tag 值快速找到该子视图。

第 26 ~ 37 行设置密码输入框的相关属性，与用户名输入框类似。第 27 行设置安全文本，即密码显示为 * 星号。

第 39 ~ 42 行设置用户名输入框的关键帧动画，接下来会详细讨论其参数组成和使用方法。

第 43 ~ 47 行设置密码输入框的关键帧动画，接下来会详细讨论其参数组成和使用方法。该使用方法是用户名输入框使用方法扩展。

第 51 ~ 53 行设置输入框键盘在按下【Enter】键（这里实际是 done 键）后的回调函数，表示允许用户对输入结束后要做的进一步工作处理。这里为让键盘收起，直接通过取消输入框第一响应者的身份即可，见第 52 行。通过输入参数 textField 的 tag 属性可以区别是哪个输入框键盘输入完成了。

第 58 ~ 63 行创建一个按钮，背景色为酒红色，有圆角和文本"登录"字样。

第 65 ~ 70 行设置按钮的基本动画，接下来会详细讨论其参数组成和使用方法。

第 73 行设置按钮的点击动作响应方法。

第 78 ~ 88 行设置用户名输入框和密码输入框转场移除的动画效果，接下来会详细讨论其参数组成和使用方法。

项目运行后的开始动画过程如图 5-15 所示，点击登录按钮后的移除动画如图 5-16 所示，最后屏幕只有根 view 的天蓝色背景。

下面对上述各动画的方法进行解释说明。

· 基本动画：animate() 类方法。

图 5-15　开始动画效果

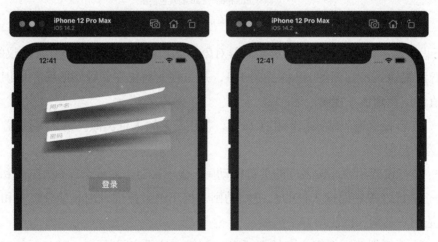

图 5-16　移除动画效果

代码第 65 ~ 70 行设置了按钮的基本动画，基本动画的通用方法全称为：

```
animate(withDuration duration: TimeInterval, delay: TimeInterval, options:
UIView.AnimationOptions = [], animations: @escaping () -> Void, completion:
((Bool) -> Void)? = nil)
```

　　该方法第 1 个参数 withDuration 为动画的时长，单位秒。第 2 个参数 delay 为延迟开始动画时间，单位秒。第 3 个参数 options 为动画属性设置，为一个 UIView.AnimationOptions 的数组类型，UIView.AnimationOptions 本身为一个结构体，处理方法类似 UIColor 类。UIColor 类内有多个颜色命名的只读类属性，属性类型也为 UIColor，这种处理方法有点类似 "染布机制"，丢入一块白布到染缸，拿出后还是一块布，但这块布已经是一块带 red 颜色的布了。即 UIColor.red 本身还是 UIColor 类，但该类已经是 red 的 UIColor 类了，iOS 处处充满了这种处理机制，值得仔细理解。这里的 UIView.AnimationOptions 结构体也是类似机制，在使用效果上与枚举异曲同工。UIView.AnimationOptions 主要包含基本动画速度控制选项（可从其中选择一个设置）和常规动画属性选项（可以同时选择多个进行设置）分别如表 5-4 和 5-5 所示。第 4 个参数 animations 是一个 @escaping 修饰的逃逸闭包，表示在 animate() 方法执行结束后将目前相关的视图从动画之前的状态按 options 参数设置方式以动画方式到达闭包内的设定状态。第 5 个参数 completion 是一个有 nil 默认值的可选的非可逃逸闭包，表示动画结束后要执行的代码，该闭包具有一个 Bool 类型的输入参数，用于指示动画是否结束。若 UIView.AnimationOptions 内带有 repeat 参数，则该闭包永远不会被执行，因为动画永远不会结束。

表 5-4　UIView.AnimationOptions 基本动画速度控制选项

名　　称	含　　义
curveEaseInOut	动画先缓慢，然后逐渐加速，为默认值
curveEaseIn	动画逐渐变慢
curveEaseOut	动画逐渐加速
curveLinear	动画匀速执行

表 5-5　UIView.AnimationOptions 常规动画属性设置选项

名　　称	含　　义
layoutSubviews	动画过程中保证子视图跟随运动
allowUserInteraction	动画过程中允许用户交互
beginFromCurrentState	所有视图从当前状态开始运行
repeat	重复运行动画
autoreverse	动画运行到结束点后仍然以动画方式回到初始点
overrideInheritedDuration	忽略嵌套动画时间设置
overrideInheritedCurve	忽略嵌套动画速度设置
allowAnimatedContent	动画过程中重绘视图（仅适用于转场 transition 动画）
showHideTransitionViews	视图切换时直接隐藏旧视图、显示新视图，而不是将旧视图从父视图移除（仅仅适用于转场动画）
overrideInheritedOptions	不继承父动画设置或动画类型

对于按钮动画而言，延迟 1 秒执行按钮逐步显示的动画，这主要是为了等待用户名输入框和密码输入框先部分显示出现。动画时间持续 1 秒，动画显示先慢后快（curveEaseInOut），且在动画过程点击按钮也有效（allowUserInteraction），动画结束后，在按钮上显示白色粗体的"登录"字样。

animate() 类方法还有另外 3 个方法的重载，它们在参数上略有不同，使用上基本类似，其中一个为弹簧（Spring）动画，类似一个视图高速移动进入界面，然后急促震动。

• 关键帧动画：animateKeyframes() 类方法。

代码第 39 ～ 42 行、43 ～ 47 行分别设置了用户名和密码输入框的关键帧动画。其方法全称为：

```
animateKeyframes(withDuration duration: TimeInterval, delay: TimeInterval,
options: UIView.KeyframeAnimationOptions = [], animations: @escaping () -> Void,
completion: ((Bool) -> Void)? = nil)
```

该方法第 1、2、4 及 5 个参数含义同基本动画。第 3 个参数 options 是关键帧动画属性设置，为一个 UIView. KeyframeAnimationOptions 的数组类型，UIView. KeyframeAnimationOptions 本身也是一个结构体类型。UIView. KeyframeAnimationOptions 主要包含关键帧独有的帧间过渡选项（可从其中选择一个设置）和常规动画属性选项（可以同时选择多个进行设置），分别如表 5-6 和表 5-7 所示。

表 5-6　UIView.AnimationOptions 帧间过渡选项

名　　称	含　　义
calculationModeLinear	在帧动画之间采用线性过渡，为默认值
calculationModeDiscrete	在帧动画之间不过渡，直接执行各自动画
calculationModePaced	将不同帧动画的效果尽量融合为一个比较流畅的动画
calculationModeCubic	不同帧动画之间采用贝塞尔曲线渡
calculationModeCubicPaced	Paced 和 Cubic 结合

表 5-7　UIView. KeyframeAnimationOptions 常规动画属性设置选项

名　　称	含　　义
layoutSubviews	动画过程中保证子视图跟随运动
allowUserInteraction	动画过程中允许用户交互
beginFromCurrentState	所有视图从当前状态开始运行
repeat	重复运行动画
autoreverse	动画运行到结束点后仍然以动画方式回到初始点
overrideInheritedDuration	忽略嵌套动画时间设置
overrideInheritedOptions	不继承父动画设置或动画类型

对于用户名输入框而言，动画延迟 0 秒，即直接开始动画。动画持续时间 1 秒，因为只有一个帧设置，因此帧间过渡为默认值，动画结束无动作，直接设置为 nil。

代码中的第 40 行与第 41 行类似，效果差异不明显。第 40 行直接设置视图的目标位置。第 41 行采用 UIView 实例属性变换 transform 进行操作。有两个数据类型用来表示 transform，分别是 CGAffineTransform 和 CATransform3D。前者是 UIView.transform 属性的类型，后者为 UIView.layer.transform 属性的类型，基于后者可以实现更加强大的功能。CGAffineTransform 隶属 CoreGraphics 框架，而 CATransform3D 属于 QuartzCore 框架。UIView.transform 是仿射变换 CGAffineTransform 结构体类型。CGAffineTransform 结构体参数指定了从一个坐标系的点转化为另外一个坐标系的点的规则，从而实现视图的缩放、旋转及位移等功能。仿射变换方法返回类型依然是 CGAffineTransform 类似，因此可以继续进行仿射变化操作，用点"."语法连接即可。常见的仿射变换方法如表 5-8 所示。

表 5-8　常见的仿射变换方法

名　　称	含　　义
translatedBy(x, y)	平移仿射变换
scaledBy(x, y)	缩放仿射变换
rotated(by)	旋转仿射变换，单位弧度，正值为顺时针方向
inverted()	反转仿射变换
concatenating(_)	叠加仿射变换

对于密码输入框而言，动画延迟 0.5 秒，即比用户名输入框慢 0.5 秒开始动画。动画持续时间 1 秒。动画结束无动作，直接设置为 nil。只是在动画过程中添加了多个不同的帧。普通动画调用一次只能做同一类型动画（从动画开始到动画结束），而关键帧动画调用一次，在同一时间段内可以做多种类型动画，各帧动画开始时间和结束时间都可自定义。addKeyframe() 方法定义为：

```
addKeyframe(withRelativeStartTime frameStartTime: Double, relativeDuration
frameDuration: Double, animations: @escaping () -> Void)
```

该方法第 1 个参数 withRelativeStartTime 是设置动画关键帧相对起始时间，取值 [0,1.0]。时间是相对整个关键帧动画总时间的相对时间，如果为 0，则表明这一关键帧从整个动画的第 0 秒开始执行，如果设为 0.5，则表明从整个动画的中间开始执行。第 2 个参数 relativeDuration 是设置动画关键帧相对持续区间，取值也是 [0,1.0]。第 3 个参数 animations 是动画关键帧属性的闭包。

因此第 43 ~ 47 行代码表示密码输入框的整个关键帧动画的持续时间为 1 秒，第一个关键帧从第 0 秒开始，运行 0.5 秒结束。第二个关键帧从整个动画时间的第 0.5 秒开始执行，同样持续 0.5 秒。尽管持续时间一样，但位置变化不一样，第一帧变化距离 300 pt，第二帧变化距离 64 pt，因此从动画一开始的 0.5 秒速度非常快，而后面 0.5 秒速度会比较慢。

另外一个小变通，关键帧动画也可以用 animate() 方法的第 5 个参数 completion 闭包嵌套 animate() 方法实现，即第 2 帧 animate() 方法放在第 1 帧的 completion 闭包执行，第 3 帧 animate() 方法放在第 2 帧的 completion 闭包执行，依次类推。使用了 completion 闭包的方式连接每一段的动画，关键帧少，实现代码尚且清晰，也具有一定的代码可读性。但若路线复杂，就不合适了，代码可读性大为下降，给测试和维护带来极大困难。另外，关键帧动画不仅仅用于同一个视图的分段动画，也可使用于不同视图的组合动画，实现更精妙、耳目一新的动画效果。

• 转场过渡动画 transition() 方法。

代码第 78 ~ 81 行、82 ~ 88 行分别设置了用户名和密码输入框的转场动画，让用户名和密码输入框消失。转场动画的方法全称为：

```
transition(with view: UIView, duration: TimeInterval, options: UIView.
AnimationOptions = [], animations: (() -> Void)?, completion: ((Bool) -> Void)? = nil)
```

第 1 个参数 with 为转场淡出的视图 UIView，第 2 个参数 duration 为持续时间 . 第 3 个参数 options 是转场属性设置，也在 UIView.AnimationOptions 结构体内定义，主要选项（可从其中选择一个设置）如表 5-9 所示。第 4 和 5 个参数同基本动画。

表 5-9　转场 transition 参数选项

名　　称	含　　义
transitionFlipFromLeft	从左侧翻转效果
transitionFlipFromRight	从右侧翻转效果
transitionCurlUp	向后翻页的动画过渡效果
transitionCurlDown	向前翻页的动画过渡效果
transitionCrossDissolve	旧视图溶解消失显示下一个新视图的效果
transitionFlipFromTop	从上方翻转效果
transitionFlipFromBottom	从底部翻转效果

对于用户名和密码输入框淡出动画而言，都采用向后翻页的动画过渡，动画持续时间都为 1 秒。在密码输入框淡出动画完成之后，执行移除按钮的操作。

扫一扫

逐帧动画和内存检查

5.3.2　逐帧动画和内存检查

在本任务 5.2.2 小节步骤 1 的代码中，对于 UIView 视图的子类 UIImageView 视图，其 animationImages 属性是一个图片数组 [UIImage] 的可选类型。图片数组 [UIImage] 就是用于存储逐帧动画图片序列，设置好重复次数属性 animationRepeatCount 和持续时间属性 animationDuration，然后就可以启动逐帧动画，方法为 startAnimating()。重复次数属性 animation RepeatCount 和持续时间属性 animationDuration 默认都为 0，表示无限循环和每秒播放 30 帧图片。

在使用 UIImageView 播放逐帧动画时候，[UIImage] 数组中的图片需要具有相同尺寸和相同的缩放比例，即图片的 scale 属性值相同。UIImageView 可以快速实现播放逐帧动画，无法实现暂停功能。

若播放的动画每张图片较大且每帧不同的图片较多时，本任务 5.2.2 小节步骤 1 代码第 11 行的 UIImage(named) 方法就会存在内存消耗过多又不能及时释放的问题，性能较差，严重时候直接导致应用程序崩溃。

新建 Xcode 的 App 项目，项目名称可为 snippet。修改本任务 5.2.2 小节步骤 1 中使用的三张小鸟图片分辨率为 500×500（直接放大即可，无所谓清晰度），为避免混淆，修改新文件名分别为 bird500-1.png、bird500-2.png 以及 bird500-3.png。拖动上述三张新小鸟图片到 snippet 项目导航区域，此时文件是放在项目的资源包 bundle 内。修改 ViewController.swift 文件代码如下：

```
1   import UIKit
2
3   class ViewController: UIViewController {
4
5       let bird = UIImageView(frame: CGRect(x: 164, y: 100, width: 100, height: 100))
6       var images = [UIImage]()
```

```
7
8       override func viewDidLoad() {
9           super.viewDidLoad()
10          creatButton()
11          bird.image = UIImage(named: "bird500-2.png")
12          self.view.addSubview(bird)
13      }
14
15      func creatButton(){
16          // 创建按钮视图
17          let startBtn = UIButton(type: UIButton.ButtonType.system)
18          startBtn.frame = CGRect(x: 164 , y: 250, width: 100, height: 35)
19          startBtn.backgroundColor = UIColor.init(red: 255/255.0, green:
99/255.0, blue: 71/255.0, alpha: 1.0)
20          startBtn.setTitle("Click", for: .normal)
21          startBtn.titleLabel!.font = UIFont.systemFont(ofSize: 20.0, weight: .bold)
22          startBtn.setTitleColor(UIColor.white, for: .normal)
23          startBtn.layer.cornerRadius = 5
24          self.view.addSubview(startBtn)
25          // 设置按钮点击动作
26          startBtn.addTarget(self, action: #selector(self.startBtnClick), for:
UIControl.Event.touchUpInside)
27      }
28
29      @objc func startBtnClick() {
30          if bird.isAnimating == true {
31              bird.stopAnimating()
32              images = []
33              bird.animationImages = nil
34              //bird.animationImages = images
35          }
36          else {
37              images = []
38              for _ in 1...10 {
39                  for i in 1...3 {
40                      //let image = UIImage(contentsOfFile: Bundle.main.path
(forResource: NSString(format: "bird500-%d.png", i) as String, ofType: nil)!)
41                      let image = UIImage(named: NSString(format:"bird500-%d.
png", i) as String)
42                      images.append(image!)
43                  }
44              }
45              bird.animationImages = images
46              bird.startAnimating()
47          }
48      }
49
50  }
```

在上述代码中：

第 5 ~ 6 行代码分别创建一个 UIImageView 实例和定义一个 UIImage 类型的空数组。

第 11 行表示小鸟没有动画静止状态时候的图像。

第 17 ~ 26 行创建一个系统按钮，并设置按钮的点击动作。

第 31 行表示若小鸟正在动，就停止动画。

第 32 行赋值 images 数组为空数组。

第 33 行赋值小鸟的动画图像数组为 nil，因为其本身为一个可选类型。

第 34 行与第 33 行作用类似。

第 38 行增加动画图片的数量，增大 10 倍，合计动画图片为 30 张，但只有 3 张是不一样的。

第 39 ~ 43 行加载图片到数组最后。

第 45 ~ 46 行赋值动画图片数组并开始动画。

内存检查

随着移动设备应用程序 App 使用的内存越来越多，当占用的内存达到某个临界值时，iOS 系统会尝试按照优先级逐个 kill 掉应用程序，以维护系统的流畅和稳定，就会出现所谓的闪退现象。对于 iOS 系统内存，按照划分方式不同存在有很多内存种类，比如 Virtual Memory、Clean Memory、Dirty Memory 及 Resident Memory 等。Xcode 菜单 Product-Profile 或快捷键【cmd + I】即可打开开发工具 Instruments，或长按项目 run 的符号▶并选择 🔄，后续即可每次打开 Instruments，如图 5-17 所示。选择 Allocations（内存分配）或 Leaks（内存泄露）即可分析应用程序的内存消耗。

图 5-17　按【cmd+I】组合键打开开发工具 Instruments

打开 Allocations，单击左上角符号为 ◉ 的 record 按钮，即可开始运行应用程序且 Allocations 会记录内存随时间的变化曲线，下半部分为内存占用的具体类比等明细，如图 5-18 所示。根据苹果公司官方文档（https://developer.apple.com/library/archive/technotes/tn2434/_index.html）指出，从内存优化角度看，开发者需要关注的内存指标为"Persistent Bytes for All Heap & Anonymous VM"数值，即图 5-18 所示的下半部分 Statistics 统计明细区域的第一行的 Persistent 列数值。Allocations 工具的 Statistics 统计明细区域列出了应用的所有内存分配，其标题含义如表 5-10 所示。

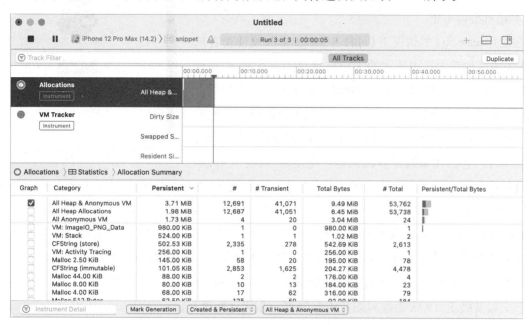

图 5-18 All Heap & Anonymous VM 的 Persistent 值

表 5-10 Statistics 标题含义

名 称	含 义
Graph	是否在上方显示图表，选中则显示，否则不显示
Category	内存分配的类型
Persistent	当前时刻分配的内存
#	当前分配内存的对象数量
Transient	当前被释放的对象数量
Total Bytes	所有对象消耗的内存（包括被释放）
Total	所有对象的数量（包括被释放）

下面对 4 种情况进行内存消耗分析：

情况 1：加载图片方法为 UIImage(named)，图片共 30 张，即第 41 行有效，第 40 行无效（注释掉），第 38 行 for in 循环闭区间为 1...10。

如图 5-18 所示，"Persistent Bytes for All Heap & Anonymous VM"数值为 3.71 MiB。此时，项目已运行，但动画没有开始，如图 5-19 所示。

点击图 5-19 的"Click"按钮，动画开始，此时"Persistent Bytes for All Heap & Anonymous

VM"数值开始增大,如图 5-20 所示,其值增大至 5.74 MiB。此时,再次点击 "Click" 按钮,动画停止,但 "Persistent Bytes for All Heap & Anonymous VM" 数值基本维持不变。再次点击 "Click" 按钮,动画开始,但 "Persistent Bytes for All Heap & Anonymous VM" 数值都维持不变。

在图片 scale 为 1 的情况下(可打开 image.scale 属性查看), iOS 系统图片加载内存中所占的大小可计算为: 宽度 × 高度 × BitsPerPixel/8, 单位为 Bytes。BitsPerPixel 为每个像素所占的位数,RGB 颜色空间下每个颜色分量由 8 位组成,但通常情况下 alpha 通道也是 8 位,即 RGBA 结构,因此总共是 32 位。所以,图片内存占用最终计算公式是: 宽度 × 高度 ×4。本

图 5-19 项目动画没有开始

项目使用的 3 张小鸟图片都为 500×500 像素,由此每张图片占用内存理论上为 500×500×4= 1 000 000 Bytes, 即 1M Bytes。3 张图片合计 3M Bytes。

UIImage(named) 返回加载图片会保存在缓存中,只有退出程序才会释放内存,并且每次加载图片会先检查缓存中是否有同样的图片,从而加速加载。而本项目实际只有 3 张图片,其他图片都是重复的,因此内存消耗约 3M Bytes。与 Allocations 内存分析差距 5.74 − 3.71=2.03 MiB 在同一个数量级上(iOS 系统对图片内存做进一步优化处理)。

Graph	Category	Persistent	#	# Transient	Total Bytes	# Total	Persistent/Total Bytes
☑	All Heap & Anonymous VM	5.74 MiB	13,273	44,559	13.29 MiB	57,832	
☐	All Heap Allocations	2.00 MiB	13,266	44,527	7.21 MiB	57,793	
☐	All Anonymous VM	3.74 MiB	7	32	6.08 MiB	39	
☐	VM: ImageIO_PNG_Data	2.87 MiB	3	0	2.87 MiB	3	
☐	VM: Stack	524.00 KiB	1	1	1.02 MiB	2	
☐	CFString (store)	502.53 KiB	2,335	346	553.86 KiB	2,681	
☐	VM: Activity Tracing	256.00 KiB	1	0	256.00 KiB	1	
☐	Malloc 2.50 KiB	147.50 KiB	59	32	227.50 KiB	91	
☐	CFString (immutable)	104.25 KiB	2,893	2,543	239.39 KiB	5,436	
☐	VM: Allocation 96.00 KiB	96.00 KiB	1	19	1.88 MiB	20	
☐	Malloc 44.00 KiB	88.00 KiB	2	2	176.00 KiB	4	
☐	Malloc 8.00 KiB	88.00 KiB	10	14	192.00 KiB	24	
☐	Malloc 32 Bytes	69.28 KiB	2,185	8,162	322.34 KiB	10,347	

图 5-20 增加后的 Persistent 值

情况 2:加载图片方法为 UIImage(named),图片共 3 张,即第 41 行有效,第 40 行无效(注释掉),修改第 38 行 for in 循环闭区间为 1...1。

此时，重新按快捷键【cmd＋I】，启动 Allocations 内存分析，从结果上看，与上述情况 1 一致。

情况 3：加载图片方法为 UIImage(contentsOfFile)，图片共 30 张，即第 40 行有效，第 41 行无效（注释掉），修改第 38 行 for in 循环闭区间为 1...10。

此时，重新按快捷键【cmd＋I】，启动 Allocations 内存分析，从结果上看，每次动画启动，"Persistent Bytes for All Heap & Anonymous VM"数值基本都为 32.6 MiB 左右，停止动画后，内存数值降低为 3.7 MiB 左右，相差 28.9 MiB，与 30 张小鸟图片相当。可见，UIImage(contentsOfFile) 每次动画开始都会重新加载图片，没有缓存图片机制，也不检查缓存中是否有同样的图片。在第 32 ～ 33 行代码清空图片数组和赋值动画图片为 nil 共同作用下（缺一不可），动画停止后即可释放内存，而不必等到退出应用程序，如图 5-21 和图 5-22 所示。

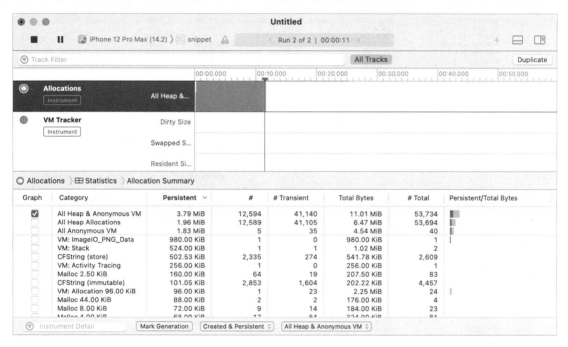

图 5-21　UIImage(contentsOfFile) 方法下动画停止

在第 32 ～ 33 行，代码清空图片数组和赋值动画图片为 nil 对 UIImage(named) 方法清空内存图片无效。

情况 4：加载图片方法为 UIImage(contentsOfFile)，图片共 3 张，即第 40 行有效，第 41 行无效（注释掉），修改第 38 行 for in 循环闭区间为 1...1。

此时，重新按快捷键【cmd＋I】，启动 Allocations 内存分析，从结果上看，每次动画启动，"Persistent Bytes for All Heap & Anonymous VM"数值基本都为 6.6 MiB 左右，停止动画后，内存数值降低为 3.7 MiB 左右，相差 2.9 MiB，与 3 张小鸟图片相当，如图 5-23 所示。

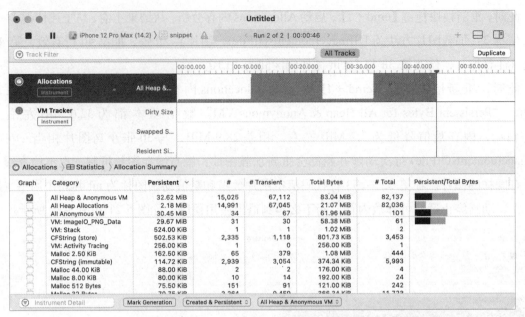

图 5-22　UIImage(contentsOfFile) 方法下动画多次启停

图 5-23　UIImage(contentsOfFile) 方法下 3 张图片内存消耗

在 Xcode 运行项目后，单击导航区域的图标栏 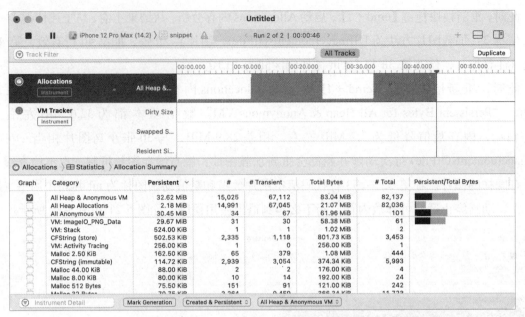 符号即可进入调试页面，从 Memory 页面也可以查看内存的高低变化，只是数值相对笼统，图 5-24 所示为"情况 3"设置的显示结果。

从上述情况 1 ~ 4 结论看，UIImage(named) 和 UIImage(contentsOfFile) 两种加载图片方法在内存管理上存在较大差异。对于图片少、分辨率低、图片重复多的情况，建议用 UIImage(named) 方法，代码简单，内存占用少，速度快。而对于图片多、分辨率高、图片重复少的情况，建议用 UIImage(contentsOfFile) 方法，可以及时释放内存，操作灵活。

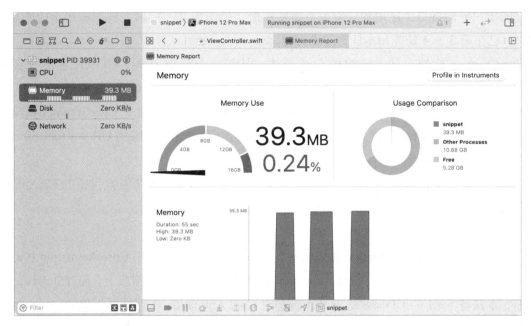

图 5-24　xcode 内的 Memory 页面

5.3.3　CoreAnimation 和关键帧动画

 基本系统框架

截至目前，前面任务章节已涉及的基本系统框架主要包括 Foundation、UIKit、CoreGraphics 以及 QuartzCore 框架。Cocoa Touch 包含 Foundation 和 UIKit 框架，主要用于开发 iOS 系统的应用程序。Cocoa 包含 Foundation 和 AppKit 框架，主要用于开发 macOS 系统的应用程序。基本系统框架及其之前任务章节所涉及的部分类如图 5-25 所示，UIKit 框架的类没有列出，Foundation 框架仅列出少量示例。

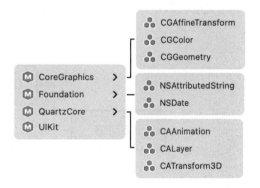

图 5-25　基本系统框架和其包含的部分类

Foundation 框架：所有的 macOS 和 iOS 程序都是由大量的对象构成，而这些对象的根类绝大多数是 NSObject，NSObject 就处在 Foundation 框架之中，这个类定义基本对象行为。此外，该框架还实现了用于表示基本类型（例如字符串和数字）和群体类型（例如数组和字典）的类，同时也提供一些基本工具，例如用于国际化、对象持久化、文件管理以及 XML 处理的工具。还可以使用 Foundation 框架中的类访问底层系统的实体和服务，例如访问端口、线程、锁和进程。Foundation 框架又主要以 Core Foundation 框架为基础，Core Foundation 框架提供的是过程化的 C 语言接口，已在第 1 ~ 3 任务重点讨论。

扫一扫 ●········

CoreAnimation
和关键帧动画

UIKit 框架：是可视类对象的基础，继承于 NSObject。提供一系列类来建立和管理 iOS 应用程序的用户界面接口、应用程序对象、事件控制、绘图模型、窗口、视图和用于控制触摸屏等接口，已在第 3 ~ 4 任务和本任务重点讨论。

CoreGraphics 框架：是 iOS 的核心图形库，从第 2 个任务开始，UIView 各类视图使用最频繁的 point、size 及 rect 等这些图形要素就分别是 CGPoint、CGSize 及 CGRect 结构体类型，它们都定义在该框架内。类名或结构体名以 CG 开头的都属于 CoreGraphics 框架，它提供的都是 C 语言接口，可以在 iOS 和 macOS 通用。在 5.3.1 使用的 UIView.transform 属性 CGAffineTransform 结构体类型也在该框架定义。

QuartzCore 框架：是 iOS 系统的基本渲染框架，主要部分有本节重点讨论的 CAAnimation 类以及在 4.3.5 节已使用的 CALayer 类等。

CoreAnimation 核心动画框架

下面开始重点对 CAAnimation 类进行讨论。CAAnimation 类属于 Core Animation 核心动画框架，是 QuartzCore 重要部分。Core Animation 直接作用于 CALayer 图层上，而并非 UIView 上。实际上，本任务 5.3.1 的 UIView 基础动画就是对 Core Animation 核心动画框架的一种封装，向开发者提供了更简洁的接口。因此，对于 iOS 动画，本教材共涉及两大类方法，如图 5-26 所示。CAAnimation 类中大量用到 CoreGraphics 中的类，原因是显然的，实现动画自然要用到图形库中的轮子。另外，Core Animation 的执行过程在后台执行，不阻塞主线程。

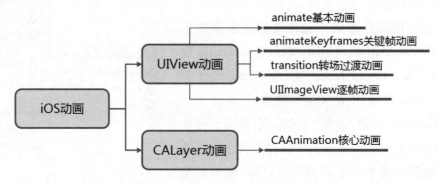

图 5-26　iOS 动画方法

图 5-27 所示为 CAAnimation 类的继承关系，其各动画类说明如表 5-11 所示。另外，CAAnimation 类还遵循 CAMediaTiming 协议，该协议定义了一段动画内用于控制时间属性的集合。

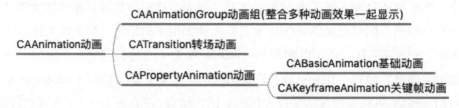

图 5-27　CAAnimation 类的继承关系

表 5-11　CAAnimation 的各动画类

动画类	说明
CAAnimation	作为所有动画类型父类，一般不直接使用
CAPropertyAnimation	作为基础动画和帧动画的父类，一般不直接使用
CABasicAnimation	基础动画，用于实现单一属性变化的动画
CAKeyFrameAnimation	关键帧动画，用于实现单一属性连续变化的动画
CAAnimaitionGroup	动画组，用于实现多属性同时变化的动画
CATrasition	转场过渡动画

在 5.2.2 小节中步骤 2 云朵漂浮动画就是使用 CAKeyFrameAnimation 关键帧动画类实现。顾名思义，关键帧动画不需要绘制每一帧动画画面，只需要通过对某个属性设置不同的值，由系统自动生成中间其他帧画面，最后形成一组连贯的动画画面。如图 5-28 所示，起始关键帧是稍小的红色圆点，结束关键帧是稍大的蓝色方块，中间过渡帧就会伴随放大和颜色逐步变化，且过渡帧是系统自动计算生成的，从而大大节省动画实现所需要的事先准备工作和系统资源消耗。

图 5-28　关键帧动画的过渡帧

CAKeyfameAnimation 是 CAPropertyAnimation 的一个子类，它和 CABasicAnimation 一样都只能作用于图层对象的单一属性。它们的区别在于：CACAKeyfameAnimation 不限制于设置一个起始值和结束值，而是可以根据一连串的值来做动画。而 CABasicAnimation 就相当于只有开始和结束两个帧的 CAKeyfameAnimation。

正如本任务 5.2.2 小节步骤 2 任务，制作关键帧动画 CAKeyFrameAnimation 最简单的方法只需要设置以下 4 个属性：

- 设置关键帧动画属性 keyPath，比如 positon。
- 设置在开始、中间、结束等多个时间点关键帧的特性属性数组 values，比如中心点坐标特性 。
- 设置每个关键帧的相对时间点属性数组 keyTimes，取值范围 0 ~ 1.0。
- 设置整个动画的持续时间属性 duration。

下面进一步对关键帧动画 CAKeyFrameAnimation 的主要分类和特性进行举例说明。

基于位置 position 的云朵关键帧动画

新建 Xcode 的 App 项目，项目名称可为 snippet。拖动 FlappyBird 项目的城市背景图片 bg-city.png 和云朵 cloud.png 图片到 snippet 项目导航区域。然后修改 ViewController.swift 文件代码如下：

```
1    import UIKit
2
```

```
3   class ViewController: UIViewController, CAAnimationDelegate {
4
5       var cloud:UIImageView!
6       var cloudAnimation:CAKeyframeAnimation!
7
8       override func viewDidLoad() {
9           super.viewDidLoad()
10          self.creatCityBackground()
11          self.creatCloudPosition()
12      }
13
14      func creatCityBackground(){
15          // 创建城市背景，让白色云朵更明显呈现
16          let city = UIImageView(frame: CGRect(x: 0, y: 0, width: UIScreen.
main.bounds.width, height: UIScreen.main.bounds.height))
17          city.image = UIImage(named: "bg-city.png")
18          self.view.addSubview(city)
19      }
20
21      func creatCloudPosition(){
22          // 创建静止云朵，开始动画后会隐藏，动画结束后呈现
23          cloud = UIImageView(frame: CGRect(x: 450, y: 60, width: 80, height: 30))
24          cloud.image = UIImage(named: "cloud.png")
25          self.view.addSubview(cloud)
26          // 使用便利构造器创建动画实例
27          cloudAnimation = CAKeyframeAnimation(keyPath: "position")
28          // 云朵视图矩形的中心点
29          let point1 = CGPoint(x: 450, y: 60)
30          let point2 = CGPoint(x: 300, y: 100)
31          let point3 = CGPoint(x: 150, y: 60)
32          let point4 = CGPoint(x: -50, y: 150)
33          cloudAnimation.values = [NSValue(cgPoint: point1), NSValue(cgPoint:
point2), NSValue(cgPoint: point3), NSValue(cgPoint: point4)]
34          cloudAnimation.keyTimes = [NSNumber(value: 0.0), NSNumber(value:
0.2),NSNumber(value: 0.8), NSNumber(value: 1.0)]
35          // 类似 timingFunctions 属性，当 calculationMode 为 paced 和 cubicPaced 值时
候，keyTimes 和 timingFunctions 属性无效
36          //cloudAnimation.calculationMode = .cubicPaced
37          // 设置一次动画持续时间
38          cloudAnimation.duration = 5.0
39          // 让动画持续不停
40          //cloudAnimation.repeatCount = MAXFLOAT
41          // 动画结束后，动画不从图层移除，默认 true
42          cloudAnimation.isRemovedOnCompletion = false
43          // 添加 CAAnimationDelegate 协议代理来获得相关事件的回调
44          cloudAnimation.delegate = self
45          // 开始动画
46          cloud.layer.add(cloudAnimation, forKey: "cloud-position")
47      }
48
```

```
49        func animationDidStop(_ anim: CAAnimation, finished flag: Bool) {
50            if flag == true {
51                // 动画正常结束后处理：这里让重新动画
52                cloud.layer.add(cloudAnimation, forKey: "cloud-position")
53            }
54        }
55
56    }
```

在上述代码中：

第 5 ～ 6 行定义两个属性变量，分别为云朵和动画实例。

第 10 行定义创建城市背景的方法，城市背景为天蓝色，云朵为白色，方便观察云朵的动画效果，否则根 view 的背景白色，不便于观察云朵的动画效果。

第 11 行定义创建基于位置 position 的关键帧动画方法。

第 23 行创建静止的云朵视图，该视图在开始动画后就会隐藏，动画结束后再次呈现。CALayer 内部控制两个状态：展示层（presentationLayer）和模型层（modelLayer）。前者为当前 layer 在屏幕上展示的状态，后者为当前 layer 真实的状态，前者会在每次屏幕刷新时更新状态，如果有动画则根据动画获取当前状态进行绘制。在给一个视图添加 layer 动画时，真正移动并不是原来视图本身，而是展示层的一个缓存。动画开始时展示层开始移动，模型层的原始真实视图隐藏，动画结束时，展示层从屏幕上移除，模型层的原始真实视图显示。因此，原来的视图在动画结束后又回到了原来的状态，因为它其实根本就没动过。同样，在动画过程中，不能对动画进行任何操作，因为动画图像并不是真正的视图本身，点击动画当然就不能响应事件了，因为移动的只是一个缓存，原来的视图还是在原始的位置，动画移除后则取 modelLayer 的状态。

第 27 行创建一个 position 的关键帧动画。

第 29 ～ 33 行设置在开始、中间、结束等多个时间点关键帧的特性属性数组 values，这里就是云朵中心点的 x 和 y 坐标。

第 33 ～ 36 行设置每个关键帧之间的运动模式，keyTimes 属性设置每个关键帧的时间点，在规定时间内匀速，时间点为相对时间，取值范围 0 ～ 1.0；timingFunctions 属性设置先快还是先慢等加速度和减速度控制缓冲模式，其含义和取值类似表 5-4 所示参数；calculationMode 则是关键帧过渡的平滑或离散等模式，其含义和取值类似表 5-6 所示。留意一下，当 calculationMode 属性为 paced 和 cubicPaced 值时，keyTimes 和 timingFunctions 属性设置无效。

第 38 行设置动画每次持续时间。

第 40 行设置动画重复次数为很大的一个值 MAXFLOAT（3.4028235e+38，即 3.4028235×10^{38}），表示无穷多次，永不停止。

第 42 行设置动画结束后不从图层移除。

第 44 行设置动画代理为自身控制器，需要在第 3 行最后添加 CAAnimationDelegate 代理协议，该协议内定义了两个可选的回调方法：animationDidStart(_:) 和 animationDidStop(_:, finished:)。

第 46 行添加到 layer 层，表示开始动画，动画的 key 值 "cloud-position" 为任意字符串。

第 52 行表示每次动画正常结束（非移除等操作）后就重新添加到 layer 层，表示又一次开始动画。动画的重复一般用第 40 行的方式进行设置，用代理回调的方式在某些场合可以做更多的判断和处理工作。

项目运行后，云朵的动画效果如图 5-29 所示。

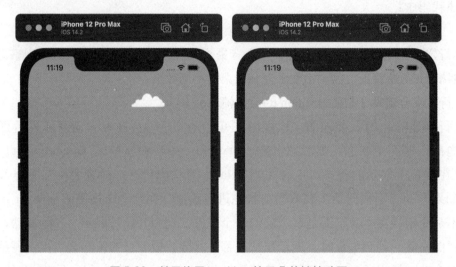

图 5-29　基于位置 position 的云朵关键帧动画

如图 5-27 所示，关键帧动画 CAKeyFrameAnimation 继承自 CAPropertyAnimation 类，而 CAPropertyAnimation 类又继承自 CAAnimation 类，而 CAAnimation 类还遵循 CAMediaTiming 协议。CAMediaTiming 协议定义了一段动画内用于控制时间的属性，CALayer 和 CAAnimation 都实现了这个协议，所以时间可以被任意基于一个图层或者一段动画的类控制，有关 CAMedia Timg 协议常用属性如表 5-12 所示。

表 5-12　CAMediaTimg 协议常用属性

属　　性	描　　述
duration	动画持续时间（默认值为 0，但实际动画默认持续时间为 0.25 秒）
repeatCount	动画重复次数（默认值是 0，但实际默认动画执行 1 次）
autoreverses	动画从初始值执行到最终值，是否会反向回到初始值（设置为 true，动画完成后将以动画的形式回到初始位置）
fillMode	决定当前对象在非动画时间段的动画属性值，如动画开始之前和动画结束之后；比如取值 forwards 可以控制动画结束时保持最后状态；isRemovedOnCompletion 属性需要设置为 false，否则 fillMode 设置不起作用

CAAnimation 类主要设置了代理和 timingFunctions 缓冲属性。CAPropertyAnimation 类设置了动画的重要属性 keyPath，即视图的哪些属性变化可以被用来制作关键帧动画（也包括基础动画 CABasicAnimation），这些属性的过渡帧可以被系统自动计算出来，常见的属性选项如表 5-13 所示。

表 5-13　keyPath 属性常见选项

keyPath 值	描　　述	取值类型
position	移动位置	CGPoint
contents	改变图片内容	CGImage
bounds	位置与大小	CGRect
bounds.size	大小	CGSize
backgroundColor	背景颜色	CGColor
cornerRadius	渐变圆角	任意数值
borderWidth	边框粗细	任意数值
opacity	透明度	0.0 ~ 1.0
transform.scale	缩放（可分 x 轴、y 轴、z 轴）	0.0 ~ 1.0
transform.rotation	旋转（可分 x 轴、y 轴、z 轴）	Double.pi*n
transform.translation	平移（可分 x 轴、y 轴、z 轴）	任意数值

关键帧动画 CAKeyFrameAnimation 类内定义了实现关键帧动画的独有特性属性数组 values 和时间点数组 keyTimes 等，如表 5-14 所示。表 5-14 中 path 等属性举例见下面讨论。

表 5-14　CAKeyFrameAnimation 类内定义的属性

属　　性	描　　述
values	用于提供关键帧数据的数组，数组中每一个值都对应一个关键帧属性值，数组中的数据类型根据动画类型（keyPath 属性）而不同；如果需要绘制一条闭合的路径，可以在数组的末尾再放置一个和起点相同的坐标。当使用 path 的时候，values 的值将会被自动忽略
path	动画路径，用于提供关键帧数据的路径；path 与 values 属性作用相同，但是两者互斥，同时指定 values 和 path，path 会覆盖 values 的效果
keyTimes	keyTimes 与 values 中的值具有一一对应的关系，用于指定关键帧在动画的时间点，取值范围是 [0,1.0]；若没有设置 keyTimes，则每个关键帧的时间是平分动画总时长（duration）
timingFunctions	一个可选的 CAMediaTimingFunction 对象数组，定义了每个关键帧段的速度，数组个数应该比 values 数组个数少 1；若没有设置 keyTimes，则每个关键帧的时间是平分动画总时长（duration 属性）
calculationMode	指定了如何计算中间关键帧值；该属性决定了物体在每个子路径下是跳着走还是匀速走，跟 timeFunctions 属性有点类似；主要针对的是每一帧的内容为一个坐标点的情况，也就是对 position 进行动画。当在平面坐标系中有多个离散点的时候，可以直线相连后进行插值计算（linear，默认值），可以是离散的（discrete），也可以使用圆滑曲线将它们相连后进行插值计算（cubic）
rotationMode	设置关键帧帧动画是否需要按照路径切线的方向运动

⚒ 基于图片内容 contents 的小鸟关键帧动画

新建 Xcode 的 App 项目，项目名称可为 snippet。拖动 FlappyBird 项目的城市背景 bicity.png、小鸟 bird1.png、bird2.png 及 bird3.png 图片到 snippet 项目导航区域。然后修改 ViewController.swift 文件代码如下：

```
1    import UIKit
2
```

```
3   class ViewController: UIViewController, CAAnimationDelegate {
4
5       var bird:UIImageView!
6
7       override func viewDidLoad() {
8           super.viewDidLoad()
9           self.creatCityBackground()
10          self.creatBirdContents()
11      }
12
13      func creatCityBackground(){
14          // 创建城市背景，让小鸟更明显呈现
15          let city = UIImageView(frame: CGRect(x: 0, y: 0, width: UIScreen.
main.bounds.width, height: UIScreen.main.bounds.height))
16          city.image = UIImage(named: "bg-city.png")
17          self.view.addSubview(city)
18      }
19
20      func creatBirdContents(){
21          // 创建小鸟静止视图的矩形：大小和位置
22          bird = UIImageView(frame: CGRect(x: 100, y: 150, width: 35, height: 35))
23          self.view.addSubview(bird)
24          // 使用便利构造器创建动画实例
25          let birdAnimation = CAKeyframeAnimation(keyPath: "contents")
26          // 小鸟图片
27          let image1 = UIImage(named: "bird1.png")?.cgImage
28          let image2 = UIImage(named: "bird2.png")?.cgImage
29          let image3 = UIImage(named: "bird3.png")?.cgImage
30          let image4 = UIImage(named: "bird1.png")?.cgImage
31          // 设置各关键帧和时间
32          birdAnimation.values = [image1!, image2!, image3!, image4!]
33          birdAnimation.keyTimes = [NSNumber(value: 0.0), NSNumber(value:
0.33),NSNumber(value: 0.67), NSNumber(value: 1.0)]
34          // 让动画持续不停
35          birdAnimation.repeatCount = MAXFLOAT
36          // 动画结束后，动画不从图层移除，默认 true
37          birdAnimation.isRemovedOnCompletion = false
38          birdAnimation.delegate = self
39          birdAnimation.duration = 0.3
40          // 开始动画
41          bird.layer.add(birdAnimation, forKey: "bird-contents")
42      }
43
44  }
```

在上述代码中：

第 25 行，不同于上面"基于位置 position 的云朵关键帧动画"，这里设置 contents 属性值。

第 27～30 行分别设置小鸟的三张不同图片，按 1-2-3-1 顺序排列，形成闭环。CGImage 是

位图格式，每个点都对应了图片中点的像素信息，可以挖取等操作，属于 CoreGraphics 框架。而 UIImage 是显示图像数据的高层封装方式，主要用来管理图片数据和展现，属于 UIKit 框架，可以从文件或原始图像数据生成 UIImage 对象，只是这些数据在初始化后就不可变了。

第 33 行设置各帧之间的时间相同。

第 35 行设置动画无限循环。

第 37 行表示动画结束后，动画不从图层删除，否则，removedOnCompletion 属性默认为 true，表示动画完成后就会从图层上移除，图层也会恢复到动画执行前的状态。当其修改为 false 时，那么图层将会保持动画结束后的状态，除非手动移除动画，否则动画将不会自动释放。

第 38 行设置代理为本控制器，但因为第 35 行设置动画无限循环，因此代理方法不会去调用。

第 39 行设置动画持续时间为 0.3 秒。

项目运行实现了和 5.2.2 小节步骤 1 一样的动画效果，即小鸟拍打翅膀原地飞行，如图 5-30 所示。

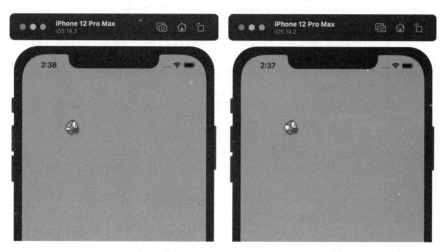

图 5-30　基于图片内容 contents 的小鸟关键帧动画

⛏️基于尺寸 bounds 的云朵关键帧动画

新建 Xcode 的 App 项目，项目名称可为 snippet。拖动 FlappyBird 项目的城市背景 bi-city.png、云朵 cloud.png 图片到 snippet 项目导航区域。然后修改 ViewController.swift 文件代码如下：

```
1   import UIKit
2
3   class ViewController: UIViewController {
4
5       override func viewDidLoad() {
6           super.viewDidLoad()
7           self.creatCityBackground()
8           self.creatCloudBounds()
9       }
10
11      func creatCityBackground(){
```

```
12      // 创建城市背景，让云朵更明显呈现
13      let city = UIImageView(frame: CGRect(x: 0, y: 0, width: UIScreen.
main.bounds.width, height: UIScreen.main.bounds.height))
14      city.image = UIImage(named: "bg-city.png")
15      self.view.addSubview(city)
16   }
17
18   func creatCloudBounds(){
19      // 创建云朵静止视图
20      let cloud = UIImageView(frame: CGRect(x: 250, y: 150, width: 80, height: 30))
21      cloud.image = UIImage(named: "cloud.png")
22      self.view.addSubview(cloud)
23      // 使用便利构造器创建动画实例
24      let cloudAnimation = CAKeyframeAnimation(keyPath: "bounds")
25      // 云朵视图各关键帧的矩形 bouns
26      let rect1 = CGRect(x: 450, y: 60, width: 80, height: 30)
27      let rect2 = CGRect(x: 450, y: 60, width: 40, height: 15)
28      let rect3 = CGRect(x: 450, y: 60, width: 120, height: 45)
29      let rect4 = CGRect(x: 450, y: 60, width: 80, height: 30)
30      cloudAnimation.values = [NSValue(cgRect: rect1), NSValue(cgRect:
rect2), NSValue(cgRect: rect3), NSValue(cgRect: rect4)]
31      // 设置各关键帧和时间
32      cloudAnimation.keyTimes = [NSNumber(value: 0.0), NSNumber(value:
0.5),NSNumber(value: 0.6), NSNumber(value: 1.0)]
33      // 设置各关键帧之间变化方式，easeOut- 越来越慢，easeIn- 越来越快
34      cloudAnimation.timingFunctions = [CAMediaTimingFunction.init(name:
.easeIn),CAMediaTimingFunction.init(name: .easeOut),CAMediaTimingFunction.
init(name: .easeInEaseOut)]
35      cloudAnimation.repeatCount = MAXFLOAT
36      cloudAnimation.duration = 3.0
37      // 开始动画
38      cloud.layer.add(cloudAnimation, forKey: "cloud-bounds")
39   }
40
41 }
```

在上述代码中：

第 24 行设置 keyPath 为 bounds 属性值。

第 26 ~ 29 设置为 CGRect 类型的值。

第 34 行设置 timingFunctions 属性值，让各帧之间的过渡帧变化具有加速度和减速度，而不是匀速。

项目运行实现了云朵的动画效果为缩放，如图 5-31 所示。

⬛ 基于指定路径 path 的位置 position 小鸟关键帧动画

新建 Xcode 的 App 项目，项目名称可为 snippet。拖动 FlappyBird 项目的城市背景 bi-city.png、小鸟 bird1.png、bird2.png 及 bird3.png 图片到 snippet 项目导航区域。然后修改 ViewController.

swift 文件代码如下：

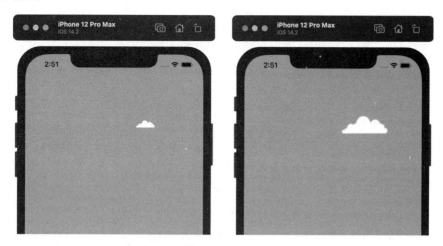

图 5-31　基于尺寸 bounds 的云朵关键帧动画

```swift
1    import UIKit
2
3    class ViewController: UIViewController {
4
5        override func viewDidLoad() {
6            super.viewDidLoad()
7            self.creatCityBackground()
8            self.creatBirdPath()
9        }
10
11       func creatCityBackground(){
12           // 创建城市背景，让小鸟更明显呈现
13           let city = UIImageView(frame: CGRect(x: 0, y: 0, width: UIScreen.
     main.bounds.width, height: UIScreen.main.bounds.height))
14           city.image = UIImage(named: "bg-city.png")
15           self.view.addSubview(city)
16       }
17
18       func creatBirdPath(){
19           // 创建三次贝塞尔曲线，需要 4 个点：起始点，结束点，2 个控制点
20           let bezierPath  = UIBezierPath()
21           bezierPath.move(to: CGPoint(x: 50, y: 300))
22           bezierPath.addCurve(to: CGPoint(x: 376, y: 300), controlPoint1: CGPoint(x:
     150, y: 200), controlPoint2: CGPoint(x: 276, y: 400))
23
24           // 绘制三次贝塞尔曲线，让轨迹显示，不显示不影响动画
25           let showPath = CAShapeLayer()
26           showPath.path = bezierPath.cgPath
27           // 无填充颜色，透明
28           showPath.fillColor = UIColor.clear.cgColor
29           // 线条颜色为红色
```

```
30          showPath.strokeColor = UIColor.red.cgColor
31          showPath.lineWidth = 2.0
32          showPath.lineCap = .round
33          self.view.layer.addSublayer(showPath)
34
35          // 初始静止小鸟位置，开始动画后隐藏
36          let bird = UIImageView(frame: CGRect(x: 200, y: 250, width: 35, height: 35))
37          bird.image = UIImage(named: "bird2.png")
38          bird.center = CGPoint(x: 50, y: 300)
39          self.view.addSubview(bird)
40
41          // 使用便利构造器创建动画实例
42          let birdAnimation = CAKeyframeAnimation(keyPath: "position")
43          //path 属性会覆盖 values 属性
44          birdAnimation.path = bezierPath.cgPath
45          // 若有该属性，分段的 keyTimes 设置会导致 path 方式动画的后续时间动画暂停
46          //birdAnimation.keyTimes = [NSNumber(value: 0.0), NSNumber(value:
0.8),NSNumber(value: 1.0)]
47          // 动画越来越快
48          birdAnimation.timingFunctions = [CAMediaTimingFunction.init(name: .easeIn)]
49          // 自动调整为切线方向，画面更人性化
50          birdAnimation.rotationMode = .rotateAuto
51          // 自动原路返回
52          //birdAnimation.autoreverses = true
53          birdAnimation.repeatCount = MAXFLOAT
54          birdAnimation.duration = 5.0
55          // 开始动画
56          bird.layer.add(birdAnimation, forKey: "bird-positon-path")
57      }
58
59  }
```

在上述代码中：

第 20 ～ 22 行创建一个三次贝塞尔曲线，需要 4 个点：起始点，结束点，2 个控制点，如图 5-32 所示。

第 25 ～ 33 行绘制三次贝塞尔曲线，让轨迹显示，不显示不影响动画。

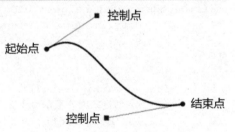

图 5-32　三次贝塞尔曲线的 4 个点

第 38 行设置初始动画视图位置为贝塞尔曲线的起点。

第 44 行设置动画的 path，代替 values 属性。通过 path 设置关键帧路径的优先级比通过 values 设置关键帧属性值数组更高。

第 48 行让动画过渡越来越快，呈现加速效果。

第 50 行设置自动调整图片为切线方向，画面更人性化。

第 52 行设置图片自动返回，自动返回的时间不包含在 duration 属性值内，但需在自动返回结束后，才能执行动画结束的代理回调方法。

项目运行实现了小鸟的轨迹飞行动画效果，小鸟姿势会自动调整，如图 5-33 所示。

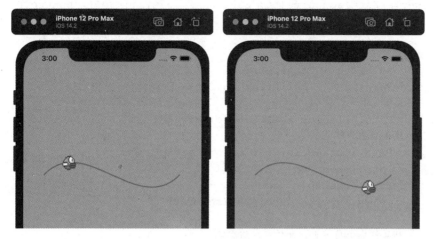

图 5-33　基于位置 position 的小鸟指定路径 path 关键帧动画

关键帧动画组

至今为止，以上所实现的动画都是单一的动画，可以通过 CAAnimationGroup 类将不同的动画效果组合起来，一并执行，从而形成更有效逼真的动画效果。CAAnimationGrop 类只有一个 animations 数组的属性来组合各个动画，从而达到混合多种动画效果的目的。

新建 Xcode 的 App 项目，项目名称可为 snippet。拖动 FlappyBird 项目的城市背景 bi-city. png、小鸟 bird1.png、bird2.png 及 bird3.png 图片到 snippet 项目导航区域，然后修改 ViewController. swift 文件代码如下：

```
1   import UIKit
2
3   class ViewController: UIViewController {
4
5       override func viewDidLoad() {
6           super.viewDidLoad()
7           self.creatCityBackground()
8           self.creatBirdGroup()
9       }
10
11      func creatCityBackground(){
12          // 创建城市背景，让小鸟更明显呈现
13          let city = UIImageView(frame: CGRect(x: 0, y: 0, width: UIScreen.
main.bounds.width, height: UIScreen.main.bounds.height))
14          city.image = UIImage(named: "bg-city.png")
15          self.view.addSubview(city)
16      }
17
18      func creatBirdGroup(){
19          // 创建三次贝塞尔曲线，需要 4 个点：起始点，结束点，2 个控制点
20          let bezierPath  = UIBezierPath()
```

```
21            bezierPath.move(to: CGPoint(x: 50, y: 300))
22            bezierPath.addCurve(to: CGPoint(x: 376, y: 300), controlPoint1:
CGPoint(x: 150, y: 200), controlPoint2: CGPoint(x: 276, y: 400))
23
24            // 绘制三次贝塞尔曲线
25            let showPath = CAShapeLayer()
26            showPath.path = bezierPath.cgPath
27            // 无填充颜色，透明
28            showPath.fillColor = UIColor.clear.cgColor
29            // 线条颜色为红色
30            showPath.strokeColor = UIColor.red.cgColor
31            showPath.lineWidth = 2.0
32            showPath.lineCap = .round
33            self.view.layer.addSublayer(showPath)
34
35            // 初始静止小鸟位置，开始动画后隐藏
36            let bird = UIImageView(frame: CGRect(x: 200, y: 250, width: 35, height: 35))
37            bird.image = UIImage(named: "bird2.png")
38            bird.center = CGPoint(x: 50, y: 300)
39            self.view.addSubview(bird)
40
41            // 创建第一个 contents 小鸟动画
42            let birdAnimationContents = CAKeyframeAnimation(keyPath: "contents")
43            // 小鸟图片
44            let image1 = UIImage(named: "bird1.png")?.cgImage
45            let image2 = UIImage(named: "bird2.png")?.cgImage
46            let image3 = UIImage(named: "bird3.png")?.cgImage
47            let image4 = UIImage(named: "bird1.png")?.cgImage
48            // 设置各关键帧和时间
49            birdAnimationContents.values = [image1!, image2!, image3!, image4!]
50            birdAnimationContents.keyTimes = [NSNumber(value: 0.0),
NSNumber(value: 0.33),NSNumber(value: 0.67), NSNumber(value: 1.0)]
51            // 让动画持续不停
52            birdAnimationContents.repeatCount = MAXFLOAT
53            // 动画结束后，动画不从图层移除，默认 true
54            birdAnimationContents.isRemovedOnCompletion = false
55            // 第一个动画持续时间周期，组动画时间到来就从头开始
56            birdAnimationContents.duration = 0.3
57
58            // 创建第二个 path 小鸟动画
59            let birdAnimationPath = CAKeyframeAnimation(keyPath: "position")
60            //path 属性会覆盖 values 属性
61            birdAnimationPath.path = bezierPath.cgPath
62            // 动画越来越慢
63            birdAnimationPath.timingFunctions = [CAMediaTimingFunction.init(name:
.easeOut)]
64            // 自动调整为切线方向，画面更人性化
65            birdAnimationPath.rotationMode = .rotateAuto
```

```
66          // 让动画持续不停
67          birdAnimationPath.repeatCount = MAXFLOAT
68          // 动画结束后，动画不从图层移除，默认 true
69          birdAnimationPath.isRemovedOnCompletion = false
70          // 第二个动画持续时间周期，组动画时间到来就从头开始
71          birdAnimationPath.duration = 5.0
72
73          // 设置动画组
74          let groupAnimation = CAAnimationGroup()
75          groupAnimation.animations = [birdAnimationContents,birdAnimationPath]
76          groupAnimation.duration = 5.0
77          // 让组动画持续不停
78          groupAnimation.repeatCount = MAXFLOAT
79          groupAnimation.isRemovedOnCompletion = false
80          bird.layer.add(groupAnimation, forKey: "bird-group")
81      }
82
83 }
```

在上述代码中：

第 42 ～ 56 行是创建第一个小鸟自身图片内容 contents 的关键帧动画，每个动画持续时间为 0.3 秒。

第 59 ～ 71 行是第二个小鸟基于指定路径 path 的位置 position 的关键帧动画，每个动画持续时间为 5 秒。其中，第 63 行设置动画过渡越来越慢的减速度效果。

第 75 行整合上述两个动画为一个动画数组。

第 76 行设置动画持续时间与第二个动画时间一致。

第 80 行添加动画组到 layer 视图，开始动画。

项目运行实现了小鸟的轨迹飞行动画效果与自身拍打翅膀动画效果的叠加，即小鸟一边拍打翅膀，一边沿轨迹飞行，如图 5-34 所示。

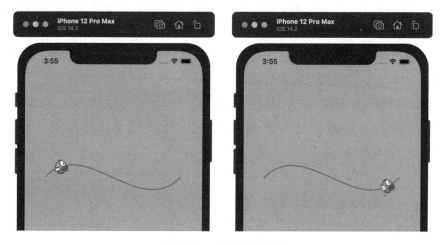

图 5-34　关键帧动画组

可以合并所有以上代码到一个项目的 ViewController.swift 文件运行，它们在坐标设置上已经错开，并不会发生视图重叠现象，从而可以更加直观看到动画参数调整带来的效果变化，比如"基于指定路径 path 的位置 position 小鸟关键帧动画"内的小鸟过渡动画速度越来越快，timingFunctions 属性值是 easeIn，而"关键帧动画组"的 timingFunctions 属性值是 easeOut，从而一开始，"关键帧动画组"的小鸟飞得快，但最后两个小鸟还是同时到达终点，因此放在一起可以更加充分体会到这种变化和动画效果，如图 5-35 所示。

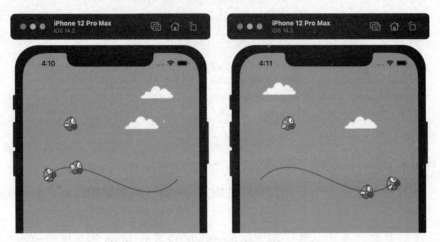

图 5-35　不同参数的动画效果

不同于 UIView 基本动画在结束时候直接由 completion 闭包进行后续处理，核心动画 CAAnimation 在多个动画结束时无法在它们的回调方法内进行直接区分。因为视图控制器本身会作为所有视图图层的一个共同委托代理，所有动画都会调用同一个回调方法 animationDidStop(_:,finished:)，所以需要判断到底是哪个图层的动画调用了回调方法。

在前面所有核心动画添加到图层 layer 的时候，都有一个自定义的 forkey 字符串参数，比如"cloud-position"及"bird-contents"等，这个是每个图层每个动画唯一的索引键值。若确实不需要该键值，也可以设置为 nil。若健值存在，就可以在回调方法内，通过每个图层 layer 的 animation(forkey:) 方法来获得指定键值的动画对象是否与回调方法传入动画对象 anim 一致，从而来判断是哪个动画发生了回调。对象是否相同使用 "===" 符号来判断。

对于上述合并代码的项目中，注释掉 creatBirdContents() 方法的 birdAnimation.repeatCount = MAXFLOAT，即让小鸟拍打翅膀动画只运行一次就结束，然后修改代理回调方法 animationDidStop(_:,finished:) 为：

```
1  func animationDidStop(_ anim: CAAnimation, finished flag: Bool) {
2      if flag == true {
3          // 动画正常结束后处理：这里让重新动画
4          if self.cloud.layer.animation(forKey: "cloud-position") === anim {
5              print("cloudAnimation was over!")
6          }
```

```
7          if self.bird.layer.animation(forKey: "bird-contents") === anim {
8              print("birdAnimation was over!")
9          }
10     }
11 }
```

在上述代码中：

第 4 行比较回调方法传入的 anim 对象是否是 cloud 视图 layer 图层的健值为 "cloud-position" 的动画对象，若是就打印相关信息。

第 7 行比较回调方法传入的 anim 对象是否是 bird 视图 layer 图层的健值为 "bird-contents" 的动画对象，若是就打印相关信息。

项目运行后，bird 视图拍打翅膀的动画持续 0.3 秒时间而首先结束，cloud 漂浮的动画持续 5 秒后结束，因此控制台依次输出 birdAnimation was over! 和 cloudAnimation was over! 字样。

上述动画结束的回调方法中，flag 参数表明了动画是正常结束还是被通过视图图层 layer 的 removeAnimation(forkey:) 方法或 removeAllAnimations() 方法移除中止的，若正常结束则 flag 值为 true，否则为 false。留意一下，使用唯一 key 键值时候，必须设置动画对象的 isRemovedOnCompletion 属性值为 false，否则通过 animation(forkey:) 方法获取的 CAAnimation 对象为空，从而导致比较失败。

5.3.4　触摸事件和手势动作

触摸和手势是 iOS 设备人机交互的重要因素，其便捷的手指点击是产品自然使用的重要手段。苹果本身对其产品有着独到的简约设计和苛刻的流畅操作追求，并不断进行超乎想象的工业设计创新，这使得产品与用户之间的距离进一步拉近。

扫一扫
触摸事件和手势动作（上）

在 iOS 设备中，UIResponder 类也称为响应者对象，是专门用来响应用户操作处理各种事件的，包括触摸事件（Touch Events）、运动事件（Motion Events）及远程控制事件（Remote Control Events, 如插入耳机调节音量触发的事件）。而手势动作是触摸事件的集合。UIApplication、UIView 及 UIViewController 类是直接继承自 UIResponder 类。之前举例使用的 UIWindow 是直接继承自 UIView 的一个特殊的 View，UIImageView 也直接继承自 UIView，UIButton 继承自 UIControl，而 UIControl 直接继承自 UIView，所以这些类都可以响应事件，如图 3-2 和图 4-2 所示。当然自定义的继承自 UIView 的 view 以及自定义的继承自 UIViewController 的控制器也都可以响应事件。iOS 里面通常将这些能响应事件的对象称之为响应者。

扫一扫
触摸事件和手势动作（下）

触摸事件是 iOS 移动设备使用最多的，例如单击、长按、滑动等。当用户点击屏幕、图片或按钮，系统应如何处理整个过程？这是每个开发者应该清晰了解的。按照时间顺序，可以将事件的生命周期整个过程拆分成两部分：

- 寻找第一响应者，即谁最合适进行首先响应。

- 响应处理，即不同的事件进行不同的响应。

🔷 寻找第一响应者

简单而言，第一响应者通常就是最前面的子视图，如图 5-36 所示。但若视图的树状层级结构比较复杂，就会有所变化。接下来会讨论应用程序 App 接收到事件（比如触摸事件）后，如何寻找第一响应者。

应用程序 App 接收到事件后先将其置入事件队列中，逐个出队一一处理。UIApplication 首先将事件传递给当前应用显示窗口（UIWindow），询问其能否响应事件。若窗口能响应事件，则传递给其根视图询问是否能响应，根视图若能响应则继续询问其子视图。子视图询问的顺序是优先询问后添加的子视图，即子视图数组中靠后的视图。事件传递顺序如下：

UIApplication → UIWindow →根视图→⋯→子视图

因为 UIWindow 也是 UIView 类，所以整个传递过程就是一个递归询问子视图能否响应事件过程，且后添加的子视图优先级高。询问过程从 UIWindow 到最后的子视图，优先级从高到低，则是最后的子视图到 UIWindow，即最后子视图说可以响应，则第一响应者寻找结束，如图 5-37 所示，具体过程如下：

（1）UIApplication 首先将事件传递给窗口对象（UIWindow），若存在多个窗口，则优先询问后显示的窗口。

（2）若窗口能响应事件，则从后往前询问窗口的子视图。若窗口对象不能响应事件，则将事件传递其他窗口对象。

（3）若子视图可以响应，则从后往前继续询问当前子视图的子视图（孙视图），然后继续如此重复递归。若子视图不能响应且有同级子视图，则将事件传递给同级的子视图，然后继续如此重复递归。

（4）若没有能响应的子视图了，则自身就是最合适的响应者。

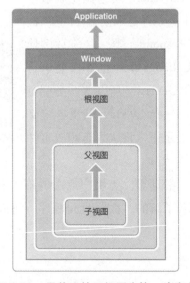

图 5-36　最前面的子视图为第一响应者

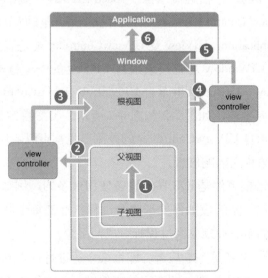

图 5-37　寻找最合适的第一响应者过程

整个寻找过程包括从后往前递归，然后从前往后优先选用的过程。图 5-37 只表示出了从最前子视图到最后 UIApplication 的响应优先顺序，即都能响应事件时候，则子视图优先，否则按图所示 1～6 序号依次传递。其中，2～3 传递中的视图控制器 viewcontroller 若存在则经过，若不存在则跳过。

📌 响应处理

之前提到，在 iOS 中不是任何对象都能处理触摸事件的，只有继承了 UIResponder 的对象才能接受并处理触摸事件，并称之为响应者对象。UIResponder 类能够接收并处理触摸事件是因为 UIResponder 类中提供了以下四个方法来处理触摸事件。

- touchesBegan(_:with:)
- touchesMoved(_:with:)
- touchesEnded(_:with:)
- touchesCancelled(_:with:)

UIResponder 类中还有处理类似遥控器物理按键事件的 presses 系列方法、陀螺仪和加速传感器事件的 motion 系列方法及远程控制事件方法。

触摸事件的四个方法具体含义如表 5-15 所示。

表 5-15　触摸事件的四个方法含义

方　　法	描　　述
touchesBegan(_:with:)	一根或者多根手指开始触摸屏幕
touchesMoved(_:with:)	一根或者多根手指在屏幕上移动（随着手指的移动，会持续调用该方法）
touchesEnded(_:with:)	一根或多根手指触摸结束离开屏幕
touchesCancelled(_:with:)	触摸结束前，某个系统事件（例如电话呼入、低电量通知、按 Home 键等）会打断触摸过程，造成触摸事件被取消；手指没有离开屏幕，但是系统不再跟踪它了；事件被手势识别，也会回调用该方法

以上方法都有两个参数：一个是 UITouch 类型的对象集合，另一个是 UIEvent 可选类型的事件对象。

UITouch：一个手指一次触摸屏幕，就对应生成一个 UITouch 对象。多个手指同时触摸，生成多个 UITouch 对象。多个手指先后触摸，系统会根据触摸的位置判断是否更新同一个 UITouch 对象。例如两个手指一前一后触摸同一个位置（即双击），那么第一次触摸时生成一个 UITouch 对象，第二次触摸更新这个 UITouch 对象，在系统默认的一定时间范围和触摸距离偏差范围内，UITouch 对象的 tapCount 属性值从 1 变成 2，并依次增加。若两个手指一前一后触摸的位置不同（超出系统的时间范围和距离范围），将会生成两个 UITouch 对象，两者之间没有联系。每个 UITouch 对象记录了触摸的一些信息，包括触摸时间戳、基于自选视图的位置、响应的视图等重要信息。

UIEvent：一个触摸事件定义为第一个手指开始触摸屏幕到最后一个手指离开屏幕，并以 UIEvent 表示。触摸的目的是生成触摸事件供响应者响应，一个触摸事件对应一个 UIEvent 对象。UIEvent 对象中包含了触发该事件的触摸对象的集合，因为一个触摸事件可能是由多个手指同时触摸产生的。UIEvent 包括了多个 UITouch 对象,可以由 UIEvent 的 allTouches 属性来获取。

每个 UIResponder 对象默认都已经实现了这 4 个方法,但是默认不对事件做任何处理,单纯通过调用父类的对应方法,只是将事件沿着响应链向上层传递。若要截获事件进行自定义的响应操作,就要重写相关的方法。

思考题

1. UIView 的隐式动画和显式动画有什么区别?
2. 逐帧动画时内存优化有什么基本要求?
3. 什么是 Foundation 框架和 UIKit 框架?
4. CoreAnimation 核心动画主要有几个动画类?
5. 什么是响应链?

任务 6

播放动作声音

6.1 任务描述

任务 5 主要完成了 FlappyBird 游戏的主角——小鸟的飞行和受控运动，也比较深入地熟悉了 UIView 基础动画、核心动画、触摸和手势交互等基本 SDK 方法。但到目前为止，整个游戏是"静音"状态，这严重制约了一个应用尤其是游戏应用的效果表现。一方面，由于移动设备的界面限制，手指点划时会对画面造成遮挡，视觉上的效果受到一定影响，造成反馈延时严重。这时，用音效来及时反馈无疑就成了明智的选择。另一方面，合适的声音效果可以很好地烘托氛围，增强游戏的打击感，从而产生沉浸感，仿佛置身其中。因此，本任务开始对 FlappyBird 游戏的背景音乐、屏幕触碰以及水管撞击等情景添加音效，同时对游戏的结束和重启进行条件设定。

学习完本任务内容后，要求在 Xcode 模拟器上完成背景音乐伴随，在屏幕触摸和水管撞击时进行音效提示反馈，并完成游戏的结束和重启判断，形成一个完整的应用逻辑，如图 6-1所示。

扫一扫

任务描述

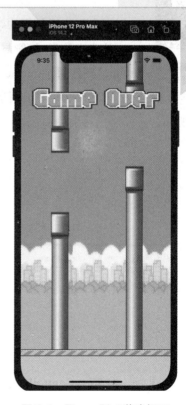

图 6-1 FlappyBird 游戏闭环

6.2 任务实现

6.2.1 音效和音乐

实际上，在 iOS 中音频播放从形式上主要可以分为音效播放和音乐播放，统称音频播放。前者主要指的是一些短音频播放，通常作为点缀音频，提升整体用户体验，对于这类音频不需要进行进度、循环等控制。后者指的是一些较长的音频，通常是主音频，对于这些音频的播放通常需要进行精确的控制。通常采用 System Sound Service 来播放音效，而用 AVAudioPlayer 来播放音乐。

除了这两种方式外，iOS 还有 Audio Queue Services 和 OpenAL 技术来播放音频。Audio Queue Services 相对复杂但可以完全实现对声音的控制，在声音数据从文件读到内存缓冲区后对声音进行一定处理再进行播放，从而实现对音频的快速 / 慢速播放的功能。OpenAL 是一套跨平台的开源的音频处理接口，与图形处理的 OpenGL 类似，它为音频播放提供了一套更加优化的方案，最适合开发游戏的音效，用法也与其他平台下相同。

6.2.2 游戏闭环

步骤 1：创建屏幕触摸的提示音效

本步骤将添加用户手指触屏的音效反馈，具体思路为：

首先，右击左侧导航区域的项目名称 Flappy Bird，在弹出的快捷菜单选择 New Group，新建目录 music。拖动事先准备好的 sound-touch.wav 音效文件到 music 目录下方后松开，确认弹出的对话框选择 "Copy items if needed"，单击"Finish"按钮。完成后如图 6-2 所示。

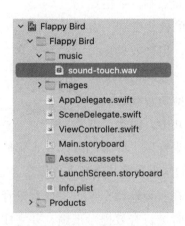

图 6-2　项目目录文件列表

其次，在 ViewController 文件最顶部添加一个 AudioToolbox 框架，以便对音效播放的支持。最后，在 ViewController 文件添加一个播放音效的方法 playScreenTouchSound()，同时在

touchesBegan() 方法最后引用。

ViewController.swift 文件的最终代码结构如图 6-3 所示。

```
1   import UIKit
2   import AudioToolbox    //播放音效
3
4   let SCREEN_SIZE = UIScreen.main.bounds
5
6   class ViewController: UIViewController, CAAnimationDelegate {
7
8       var timerBg:Timer?
9       var timerTube:Timer?
10      var bird:UIImageView!
11      var cloud:UIImageView!
12      var cloudAnimation:CAKeyframeAnimation!
13      var timerBird:Timer?
14      var t:Float = 0.0
15      var isFlyUpward = false
16
17      override func viewDidLoad() { ••• }
25
26      func creatBackgroundView(){ ••• }
48
49      func creatTube(){ ••• }
82
83      func creatTimer(){ ••• }
88
89      @objc func backgroundMove(){ ••• }
115
116     @objc func tubeMove(){ ••• }
131
132     func getPosition(viewUp: UIImageView, viewDown: UIImageView){ ••• }
140
141     func creatBird(){ ••• }
154
155     func creatCloud(){ ••• }
175
176     func animationDidStop(_ anim: CAAnimation, finished flag: Bool) { ••• }
181
182     @objc func birdMove(){ ••• }
200
201     override func touchesBegan(_ touches: Set<UITouch>, with event: UIEvent?) { ••• }
207
208     func playScreenTouchSound(){ ••• }
222
223  }
```

图 6-3　ViewController.swift 文件的最终代码结构

在第 5 个任务基础上，主要修改的函数代码为：

```
1   override func touchesBegan(_ touches: Set<UITouch>, with event: UIEvent?) {
2       // 屏幕触摸动作后，小鸟改为竖直上抛运动
3       isFlyUpward = true
4       t = 0
5       self.playScreenTouchSound()
6   }
7
8   func playScreenTouchSound(){
9       var mySoundId:SystemSoundID = 0
10      // 获得文件目录
11      let myPath = Bundle.main.path(forResource: "sound-touch", ofType: "wav")
12      // 文件目录 path 转换为 URL 形式，更具有普遍性
13      let mySoundURL = URL(fileURLWithPath: myPath!)
14      // 生成音效的 SoundID
15      AudioServicesCreateSystemSoundID(mySoundURL as CFURL, &mySoundId)
16      // 通过 SoundID 播放结束，结束后调用闭包一次
17      AudioServicesPlaySystemSoundWithCompletion(mySoundId){ () -> Void in
18          //print("点击了屏幕!", mySoundId)
```

```
19          // 单次播放音效
20          //AudioServicesPlaySystemSoundWithCompletion(mySoundId, nil)
21      }
22  }
```

在上述代码中：

第 5 行是对播放音效方法 playScreenTouchSound() 的引用。

第 9 行先自定义一个歌曲的 ID 属性，用于存储系统音效创建成功后返回的编号，一般 4 位数。

第 11 行获取指定音效文件存储的绝对目录，一般是 "/Users/" 开头，若目录有空格等会保留，音效文件最大不超过 30 秒。

第 13 行将绝对目录转换为 URL 地址形式。URL 可以支持远程服务器、本地磁盘文件等表示方式，对于本地文件一般是 "file:///Users/" 开头，若目录有空格等会以特殊字符表示。

第 15 行用于生成系统音效的 ID，即返回 mySoundId 值。CFURL 是 Core Foundation 在更低层面的一个封装，形式和 URL 类似。

第 17 行实现播放一次 ID 为 mySoundId 的音效一次，播放结束后调用运行一个闭包（形式为尾随闭包），完成一些播放结束后需要运行的代码，有点类似第 5 个任务讨论的代理功能。闭包内可以打印一些信息，或在闭包内调用播放单次音效的方法也可以实现播放两次音效的效果（第 20 行）。不使用第 17 行代码，直接用第 20 行代码对于本步骤实现单次播放音效效果是一样的，即闭包为 nil。

代码完成后，每次触摸屏幕除了小鸟会竖直上抛运动一段距离外，还会发出短促的 " 嘟 " 一声，在体验交互上会更佳。

扫一扫

创建游戏的背景音乐

步骤 2：创建游戏的背景音乐

步骤 1 完成了用户手指触屏的音效效果，这种效果一般是短促音，时长不能超过 30 秒，而作为背景音乐，时长会较长。因此，作为整个游戏过程的背景音乐不能使用 AudioToolbox 框架来完成，而应该使用 AVFoundation 框架。具体思路为：

首先，添加 bg-music.mp3 音乐文件到 music 目录，如图 6-4 所示。

其次，在 ViewController 文件最顶部添加一个 AVFoundation 框架，以便对音乐播放的支持。在 ViewController 类内添加一个 AVAudioPlayer 类型的隐式解释，可选类型属性 bgMusic。

最后，在 ViewController 文件添加一个播放和暂停音乐的方法 playOrPauseBgMusic()，同时在 viewDidLoad() 方法最后引用。

ViewController.swift 文件的最终代码结构如图 6-5 所示。

图 6-4　项目目录文件列表

```
1    import UIKit
2    import AudioToolbox    //播放音效
3    import AVFoundation     //播放音乐
4
5    let SCREEN_SIZE = UIScreen.main.bounds
6
7    class ViewController: UIViewController, CAAnimationDelegate {
8
9        var timerBg:Timer?
10       var timerTube:Timer?
11       var bird:UIImageView!
12       var cloud:UIImageView!
13       var cloudAnimation:CAKeyframeAnimation!
14       var timerBird:Timer?
15       var t:Float = 0.0
16       var isFlyUpward = false
17       var bgMusic:AVAudioPlayer!
18
19       override func viewDidLoad() { ... }
28
29       func creatBackgroundView(){ ... }
51
52       func creatTube(){ ... }
85
86       func creatTimer(){ ... }
91
92       @objc func backgroundMove(){ ... }
118
119      @objc func tubeMove(){ ... }
134
135      func getPosition(viewUp: UIImageView, viewDown: UIImageView){ ... }
143
144      func creatBird(){ ... }
157
158      func creatCloud(){ ... }
178
179      func animationDidStop(_ anim: CAAnimation, finished flag: Bool){ ... }
184
185      @objc func birdMove(){ ... }
203
204      override func touchesBegan(_ touches: Set<UITouch>, with event: UIEvent?){ ... }
210
211      func playScreenTouchSound(){ ... }
226
227      func playOrPauseBgMusic(){ ... }
252
253  }
```

图 6-5　ViewController.swift 文件的最终代码结构

在步骤 1 基础上，主要修改的函数代码为：

```
1    override func viewDidLoad() {
2        super.viewDidLoad()
3        self.creatBackgroundView()
4        self.creatTube()
5        self.creatTimer()
6        self.creatBird()
7        self.creatCloud()
8        self.playOrPauseBgMusic()
9    }
10   func playOrPauseBgMusic(){
11       if bgMusic == nil {
12           // 只会进入这里一次
13           let myPath = Bundle.main.path(forResource: "bg-music", ofType: "mp3")
14           let mySoundURL = URL(fileURLWithPath: myPath!)
15           do{
16               try bgMusic = AVAudioPlayer(contentsOf: mySoundURL)
17               // 设置音量最大，范围 0.0-1.0
18               bgMusic.volume = 1.0
```

```
19              // 设置 -1 表示无限循环，0 表示 1 次，1 表示 2 次
20              bgMusic.numberOfLoops = -1
21              // 若要获得播放结束等状态信息，可以设置代理
22              //bgMusic.delegate = self
23          } catch{
24              print("音乐配置出错",error)
25          }
26      }
27      // 切换音乐播放和暂停
28      if bgMusic.isPlaying {
29          bgMusic.pause()
30      }
31      else{
32          bgMusic.play()
33      }
34 }
```

在上述代码中：

第 8 行表示在应用程序完成加载后就播放背景音乐。

第 11 行判断 bgMusic 是否已创建实例，在 ViewController 类内定义属性时 bgMusic 初值为 nil。

第 13 行获取音乐 mp3 文件存储的绝对目录。

第 14 行将绝对目录转换为 URL 地址形式。

第 15 ~ 16、23 ~ 25 行是一种异常抛出的写法，在这里必须按此格式实现，否则会报错。

第 18 行设置音量为最大值，最小值为 0.0。

第 20 行设置循环次数，0 表示 1 次，1 表示 2 次，任意负数表示无限循环，直到人为地停止。

第 22 行可以设置音乐播放的代理，用于播放正常结束、解码错误等需要的场合进行回调处理。

第 28 ~ 33 行用户切换音乐的播放状态，若没有播放音乐就开始播放，若音乐已经播放就暂停播放。

代码完成后，项目一启动就会播放背景音乐，直到小鸟碰撞到水管而停止。

游戏结束和碰撞音效

步骤 3：游戏结束和碰撞音效

游戏开始后，水管自右向左匀速运动，而小鸟只能上下非匀速运动，一旦小鸟碰到水管的任意部位，即认为游戏结束。在游戏结束一刻，一方面要发出"啪"的音效提示碰撞发生，另一方面在屏幕中间要有文字"Game OVer"横幅提示并游戏停止。具体思路为：

首先，添加 sound-hit.wav 音效文件到 music 目录，添加 gameove.png 文件到 images 目录，如图 6-6 所示。

其次，在 birdMove() 方法最后添加游戏结束和碰撞音效实现函数 hitDetectionAndGameOver() 引用，以便定时器 0.02 秒间隔就判断一次。

最后，实现 hitDetectionAndGameOver() 函数代码。

ViewController.swift 文件的最终代码结构如图 6-7 所示。

```
1   import UIKit
2   import AudioToolbox    //播放音效
3   import AVFoundation    //播放音乐
4
5   let SCREEN_SIZE = UIScreen.main.bounds
6
7   class ViewController: UIViewController, CAAnimationDelegate {
8
9       var timerBg:Timer?
10      var timerTube:Timer?
11      var bird:UIImageView!
12      var cloud:UIImageView!
13      var cloudAnimation:CAKeyframeAnimation!
14      var timerBird:Timer?
15      var t:Float = 0.0
16      var isFlyUpward = false
17      var bgMusic:AVAudioPlayer!
18
19      override func viewDidLoad() { ••• }
28
29      func creatBackgroundView(){ ••• }
51
52      func creatTube(){ ••• }
85
86      func creatTimer(){ ••• }
91
92      @objc func backgroundMove(){ ••• }
118
119     @objc func tubeMove(){ ••• }
134
135     func getPosition(viewUp: UIImageView, viewDown: UIImageView){ ••• }
143
144     func creatBird(){ ••• }
157
158     func creatCloud(){ ••• }
178
179     func animationDidStop(_ anim: CAAnimation, finished flag: Bool){ ••• }
184
185     @objc func birdMove(){ ••• }
204
205     override func touchesBegan(_ touches: Set<UITouch>, with event: UIEvent?){ ••• }
211
212     func playScreenTouchSound(){ ••• }
227
228     func playOrPauseBgMusic(){ ••• }
253
254     func hitDetectionAndGameOver(){ ••• }
278
279  }
```

图 6-6 项目目录文件列表　　　图 6-7 ViewController.swift 文件的最终代码结构

在步骤 2 基础上，主要修改的函数代码为：

```
1   @objc func birdMove(){
2       if isFlyUpward == false {
3           // 自由落体运动
4           if bird.frame.origin.y < SCREEN_SIZE.height - 140 {
5               bird.frame.origin.y += (CGFloat)(9.8*(t*t/2) -
    9.8*(t-0.02)*(t-0.02)/2)*30
6               t += 0.02
7           }
8       }else{
9           // 竖直上抛运动
10          if t < 0.2 {
11              bird.frame.origin.y -= (CGFloat)((10.0*t-9.8*t*t/2) -
    (10.0*(t-0.02)-9.8*(t-0.02)*(t-0.02)/2))*30
12              t += 0.02
13          }else{
```

```
14                  // 超出 10 个节拍后，不管是否到达最高点，都直接转为自由落体运动
15                  isFlyUpward = false
16              }
17          }
18      self.hitDetectionAndGameOver()
19  }
20  func hitDetectionAndGameOver(){
21      for i in 201...206 {
22          // 若小鸟矩形区域与任意水管矩形区域相交，就认为游戏结束
23          if bird.frame.intersects(self.view.viewWithTag(i)!.frame) {
24              // 碰撞发生，就停止相关运动
25              timerBg!.fireDate = Date.distantFuture as Date
26              timerTube!.fireDate = Date.distantFuture as Date
27              timerBird!.fireDate = Date.distantFuture as Date
28              bird.stopAnimating()
29              cloud.layer.removeAnimation(forKey: "cloud")
30              self.playOrPauseBgMusic()
31              // 播放碰撞水管音效
32              var mySoundId:SystemSoundID = 0
33              let myPath = Bundle.main.path(forResource: "sound-hit", ofType: "wav")
34              AudioServicesCreateSystemSoundID(URL(fileURLWithPath: myPath!) as CFURL, &mySoundId)
35              AudioServicesPlaySystemSoundWithCompletion(mySoundId, nil)
36              // 显示游戏结束横幅
37              let showGameOverBanner = UIImageView(frame: CGRect(x: 30, y: 100, width: SCREEN_SIZE.width-60, height: 60))
38              showGameOverBanner.image = UIImage(named: "gameover.png")
39              showGameOverBanner.tag = 301
40              self.view.addSubview(showGameOverBanner)
41          }
42      }
43  }
```

在上述代码中：

第 18 行是对 hitDetectionAndGameOver() 函数的引用，以便 0.02 秒执行碰撞判断一次。

第 21 行，使用 for-in 循环逐个获取六个水管的每个水管。

第 23 行，水管与小鸟的碰撞判断，判断标准为水管的矩形区域（CGRect）和小鸟的矩形区域是否有相交，若有即认为发生碰撞。

第 25 行，停止城市和大地背景运动。

第 26 行，停止水管运动。

第 27 行，停止小鸟自由落体运动或竖直上抛运动。

第 28 行，停止小鸟动画。

第 29 行，停止云朵漂浮。

第 30 行，关闭背景音乐。

第 32 ～ 35 行，类似步骤 1，播放碰撞 " 啪 " 的短促音效。

第 37 ～ 40 行，添加一个 "Game Over" 的横幅视图在最前面层，并给予数字 301 标签，以便后续调用。

代码完成后，一旦小鸟和水管发生碰撞，即会发出 " 啪 " 的音效，并且所有运动、音乐及操作中止，页面最前面呈现 "Game Over" 字样，如图 6-8 所示。

步骤 4：重启游戏

步骤 3 发生碰撞后，项目运行停止，若要重新游戏，必须重新启动应用程序。因此，本步骤采用再次点击屏幕即可重启游戏的方法。具体思路为：

首先，修改 touchesBegan() 方法，添加对当前游戏状态的判断，若游戏进行中（即小鸟的动画有效）则响应竖直上抛运动，否则认为游戏停止并重启游戏，执行 reloadGame() 函数。

然后，实现 reloadGame() 函数，做好游戏开始的一系列初始化准备。ViewController.swift 文件的最终代码结构如图 6-9 所示。

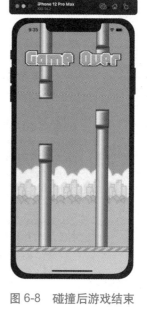

图 6-8　碰撞后游戏结束

扫一扫

重启游戏

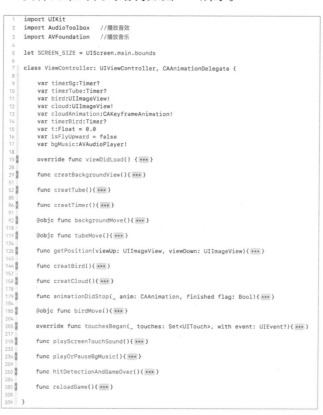

图 6-9　ViewController.swift 文件的最终代码结构

在步骤 3 基础上，主要修改的函数代码为：

```
1   override func touchesBegan(_ touches: Set<UITouch>, with event: UIEvent?){
2       // 若小鸟动画进行中表示游戏没有结束
3       if bird.isAnimating == true {
4           // 屏幕触摸动作后，小鸟改为竖直上抛运动
5           isFlyUpward = true
6           t = 0
7           self.playScreenTouchSound()
8       }else{
9           // 重新加载游戏
10          self.reloadGame()
11      }
12  }
13  func reloadGame(){
14      // 水管从初始位置开始
15      for i in stride(from: 201, to: 206, by: 2) {
16          self.view.viewWithTag(i)?.frame = CGRect(x: SCREEN_SIZE.width*(CGFloat
    (i)-201)/4, y: -SCREEN_SIZE.height, width: 54, height: SCREEN_SIZE.height)
17          self.view.viewWithTag(i+1)?.frame = CGRect(x: SCREEN_SIZE.width*(CGFloat
    (i)-201)/4, y: SCREEN_SIZE.height, width: 54, height: SCREEN_SIZE.height)
18      }
19      // 小鸟从初始位置开始开启动画
20      bird.frame = CGRect(x: 50, y: 200, width: 35, height: 35)
21      bird.startAnimating()
22      // 恢复云朵动画
23      cloud.layer.add(cloudAnimation, forKey: "cloud")
24      // 开启背景音乐
25      self.playOrPauseBgMusic()
26      // 移走 game over 横幅
27      let showGameOverBanner = self.view.viewWithTag(301)
28      showGameOverBanner?.removeFromSuperview()
29      // 重新开始计时
30      t = 0
31      // 开启定时器
32      timerBg!.fireDate = Date.distantPast as Date
33      timerTube!.fireDate = Date.distantPast as Date
34      timerBird!.fireDate = Date.distantPast as Date
35  }
```

在上述代码中：

第 3 行通过对小鸟动画是否有效来判断当前游戏的状态。

第 10 行表示游戏结束时，屏幕单击则重新加载游戏。

第 15 ~ 18 行初始化六根水管的位置，它们都在屏幕之外，与第一次加载游戏时候的位置一致。

第 20 行初始化小鸟的位置，否则会从上次游戏结束时刻小鸟位置开始。

第 23 行开始云朵漂浮的关键帧动画。

第 25 行重新开启背景音乐。

第 27 ～ 28 行移除 "Game Over" 横幅。

第 30 行重新设置开始时间为 0，为小鸟运动做准备。

第 32 ～ 34 行开启三个定时器，正式开始游戏。

本项目案例以纯代码、单文件的方式实现 Flappy Bird 游戏的基本操作，所涉及知识点几乎覆盖了 swift 语言的全部常用语法以及 iOS 的基本 SDK 应用。代码设计思路尽量以容易上手、容易理解为首要目的，不追求简练，不进行模块化去耦合处理，尽量避开生涩难懂的词汇语法，注重思路逻辑的清晰。否则，代码多处可进一步改善，比如定时器复用、多文件分布、MVC/MVVM 模型化设计等。为便于大家详细对照，项目的全部代码可通过 www.tdpress.com/51eds/下载。

6.3　相关知识

6.3.1　音效和音乐播放

扫一扫•

在 6.2.2 小节的步骤 1 ～ 3 中，通过导入 AudioToolbox 和 AVFoundation 框架，分别实现了屏幕触摸和碰撞的音效播放及背景音乐的播放。

音效和音乐播放

最简单的音效播放：一行代码

System Sound Services 是 iOS 一种简单、底层的系统声音服务（System Sound Services），而 AudioToolbox 框架是一套基于 C 语言的框架。但是它本身也存在着一些限制：

- 音频播放时间不能超过 30 秒。
- 数据必须是 PCM 或者 IMA4 格式。
- 音频文件必须打包成 .caf、.aif、.wav 中的一种（部分 mp3 也可以播放）。
- 无法控制音频播放进度。
- 调用方法后立即播放声音，并且无法设置声音大小。
- 无法进行循环播放或立体声播放的控制。
- 不能从内存播放，而只能是磁盘文件。
- 每次只能播放一个声音，不支持同时播放多个声音。

从这些特点可以得知，使用 System Sound Services 方法比较适合播放一些短暂的提示或提醒警告声音，比其他的方法更加节省资源，还可以调用系统的振动功能。

System Sound Services 音效播放最简单的方式就只有一行代码，即调用系统的提示音时，这种方式直接指定系统的 SystemSoundID。

```
AudioServicesPlaySystemSoundWithCompletion(SystemSoundID(1007), nil)
```

其中，1007 位 SystemSoundID，取值范围在 1 000～2 000 之间，1007 就是苹果默认的三全音提示，1006 是低电量提醒等。上述方法的定义为：

```
AudioServicesPlaySystemSoundWithCompletion(_ inSystemSoundID: SystemSoundID,
_ inCompletionBlock: (() -> Void)?)
```

含有两个参数：第一个参数为 SystemSoundID，第二个参数为可选的闭包，主要处理播放完成后要做的工作，若没有可直接赋值 nil。留意一下，与该方法类似的一个方法为 AudioServicesPlaySystemSound(_ inSystemSoundID: SystemSoundID)，后者已废弃，尽管目前还可以使用，但不建议使用。

与 AudioServicesPlaySystemSoundWithCompletion(_:_:) 方法类似的还有一个方法也可以提供类似的功能，即 AudioServicesPlayAlertSoundWithCompletion(_:_:) 方法，后者可以播放音效和振动，因此也称为提醒警告声音。对于使用 AudioServicesPlaySystemSoundWithCompletion(_:_:) 方法，如果手机被设置为静音，则用户什么也听不到。而使用 AudioServicesPlayAlertSoundWithCompletion(_:_:) 方法，如果手机被设置为静音或振动，将通过振动提醒用户。而下面代码只提供了振动功能 (kSystemSoundID_Vibrate=4095)：

```
AudioServicesPlaySystemSoundWithCompletion(kSystemSoundID_Vibrate, nil)
```

正常音效播放步骤

System Sound Services 音效播放正常情况使用步骤如图 6-10 所示。

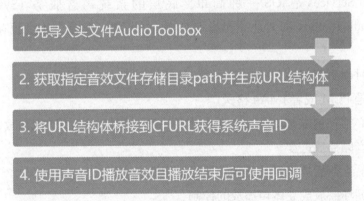

图 6-10　音效播放使用步骤

在图 6-10 的第 3 步中，将 URL 结构体转换（as）为 CFURL 类，这种用法是比较特殊的。CFURL 就是 iOS 之前的 CFURLRef，是一个 C 语言的指针类型，指向一个结构体，并且在更底层的 Core Foundation 框架定义，而 Core Foundation 的接口基本是 C 语言接口，功能强大，但使用较烦琐。苹果的上一代语言 Objective-C 源于 C 语言，而 Foundation 框架是一个 Objective-C 语言封装好的函数库，简单易用，NSURL 类就定义在 Foundation 框架。为了使两个框架可以互通，苹果使用特殊处理，使得两个框架之间的若干类型可以免费桥接（Toll-Free Bridged）而达到互相使用的目的，CFURLRef 和 NSURL 就是其中的一对，这样使用高层接口组织数据，然后将其传给低层函数接口使用。URL 是结构体，是值类型，而 NSURL 类是引用类型，它们具有相同的功能，并且两者可在 Swift 代码中互换使用（苹果官方文档 NSURL 中也称为 NSURL 类桥接到 URL 结构体 NSURL 类，即 An object representing the location of a resource that bridges to URL）。这种行为类似于 Swift 的字符串 String 类型和 Objective-C 的字符串 NSString 类型，前者是结构体，后者是类，它们之间也可以通过 as 来转换，见 3.3.2 小节。这意味着部分由 swift 语言和 Objective-C 语言创建的对象可以使用 as 关键词转换为对应的 C 语言接口处理。

虽然 System Sound Services 无法直接实现音频文件的循环播放，但是通过 System Sound Services 与 AudioServicesPlaySystemSoundWithCompletion(_:_:) 方法对音频的播放事件进行监听回调，当音频播放结束之后，可以再次调用音频播放方法，从而实现音频的循环播放功能。

音乐播放

与音效播放不同，iOS 音乐播放 AVAudioPlayer 类主要基于 AVFoundation 框架，且可以播放任意长度的音频文件，支持循环播放，支持音量控制，支持播放暂停、控制播放进度及从音频文件的任意一时刻播放等。AVAudioPlayer 还可以很方便地调节左右各声道的音量，从而实现立体声效果。使用 AVAudioPlayer 技术可以：

- 播放常规 mp3 等文件格式。
- 播放任意时长的音频文件。
- 播放文件中或者内存缓存区中的声音。
- 进行音频文件的循环播放。
- 支持进行声音播放的快进和后退。
- 获取各声道的分贝功率。
- 支持播放速度控制。
- 代理方法进行来电等中断处理。

AVAudioPlayer 不支持播放网络流媒体音频。

另外，一个 AVAudioPlayer 只能播放一个音频，如果想混音，可以创建多个 AVAudioPlayer 实例，每个相当于混音板上的一个轨道。对于网络音乐，可以下载形成一个完整的音频 Data 结构体类型，从而调用 AVAudioPlayer 类进行播放。AVAudioPlayer 类常用属性、方法及代理方法分别如表 6-1 ～表 6-3 所示。

表 6-1　AVAudioPlayer 类常用属性

属　　性	描　　述
isPlaying	播放器是否正在播放
numberOfLoops	循环次数，如果要单曲循环，设置为任意负数，比如 -1
volume	播放音量，取值 0.0 ~ 1.0
duration	音频总长度，单位秒
pan	音频的立体声平移设置，－ 1.0 表示完全左声道播放，0.0 左右声道平衡，1.0 表示完全右声道播放
enableRate	是否允许改变播放速率
rate	播放速率，取值 0.5 (半速播放) ~ 2.0(倍速播放)，1.0 是正常速度
currentTime	音频播放的当前时间点，单位秒
deviceCurrentTime	输出设备播放音频的时间，如果播放中被暂停，该时间也会继续累加
channelAssignments	获得或设置播放声道
numberOfChannels	音频的声道次数，只读
isMeteringEnabled	是否允许开启获取功率数值功能
isPlaying	播放器是否正在播放

表 6-2　AVAudioPlayer 类常用方法

方　　法	描　　述
prepareToPlay()	将音频加载到缓冲区，获取硬件支持，从而减少播放延迟
play()	播放音频，异步方式
play(atTime:)	在指定某个时间点位置播放
pause()	暂停播放，但仍然可以播放
stop()	停止播放，不再准备播放了
updateMeters()	更新音频测量值，必须设置 isMeteringEnabled 为 true，通过音频测量值可以即时获得对应声道的音频分贝信息
peakPower(forChannel:)	获取指定声道的峰值功率，单位分贝
averagePower(forChannel:)	获取指定声道的平均功率，单位分贝

表 6-3　AVAudioPlayer 类代理方法

代　理　方　法	描　　述
audioPlayerDidFinishPlaying(_:successfully:)	音频播放完成
audioPlayerDecodeErrorDidOccur(_:error:)	音频解码发生错误

　　留意一下，原来的 audioPlayerBeginInterruption(_:) 和 audioPlayerEndInterruption(_:withOptions:) 代理方法已经废弃，已不推荐使用。若音频被中断，比如有高级别的系统任务（电话呼入、Home 键切换 App 甚至锁屏），此时配合 AVAudioSession 进行播放控制，AVAudioSession 提供了多种 Notification 来进行此类状况的通知。

本书所附的资源库内包含有一个本地音乐播放器，播放器的图片资源全部采用 Apple Xcode 提供，首页为如图 6-11 所示，播放器播放页面如图 6-12 所示。该案例可作为自我练习或实训案例之用。

图 6-11　音效播放器启动首页

图 6-12　音效播放器播放页面

6.3.2　集合和扩展

在 5.2.2 小节步骤 1 的代码中，对于 UIView 视图的子类 UIImageView 视图，其 animationImages 属性是一个图片数组。5.3.4 小节中提到的每一个视图控制器 UIViewController 都必定有一个根 view，其子视图属性 subviews 也是一个只读的数组。而 5.3.4 小节中提到的 touchesBegan(_:with:)、touchesMoved(_:with:)、touchesEnded(_:with:) 及 touchesCancelled(_:with:) 方法中第一个参数是一个 UITouch 类型的集合，一个手指一次触摸屏幕，就对应生成一个 UITouch 对象，多个手指同时触摸，生成多个 UITouch 对象，即集合。

扫一扫

集合与扩展
（上）

　集合及集合的可变性

Swift 语言提供数组（Array）、集合（Set）和字典（Dictionary）三种基本的集合类型来存储集合数据。数组是有序可重复数据的集，如图 6-13 所示。集合是无序无重复数据的集，彼此不分先后，如图 6-14 所示。字典是无序的键值对的集，彼此不分先后，如图 6-15 所示。Swift 中的数组、集合和字典必须明确其中保存的键和值类型，这样可以避免插入一个错误数据类型的值。

扫一扫

集合与扩展
（下）

如果创建一个数组、集合或字典并且把它分配成一个变量，这个集合将会是可变的。这意味着可以在创建之后添加、修改或者删除数据项。如果把数组、集合或字典分配成常量，那么它就是不可变的，它的大小和内容都不能被改变。在不需要改变集合的时候创建不可变集合是很好的习惯，这样便于理解代码，也能让 Swift 编译器优化集合的性能。

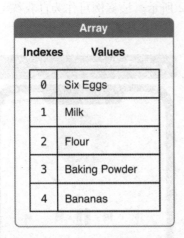

图 6-13　数组的下标和值

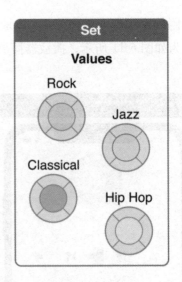

图 6-14　集合的值

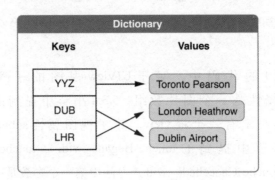

图 6-15　字典的键和值

数组（Array）

数组使用有序列表存储同一类型的多个值，相同的值可以多次出现在一个数组的不同位置中，即数组的值可以重复。Swift 中数组的完整写法为 Array<Element>，其中，Element 是这个数组中唯一允许存在的数据类型，实际上 Element 是一个占位符类型名，占位符类型名并不关心 Element 的具体类型，每次调用时会用实际类型名（例如 Int、String 或 Double）来明确（也称为泛型用法，标志是一对尖括号），也可以使用像 [Element] 这样的简单语法。尽管两种形式在功能上是一样的，但是推荐较短的 [Element] 写法。

创建一个空数组

可以使用构造语法（因为基本类型 Int 等本身也是一个结构体）来创建一个由特定数据类型构成的空数组，以下代码分别创建了一个 Int 和 Double 类型的空数组：

```
var someInts = [Int]()
var someDoubles = Array<Double>()
```

📘 创建一个非空的数组

创建一个非空数组可以使用数组字面量来进行构造，这是一种用一个或者多个数值构造数组的简单方法。数组字面量是一系列由逗号分割并由方括号包含的数值，由于 Swift 的类型推断机制，当用字面量构造拥有相同类型值数组的时候，不必把数组的类型显式定义：

```
var someInts = [1, 2, 3]
var someDoubles = [1.0, 2.0, 3.0]
someInts = []    // someInts 现在又是空数组了，但类型还是 [Int]
```

Swift 中的 Array 类型还提供一个可以创建特定大小并且所有数据都被默认的构造方法。可以把准备加入新数组的数据项数量（count）和适当类型的初始值（repeating）传入数组构造函数：

```
var threeDoubles = Array(repeating: 0.0, count: 3)
// threeDoubles 是一种 [Double] 数组，等价于 [0.0, 0.0, 0.0]
```

此种方法尤其适合数据量庞大的场合。例如 6.3.1 小节的本地音乐播放器案例中定义了用于保存柱状波形图分贝峰值和平均值的数组 musicPeakPowerArray 和 musicAveragePowerArray，其数组的数据项数量为 82 个。

通过两个数组相加创建一个数组，也可以使用加法操作符（+）来组合两个已存在的相同类型数组，新数组的数据类型会从两个数组的数据类型中推断出来：

```
var someInts = [1, 2, 3]
var anotherInts = [4, 5, 6]
var sixInts = someInts + anotherInts
// sixDoubles 被推断为 [Int]，等价于 [1, 2, 3, 4, 5, 6]
```

📘 访问和修改数组

可以通过数组的方法和属性来访问和修改数组，或者使用下标语法。

可以使用数组的只读属性 count 来获取数组中的数据项数量：

```
print(someInts.count)
// 控制台输出：3（这个数组有 3 个值）
```

使用布尔属性 isEmpty 作为一个缩写形式去检查 count 属性是否为 0：

```
if someInts.isEmpty {
    print("The someInts list is empty.")
} else {
    print("The someInts list is not empty.")
}
// 控制台输出，The someInts list is not empty.
```

也可以使用 append(_:) 方法在数组后面添加新的数据项：

```
someInts.append(4)
// someInts 现在有 4 个数据项
```

可以直接使用下标语法来获取数组中的数据项，把所需要数据项的索引值直接放在数组名称之后的方括号中：

```
var firstItem = someInts [0]
// 现在 firstItem 的值是 1
```

也可以用下标来改变某个有效索引值对应的数据值：

```
someInts[0] = 11
// 其中的第一项值现在是 11 而不是 1 了
```

当使用下标语法，所使用的下标必须是有效的。例如，试图通过 someInts [someInts.count] = 4 在数组的最后添加一项，将产生一个运行时错误。

通过调用数组的 insert(_:at:) 方法在某个指定索引值之前添加数据项：

```
someInts.insert(0, at: 1)
// someInts 现在有 4 项，为 [1, 0, 2, 3]
```

类似的可以使用 remove(at:) 方法来移除数组中的某一项。这个方法把数组在特定索引值中存储的数据项移除并且返回这个被移除的数据项：

```
someInts.remove(at: 0)
// someInts 现在又是 3 项，为 [0, 2, 3]
```

如果只想把数组中的最后一项移除，可以使用 removeLast() 方法而不是 remove(at:) 方法来避免需要获取数组的 count 属性：

```
someInts.removeLast()
// someInts 现在只有 2 项，为 [0, 2]
```

数组的遍历

可以使用 for-in 循环来遍历数组中所有的数据项：

```
var someInts = [1, 2, 3]
for item in someInts {
    print(item)
}
// 1
// 2
// 3
```

以下例子使用 for-in 遍历一个数组所有字符串元素：

```
let names = ["Anna", "Alex", "Brian", "Jack"]
for name in names {
    print("Hello, \(name)!")
}
// Hello, Anna!
// Hello, Alex!
// Hello, Brian!
// Hello, Jack!
```

集合（Sets）

集合用来存储相同类型并且没有确定顺序的值。当集合元素顺序不重要，或者希望确保每个元素只出现一次时，可以使用集合而不是数组。

📱 创建和构造一个集合

可以通过构造器语法创建一个特定类型的空集合：

```
var letters = Set<Character>()
```

可以使用数组字面量来构造集合，相当于一种简化的形式将一个或者多个值作为集合元素。下面的例子创建一个称之为 favoriteGenres 的集合来存储 String 类型的值：

```
var favoriteGenres: Set<String> = ["Rock", "Classical", "Hip hop"]
// favoriteGenres 被构造成含有三个初始值的集合
```

这个 favoriteGenres 变量被声明为 " 一个 String 值的集合 "，写为 Set<String>。由于这个特定集合指定了值为 String 类型，所以它只允许存储 String 类型值。这里的 favoriteGenres 变量有三个 String 类型的初始值（"Rock"、"Classical"、"Hip hop"），以数组字面量的形式书写。

一个集合类型不能从数组字面量中被直接推断出来，因此 Set 类型必须显式声明。然而，由于 Swift 的类型推断功能，如果想使用一个数组字面量构造一个集合并且与该数组字面量中的所有元素类型相同，那么无须写出集合的具体类型。favoriteGenres 的构造形式可以采用简化的方式代替：

```
var favoriteGenres: Set = ["Rock", "Classical", "Hip hop"]
```

由于数组字面量中的所有元素类型相同，Swift 可以推断出 Set<String> 作为 favoriteGenres 变量的正确类型。

📱 集合操作

与数组类似，集合也具有 count 和 isEmpty 属性，以及 insert(_:) 方法和 remove(_:) 方法等，也可以使用 for-in 循环遍历一个集合中的所有值。

可以高效地完成集合的一些基本操作，比如把两个集合组合到一起，判断两个集合共有元素，或者判断两个集合是否全包含、部分包含或者不相交。

图 6-16 描述了两个集合 a 和 b，以及通过阴影部分的区域显示集合各种操作的结果。

- 使用 intersection(_:) 方法根据两个集合的交集创建一个新的集合。
- 使用 symmetricDifference(_:) 方法根据两个集合不相交的值创建一个新的集合。
- 使用 union(_:) 方法根据两个集合的所有值创建一个新的集合。
- 使用 subtracting(_:) 方法根据不在另一个集合中的值创建一个新的集合。

```
let oddDigits: Set = [1, 3, 5, 7, 9]
let evenDigits: Set = [0, 2, 4, 6, 8]
let singleDigitPrimeNumbers: Set = [2, 3, 5, 7]
oddDigits.union(evenDigits).sorted()
// [0, 1, 2, 3, 4, 5, 6, 7, 8, 9]
oddDigits.intersection(evenDigits).sorted()
// []
```

```
oddDigits.subtracting(singleDigitPrimeNumbers).sorted()
// [1, 9]
oddDigits.symmetricDifference(singleDigitPrimeNumbers).sorted()
// [1, 2, 9]
```

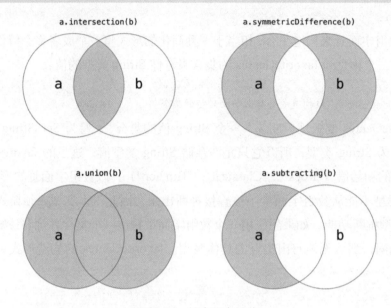

图 6-16 基本集合操作

字典

字典（Dictionary）是一种无序的集合，它存储的是键值对之间的关系，其所有键的值需要是相同的类型，所有值的类型也需要相同。每个值（value）都关联唯一的键（key），键作为字典中这个值数据的标识符。和数组中的数据项不同，字典中的数据项并没有具体顺序。通过标识符（键）访问数据的时候需要使用字典，这种方法很大程度上和在现实世界中使用字典查字义的方法一样。

Swift 的字典使用 Dictionary<Key, Value> 定义，其中，Key 是一种可以在字典中被用作键的类型，Value 是字典中对应于这些键所存储值的数据类型。也可以用 [Key: Value] 这样简化的形式去表示字典类型。虽然这两种形式功能上相同，但是后者 [Key: Value] 的方式是首选。

创建一个空字典

可以像数组一样使用构造语法创建一个拥有确定类型的空字典：

```
var namesOfIntegers = [Int: String]()
// namesOfIntegers 是一个空的 [Int: String] 字典
```

这个例子创建了一个 [Int: String] 类型的空字典来储存整数的英语命名，它的键是 Int 型，值是 String 型。

如果上下文已经提供了类型信息，可以使用空字典字面量来创建一个空字典，记作 [:]（一对方括号中放一个冒号）：

```
namesOfIntegers[16] = "sixteen"
// namesOfIntegers 现在包含一个键值对
namesOfIntegers = [:]
// namesOfIntegers 又成为了一个 [Int: String] 类型的空字典
```

用字典字面量创建字典

可以使用字典字面量来构造字典，这和刚才介绍过的数组字面量拥有相似语法。字典字面量是一种将一个或多个键值对写作 Dictionary 集合的快捷途径。

一个键值对是一个键和一个值的结合体。在字典字面量中，每一个键值对的键和值都由冒号分隔。这些键值对构成一个列表，其中这些键值对由逗号分隔，并整体被包裹在一对方括号中：

```
var airports: [String: String] = ["SZX": " 深圳宝安国际机场 ", " PEK": " 北京首都
国际机场 "]
```

airports 字典被声明为一种 [String: String] 类型，这意味着这个字典的键和值都是 String 类型。airports 字典使用字典字面量初始化，包含两个键值对：第一对的键是 "SZX"，值是 " 深圳宝安国际机场 "；第二对的键是 "PEK"，值是 " 北京首都国际机场 "。

和数组一样，在用字典字面量构造字典时，如果它的键和值都有各自一致的类型，那么就不必写出字典的类型。 airports 字典也可以用这种简短方式定义：

```
var airports = ["SZX": " 深圳宝安国际机场 ", " PEK": " 北京首都国际机场 "]
```

因为这个语句中所有的键和值都各自拥有相同的数据类型，Swift 可以推断出 [String: String] 是 airports 字典的正确类型。

访问和修改字典

与数组类似，字典也具有 count 和 isEmpty 属性，也可以使用 for-in 循环中遍历一个集合中的所有值。

可以通过下标语法来给字典添加新的数据项。可以使用一个恰当类型的键作为下标索引，并且分配恰当类型的新值：

```
airports["PVG"] = " 上海浦东国际机场 "
// airports 字典现在有三个数据项
```

使用下标语法来在字典中检索特定键对应的值。因为有可能请求的键没有对应的值存在，字典的下标访问会返回对应值类型的可选类型。如果这个字典包含请求键所对应的值，下标会返回一个包含这个存在值的可选类型，否则将返回 nil：

```
if let airportName = airports["SZX "] {
    print("The name of the airport is \(airportName).")
} else {
    print("That airport is not in the airports dictionary.")
}
// 控制台输出: The name of the airport is 深圳宝安国际机场.
```

removeValue(forKey:) 方法也可以用来在字典中移除键值对。这个方法在键值对存在的情况下会移除该键值对并且返回被移除的值，或者在没有对应值的情况下返回 nil：

```swift
if let removedValue = airports.removeValue(forKey: "PVG") {
    print("The removed airport's name is \(removedValue).")
} else {
    print("The airports dictionary does not contain a value for DUB.")
}
// 控制台输出: The removed airport's name is 上海浦东国际机场.
```

遍历字典

可以通过遍历一个字典来访问它的键值对。遍历字典时，字典的每项元素会以 (key, value) 元组的形式返回，可以在 for-in 循环中使用显式的常量名称来解读 (key, value) 元组。下面的例子中，字典的键会声明为 animalName 常量，字典的值会声明为 legCount 常量：

```swift
let numberOfLegs = ["spider": 8, "ant": 6, "cat": 4]
for (animalName, legCount) in numberOfLegs {
    print("\(animalName)s have \(legCount) legs")
}
// cats have 4 legs
// ants have 6 legs
// spiders have 8 legs
```

数组内的所有元素是有序的，但字典的键值对是无序的，所以数组遍历元素时的顺序是可以确定的，而字典是无法确定的。将元素插入字典的顺序并不会决定它们被遍历的顺序。

扩展

扩展（extension）可以给一个现有的类、结构体及枚举等添加新的功能（包括下面小节的协议），并拥有不需要访问被扩展类型源代码就能完成扩展的能力。在之前大量使用的 UIView 类及 CGRect 结构体中都存在扩展的用法，如对 UIView 类添加新的计算属性和方法，对 CGRect 结构体添加构造器等。

Swift 中的扩展主要用于完成：

- 添加实例方法和类方法。
- 添加新的构造器。
- 添加计算型实例属性和计算型类属性。
- 添加下标功能。

扩展方法

扩展可以给现有类型添加新的实例方法和类方法。在下面的例子中，给 Int 类型（Int 类型本身是结构体类型）添加了一个新的实例方法，叫作 repetitions：

```swift
extension Int {
    func repetitions(task: () -> Void) {
        for _ in 0..<self {
```

```
        task()
    }
}
}
func printHello() {
    print("Hello!")
}
```

repetitions(task:) 方法仅接收一个 () -> Void 类型的参数，它表示一个没有参数没有返回值的方法。

定义了这个扩展之后，可以对任意整形数值调用 repetitions(task:) 方法来执行对应次数的任务：

```
3.repetitions(task: printHello)
// Hello!
// Hello!
// Hello!
```

扩展构造器

扩展可以为结构体和类等添加新的构造器。如果使用扩展给一个值类型（结构体等）添加构造器，而这个值类型已经为所有存储属性提供默认值，且没有定义任何自定义构造器，那么可以在该值类型扩展的构造器中使用默认构造器（一对小括号）和成员构造器（逐一构造器）。也可以给一个类（地址类型）添加新的便利构造器（convenience），但是它们不能给类添加新的指定构造器或者析构器，指定构造器和析构器必须始终由类的原始实现提供。

自定义了一个 Rect 结构体用来表示一个几何矩形，还定义了两个给予支持的结构体 Size 和 Point，它们都把属性的默认值设置为 0.0：

```
struct Size {
    var width = 0.0, height = 0.0
}
struct Point {
    var x = 0.0, y = 0.0
}
struct Rect {
    var origin = Point()
    var size = Size()
}
```

因为 Rect 结构体给所有的属性都提供了默认值，所以它自动获得了一个默认构造器和一个成员构造器：

```
let defaultRect = Rect()   // 默认构造器
let memberwiseRect = Rect(origin: Point(x: 2.0, y: 2.0),
    size: Size(width: 5.0, height: 5.0))   // 逐一构造器
```

此时，可以通过扩展 Rect 结构体来提供一个允许指定 point 和 size 的构造器：

```
extension Rect {
    init(center: Point, size: Size) {
        let originX = center.x - (size.width / 2)
        let originY = center.y - (size.height / 2)
        self.init(origin: Point(x: originX, y: originY), size: size)
    }
}
```

这个新的构造器首先根据提供的 center 和 size 计算一个原点 origin，然后这个构造器调用结构体自带的成员构造器（逐一构造器）init(origin:size:)，从而完成实例的初始化。

```
let centerRect = Rect(center: Point(x: 4.0, y: 4.0),
                      size: Size(width: 3.0, height: 3.0))
// centerRect 的 origin 是 (2.5, 2.5) 并且它的 size 是 (3.0, 3.0)
```

扩展计算型属性

扩展可以给现有类型添加计算型实例属性和计算型类属性。下面给 Swift 内置的 Double 类型添加了五个计算型实例属性，从而提供与距离单位相关工作的基本支持：

```
extension Double {
    var km: Double { return self * 1_000.0 }
    var m: Double { return self }
    var cm: Double { return self / 100.0 }
    var mm: Double { return self / 1_000.0 }
    var ft: Double { return self / 3.28084 }
}
```

这些计算型属性表示的含义是把一个 Double 值看作是某单位下的长度值，即使它们被实现为计算型属性，但这些属性的名字仍可紧接在一个浮点型字面值后面，从而通过点语法来使用，并以此实现距离转换。

```
let oneInch = 25.4.mm
print("One inch is \(oneInch) meters")
// 打印 "One inch is 0.0254 meters"
let threeFeet = 3.ft
print("Three feet is \(threeFeet) meters")
// 打印 "Three feet is 0.914399970739201 meters"
```

计算型属性 m 返回的是 self 自身，表示 1.m 被认为是计算一个 Double 类型的 1.0 倍。其他单位则需要一些单位换算，比如一千米等于 1 000 米，所以计算型属性 km 要把值乘以 1_000.00 来实现千米到米的单位换算。类似地，一米有 3.280 84 英尺，所以计算型属性 ft 要把对应的 Double 值除以 3.280 84，来实现英尺到米的单位换算。

这些属性都是只读的计算型属性，所以为了简便，其表达式里面都不包含 get 关键字。它们使用 Double 作为返回值类型，并可用于所有接受 Double 类型的数学计算中：

```
let aMarathon = 42.km + 195.m
```

```
print(" 马拉松赛跑有 \(aMarathon) 米长。")
    // 控制台输出: 马拉松赛跑有  42195.0 米长。
```

留意一下，扩展可以添加新的计算属性，但是不能添加存储属性，或向现有的属性添加属性观察者。

6.3.3　协议和代理

在 5.2.2 小节步骤 2 中添加了动画的代理协议 CAAnimationDelegate，在 5.3.1 小节中添加了输入框的 UITextFieldDelegate 协议，在 5.3.4 小节中添加了手势动作的 UIGestureRecognizerDelegate 代理协议等，以上协议的添加，实现了某个特定的事件完成后的处理程序，即播放结束处理、动画都结束处理、输入完成处理、手势状态变化处理。

扫一扫

协议与代理

📱 协议定义

协议定义了一个蓝图（功能概要，并没有实现），规定了用来实现某一特定任务或者功能的方法、属性，以及其他需要的东西。类、结构体或枚举都可以遵循协议，并为协议定义的这些要求提供具体实现。某个类型能够满足某个协议的要求，就可以说该类型遵循这个协议。

除了遵循协议的类型必须实现的要求外，还可以对协议进行扩展，通过扩展来实现一部分要求或者实现一些附加功能，这样遵循协议的类型就能够使用这些功能。

协议的定义方式与类、结构体和枚举的定义非常相似：

```
protocol SomeProtocol {
    // 这里是协议的定义部分
}
```

要让自定义类型（比如类、结构体等）遵循某个协议，在定义类型时，需要在类型名称后加上协议名称，中间以冒号（:）分隔。遵循多个协议时，各协议之间用逗号（,）分隔：

```
struct SomeStructure: FirstProtocol, AnotherProtocol {
    // 这里是结构体的定义部分
}
```

若一个类拥有父类，应该将父类名放在遵循的协议名之前，以逗号分隔：

```
class SomeClass: SomeSuperClass, FirstProtocol, AnotherProtocol {
    // 这里是类的定义部分
}
```

📱 协议属性要求

协议总是用 var 关键字来声明变量属性，在类型声明后加上 { set get } 来表示属性是可读可写的，只读属性则用 { get } 来表示。

协议可以要求遵循协议的类型提供特定名称和类型的实例属性或类型属性。协议不指定属性是存储属性还是计算属性，它只指定属性的名称和类型。此外，协议还指定属性是只读的还是可读可写的。

如果协议要求属性是可读可写的，那么该属性不能是常量属性或只读的计算型属性。如果协议只要求属性是只读的，那么该属性不仅可以是可读的，如果代码需要的话，还可以是可写的。即具体类型（比如类、结构体等）实现协议时，遵循大于等于协议规定的原则。

```
protocol SomeProtocol {
    var mustBeSettable: Int { get set }
    var doesNotNeedToBeSettable: Int { get }
}
```

在协议中定义类型属性时，总是使用 static 关键字作为前缀。当类类型遵循协议时，除了 static 关键字，还可以使用 class 关键字来声明类型属性：

```
protocol AnotherProtocol {
    static var someTypeProperty: Int { get set }
}
```

🔖 协议属性举例

如下所示，这是一个只含有一个实例属性要求的协议：

```
protocol FullyNamed {
    var fullName: String { get }
}
```

FullyNamed 协议除了要求遵循协议的类型提供 fullName 属性外，并没有其他特别的要求。这个协议表示，任何遵循 FullyNamed 的类型，都必须有一个可读的 String 类型的实例属性 fullName。

下面是一个遵循 FullyNamed 协议的简单结构体：

```
struct Person: FullyNamed {
    var fullName: String
}
let john = Person(fullName: "John Appleseed")
// john.fullName 为 "John Appleseed"
```

这个例子中定义了一个叫做 Person 的结构体，用来表示一个具有名字的人。从第一行代码可以看出，它遵循了 FullyNamed 协议。

Person 结构体的每一个实例都有一个 String 类型的存储型属性 fullName。这正好满足了 FullyNamed 协议的要求，也就意味着 Person 结构体正确地遵循了协议。（如果协议要求未被完全满足，在编译时会报错。）

下面是一个更为复杂的类，它采纳并遵循了 FullyNamed 协议：

```
class MoziSatellite: FullyNamed {
    var prefix: String?
    var name: String
    init(name: String, prefix: String? = nil) {
        self.name = name
        self.prefix = prefix
    }
    var fullName: String {
```

```
            return (prefix != nil ? prefix! + " " : "") + name
    }
}
var mozi001 = MoziSatellite(name: "Quantum", prefix: "CHN")
// mozi001.fullName 为 "CHN Quantum"
```

MoziSatellite 类把 fullName 作为只读的计算属性来实现。每一个 MoziSatellite 类的实例都有一个名为 name 的非可选属性和一个名为 prefix 的可选属性。当 prefix 存在时，计算属性 fullName 会将 prefix 插入到 name 之前，从而得到一个带有 prefix 的 fullName。

🦅 协议方法定义和举例

协议可以要求遵循协议的类型（比如类、结构体等）实现某些指定的实例方法或类方法。这些方法作为协议的一部分，像普通方法一样放在协议的定义中，但是不需要大括号和方法体（即不实现，只是声明）。可以在协议中定义具有可变参数的方法，和普通方法的定义方式相同。但是，不支持为协议中的方法提供默认参数。

正如属性要求中所述，在协议中定义类方法的时候，总是使用 static 关键字作为前缀。即使在类实现时类方法要求使用 class 或 static 作为关键字前缀，前面的规则仍然适用：

```
protocol SomeProtocol {
    static func someTypeMethod()
}
```

下面的例子定义了一个只含有一个实例方法的协议：

```
protocol RandomNumberGenerator {
    func random() -> Double
}
```

RandomNumberGenerator 协议要求遵循协议的类型必须拥有一个名为 random 且返回值类型为 Double 的实例方法。RandomNumberGenerator 协议并不关心每一个随机数是怎样生成的，它只要求必须提供一个随机数生成器。

如下所示，下边是一个遵循并符合 RandomNumberGenerator 协议的类。该类实现了一个叫做线性同余生成器（linear congruential generator）的伪随机数算法，返回值的范围是 [0.0,1.0)。

```
class LinearCongruentialGenerator: RandomNumberGenerator {
    var lastRandom = 42.0
    let m = 139968.0
    let a = 3877.0
    let c = 29573.0
    func random() -> Double {
        lastRandom = ((lastRandom * a + c).truncatingRemainder(dividingBy:m))
        return lastRandom / m
    }
}
let generator = LinearCongruentialGenerator()
print("Here's a random number: \(generator.random())")
```

```
// 打印 "Here's a random number: 0.37464991998171"
print("And another one: \(generator.random())")
// 打印 "And another one: 0.7290237776863283"
```

协议异变方法

有时需要在方法中改变（或异变）方法所属的实例。例如在值类型（即结构体和枚举）的实例方法中，将 mutating 关键字作为方法的前缀，写在 func 关键字之前，表示可以在该方法中修改它所属的实例以及实例的任意属性的值。

如果在协议中定义了一个实例方法，该方法会改变遵循该协议的类型的实例，那么在定义协议时需要在方法前加 mutating 关键字。这使得结构体和枚举能够遵循此协议并满足此方法要求。当然，实现协议中的 mutating 方法时，若是类类型，则不用写 mutating 关键字，而对于结构体和枚举，则必须写 mutating 关键字。

例如，Togglable 协议只定义了一个名为 toggle 的实例方法。顾名思义，toggle() 方法将改变实例属性，从而切换遵循该协议类型实例的状态。

toggle() 方法在定义的时候，使用 mutating 关键字标记，这表明当它被调用时，该方法将会改变遵循协议的类型的实例：

```
protocol Togglable {
    mutating func toggle()
}
```

当使用枚举或结构体来实现 Togglable 协议时，需要提供一个带有 mutating 前缀的 toggle() 方法。

下面定义了一个名为 OnOffSwitch 的枚举。这个枚举在两种状态之间进行切换，用枚举成员 On 和 Off 表示。枚举的 toggle() 方法被标记为 mutating，以满足 Togglable 协议的要求：

```
enum OnOffSwitch: Togglable {
    case off, on
    mutating func toggle() {
        switch self {
        case .off:
            self = .on
        case .on:
            self = .off
        }
    }
}
var lightSwitch = OnOffSwitch.off
lightSwitch.toggle()
// lightSwitch 现在的值为 .on
```

协议构造器要求

协议可以要求遵循协议的类型实现指定的构造器。可以像编写普通构造器那样，在协议的定义里写下构造器的声明，但不需要写花括号和构造器的实体：

```
protocol SomeProtocol {
    init(someParameter: Int)
}
```

可以在遵循协议的类中实现构造器，无论是作为指定构造器，还是作为便利构造器。无论哪种情况，都必须为构造器实现标上 required 修饰符：

```
class SomeClass: SomeProtocol {
    required init(someParameter: Int) {
        // 这里是构造器的实现部分
    }
}
```

使用 required 修饰符可以确保所有子类也必须提供此构造器实现，从而也能遵循协议。

如果一个子类重写了父类的指定构造器，并且该构造器满足了某个协议的要求，那么该构造器的实现需要同时标注 required 和 override 修饰符：

```
protocol SomeProtocol {
    init()
}
class SomeSuperClass {
    init() {
        // 这里是构造器的实现部分
    }
}
class SomeSubClass: SomeSuperClass, SomeProtocol {
    // 因为遵循协议，需要加上 required
    // 因为继承自父类，需要加上 override
    required override init() {
        // 这里是构造器的实现部分
    }
}
```

留意一下，如果类已经被标记为 final，那么不需要在协议构造器的实现中使用 required 修饰符，因为 final 类不能有子类。

遵循协议的类型还可以通过可失败构造器（init?）或非可失败构造器（init）来满足协议中定义的可失败构造器要求。协议中定义的非可失败构造器要求可以通过非可失败构造器（init）或隐式解包可失败构造器（init!）来满足。

协议作为类型

尽管协议本身并未实现任何功能，但是协议可以被当做一个功能完备的类型来使用。协议作为类型使用，有时被称作"存在类型"，这个名词来自"存在着一个类型 T，该类型遵循协议 T"。

协议可以像其他普通类型一样使用，使用场景如下：

- 作为函数、方法或构造器中的参数类型或返回值类型。
- 作为常量、变量或属性的类型。

- 作为数组、字典或其他容器中的元素类型。

委托（代理）

委托是一种设计模式，它允许类或结构体将一些需要它们负责的功能委托给其他类型的实例。委托模式的实现很简单：定义协议来封装那些需要被委托的功能，这样就能确保遵循协议的类型能提供这些功能。委托模式可以用来响应特定的动作，或者接收外部数据源提供的数据，而无须关心外部数据源的类型。

下面的例子定义了老板助理买票的协议：

```
protocol BuyTicket {
    func buy(trip : String) -> String
}
```

该协议的 buy 实例方法要求输入一个字符串（行程）以及返回一个字符串（是否完成买票）。

然后，定义一个遵循协议（能够买票）助理类，并实现实例方法：

```
class Assistant: BuyTicket {
    func buy(trip : String) -> String {
        print("助理给老板的票买好了: "+trip + " ，票价 1800 元 !")
        return "Done!"
    }
}
```

最后，定义老板类，并实例化：

```
class Boss {
    var delegate: BuyTicket       // 定义老板的助理，遵守协议即能买票
    init(man: BuyTicket ) {       // 指定构造器
        delegate = man            // 指定助理，man 为实例
    }
    func buyPiao(trip : String) {     // 老板提出助理买机票的需求
        print(delegate.buy(trip: trip))
    }
}
let 小张 = Assistant()    // 实例化助理小张
let 李总 = Boss(man: 小张 )       // 指定小张为老板的助理
李总 .buyPiao(trip: "深圳 - 北京 ")    // 老板通知小张买深圳 - 北京机票
// 控制台输出: 助理给老板的票买好了:  深圳 - 北京 ，票价 1800 元 !
// 控制台输出: Done!
```

若小张离职，公司重新招聘小王为李总助理，则：

```
let 小王 = Assistant()          // 小张离职，新招聘小王
李总 .delegate = 小王           // 指定小王为李总的新助理
李总 .buyPiao(trip: "深圳 - 西安 ")    // 老板通知机票
// 控制台输出: 助理给老板的票买好了: 深圳 - 西安，票价 1800 元 !
// 控制台输出: Done!
```

协议的继承

协议能够继承一个或多个其他协议，可以在继承协议的基础上增加新的要求。协议的继承

语法与类的继承相似，多个被继承的协议间用逗号分隔：

```
protocol InheritingProtocol: SomeProtocol, AnotherProtocol {
    // 这里是协议的定义部分
}
```

如下所示，PrettyTextRepresentable 协议继承了 TextRepresentable 协议：

```
protocol PrettyTextRepresentable: TextRepresentable {
    var prettyTextualDescription: String { get }
}
```

例子中定义了一个新的协议 PrettyTextRepresentable，它继承自 TextRepresentable 协议。任何遵循 PrettyTextRepresentable 协议的类型在满足该协议的要求时，也必须满足 TextRepresentable 协议的要求。在这个例子中，PrettyTextRepresentable 协议额外要求遵循协议的类型提供一个返回值为 String 类型的 prettyTextualDescription 属性。

6.3.4　闭包

在 6.2.2 小节，音效播放方法 AudioServicesCreateSystemSoundID 的最后一个参数是一个可选闭包。在 5.3.1 小节中的 UIView 基础动画方法 animate 的第 4 个参数是一个 @escaping 修饰的逃逸闭包，第 5 个参数是一个可选闭包。

扫一扫

闭包

📘 闭包定义

闭包是自包含的函数代码块，可以在代码中被传递和使用。闭包可以捕获和存储其所在上下文中任意常量和变量的引用。被称为包裹常量和变量。

实际上，全局和嵌套函数也是特殊的闭包，闭包采用如下三种形式之一：

- 全局函数是一个有名字但不会捕获任何值的闭包。
- 嵌套函数是一个有名字并可以捕获其封闭函数域内值的闭包。
- 闭包表达式是一个利用轻量级语法所写的可以捕获其上下文中变量或常量值的匿名函数。

Swift 的闭包表达式拥有简洁的风格，并鼓励在常见场景中进行语法优化，主要优化如下：

- 利用上下文推断参数和返回值类型。
- 隐式返回单表达式闭包，即单表达式闭包可以省略 return 关键字。
- 参数名称缩写。
- 尾随闭包语法。

📘 闭包举例

闭包表达式是一种构建内联闭包的方式，它的语法简洁。在保证不丢失语法清晰明了的同时，闭包表达式提供了几种优化的语法简写形式。下面通过对 sorted(by:) 这一个案例的多次迭代改进来展示这个过程，每次迭代都使用了更加简明的方式描述了相同功能。

Swift 标准库提供了名为 sorted(by:) 的排序方法，它会基于提供的排序闭包表达式的判断结果对数组中的值（类型确定）进行排序。一旦完成排序，sorted(by:) 方法会返回一个与原数组类型大小相同的新数组，该数组的元素有着正确的排序顺序。原数组不会被 sorted(by:) 方法修改。

下面的闭包表达式示例使用 sorted(by:) 方法对一个 String 类型的数组进行字母逆序排序。以下是初始数组：

```
let names = ["Chris", "Alex", "Ewa", "Barry", "Daniella"]
```

sorted(by:) 方法接收一个闭包，该闭包函数需要传入与数组元素类型相同的两个值，并返回一个布尔类型值来表明当排序结束后传入的第一个参数排在第二个参数前面还是后面。如果第一个参数值出现在第二个参数值前面，排序闭包函数需要返回 true，反之返回 false。

该例子对一个 String 类型的数组进行排序，因此排序闭包函数类型需为 (String, String) -> Bool。

提供排序闭包函数的一种方式是撰写一个符合其类型要求的普通函数，并将其作为 sorted(by:) 方法的参数传入：

```
func backward(_ s1: String, _ s2: String) -> Bool {
    return s1 > s2
}
var reversedNames = names.sorted(by: backward)
// reversedNames 为 ["Ewa", "Daniella", "Chris", "Barry", "Alex"]
```

如果第一个字符串（s1）大于第二个字符串（s2），backward(_:_:) 函数会返回 true，表示在新的数组中 s1 应该出现在 s2 前。对于字符串中的字符来说，"大于"表示"按照字母顺序较晚出现"。这意味着字母 "B" 大于字母 "A"，字符串 "Tom" 大于字符串 "Tim"（参见 ASCII 码表）。该闭包将进行字母逆序排序，"Barry" 将会排在 "Alex" 之前。

闭包的写法：闭包表达式语法

然而，以上述方式来编写一个实际上很简单的表达式（a > b），确实太过烦琐了。对于这个例子来说，利用闭包表达式语法可以更好地构造一个内联排序闭包。

闭包表达式语法有如下的一般形式：

```
{ (parameters) -> return type in
    statements
}
```

闭包表达式参数可以是 in-out 参数，但不能设定默认值。如果命名了可变参数，也可以使用此可变参数。元组也可以作为参数和返回值。

下面的例子展示了之前 backward(_:_:) 函数对应的闭包表达式版本的代码：

```
reversedNames = names.sorted(by: { (s1: String, s2: String) -> Bool in
    return s1 > s2
})
```

需要注意的是，内联闭包参数和返回值类型声明与 backward(_:_:) 函数类型声明相同。在这两种方式中，都写成了 (s1: String, s2: String) -> Bool。然而在内联闭包表达式中，函数和返回值类型都写在大括号 {} 内，而不是大括号 {} 外。闭包的函数体部分由关键字 in 引入。该关键字表示闭包的参数和返回值类型定义已经完成，闭包函数体即将开始。

由于这个闭包的函数体部分如此短，以至于可以将其改写成一行代码：

```
reversedNames = names.sorted(by: { (s1: String, s2: String) -> Bool in
return s1 > s2 } )
```

该例中 sorted(by:) 方法的整体调用保持不变，一对圆括号仍然包裹住了方法的整个参数。然而，参数现在变成了内联闭包。

🦅🦅闭包根据上下文推断类型

因为排序闭包函数是作为 sorted(by:) 方法的参数传入的，Swift 可以推断其参数和返回值的类型。sorted(by:) 方法被一个字符串数组调用，因此其参数必须是 (String, String) -> Bool 类型的函数。这意味着 (String, String) 和 Bool 类型并不需要作为闭包表达式定义的一部分。因为所有的类型都可以被正确推断，返回箭头（->）和围绕在参数周围的括号也可以被省略：

```
reversedNames = names.sorted(by: { s1, s2 in return s1 > s2 } )
```

实际上，通过内联闭包表达式构造的闭包作为参数传递给函数或方法时，总是能够推断出闭包的参数和返回值类型。这意味着闭包作为函数或者方法的参数时，几乎不需要利用完整格式构造内联闭包。

尽管如此，仍然可以明确写出有着完整格式的闭包。如果完整格式的闭包能够提高代码的可读性，则鼓励采用完整格式的闭包。而在 sorted(by:) 方法这个例子里，显然闭包的目的就是排序。由于这个闭包是为了处理字符串数组的排序，因此能够推测出这个闭包是用于字符串处理的。

🦅🦅单行表达式闭包的隐式返回

单行表达式闭包可以通过省略 return 关键字来隐式返回单行表达式的结果，如上面的例子可以改写为：

```
reversedNames = names.sorted(by: { s1, s2 in s1 > s2 } )
```

在这个例子中，sorted(by:) 方法的参数类型明确了闭包必须返回一个 Bool 类型值。因为闭包函数体只包含了一个单一表达式（s1 > s2），该表达式返回 Bool 类型值，因此这里没有歧义，return 关键字可以省略。

🦅🦅闭包的参数名称缩写

Swift 自动为内联闭包提供了参数名称缩写功能，以直接通过 $0、$1、$2 等参数写法来顺序调用闭包的参数，以此类推。

如果在闭包表达式中使用参数名称缩写，可以在闭包定义中省略参数列表，并且对应参数名称缩写的类型会通过函数类型进行推断。in 关键字也同样可以被省略，因为此时闭包表达式完全由闭包函数体构成：

```
reversedNames = names.sorted(by: { $0 > $1 } )
```

在这个例子中，$0 和 $1 表示闭包中第一个和第二个 String 类型的参数。

闭包的运算符方法

实际上还有一种更简短的方式来编写上面例子中的闭包表达式。Swift 的 String 类型定义了关于大于号（>）的字符串实现，其作为一个函数接收两个 String 类型的参数并返回 Bool 类型的值。而这正好与 sorted(by:) 方法的参数需要的函数类型相符合。因此，可以简单地传递一个大于号（>），Swift 可以自动推断找到系统自带的那个字符串函数的实现：

```
reversedNames = names.sorted(by: >)
```

闭包命名

闭包是匿名函数，留意闭包最外一对 "{}" 和 "in"。若将闭包的左大括号"{"改为 func，然后加个标识符 myFunc，再把 in 改成左大括号"{"，就是一个函数了。

```
func  myFunc(s1: String, s2: String) -> Bool {
    return s1 > s2
}
```

下面声明一个无参数的闭包，并赋值给常量 myBlock，并调用执行：

```
let myBlock = {
    print("Hello, My Block!")
}
myBlock()
// 控制台输出 ,Hello, My Block!
```

留意一下，无参数闭包运行要加()。

下面声明一个带两个参数的闭包，同时带一个返回值，并赋值给常量 multiply，并调用执行：

```
let multiply = {(x:Int,y:Int) -> Int in
    print (x*y)
    return x*y
}
let result = multiply(2,2)
func calc(block: (Int,Int) -> Int) {
    print(block(5,5))
}
calc(block: multiply)
// 控制台输出如下:
// 25
// 25
```

有参数闭包类似函数调用，但不用写参数名，直接写参数值，相当于还有一个外部参数名"_"。

若在调用时候临时写闭包：

```
calc(block: {(x:Int,y:Int) -> Int in
    print(x+y)
    return x+y
})
// 控制台输出如下:
```

```
// 10
// 10
```

📎 尾随闭包

如果需要将一个很长的闭包表达式作为最后一个参数传递给函数，将这个闭包替换成为尾随闭包的形式很有用。尾随闭包是一个书写在函数圆括号之后的闭包表达式，函数支持将其作为最后一个参数调用。在使用尾随闭包时，不用写出它的参数标签：

```
func someFunctionThatTakesAClosure(closure: () -> Void) {
    // 函数体部分
}
// 以下是不使用尾随闭包进行函数调用
someFunctionThatTakesAClosure(closure: {
    // 闭包主体部分
})
// 以下是使用尾随闭包进行函数调用
someFunctionThatTakesAClosure() {
    // 闭包主体部分
}
```

上面的字符串排序闭包可以作为尾随包的形式改写在 sorted(by:) 方法圆括号的外面：

```
reversedNames = names.sorted() { $0 > $1 }
```

如果闭包表达式是函数或方法的唯一参数，则当使用尾随闭包时，甚至可以把小括号 () 也省略掉：

```
reversedNames = names.sorted { $0 > $1 }
```

当闭包非常长以至于不能在一行中进行书写时，尾随闭包变得非常有用，让代码书写和阅读都非常舒适。

📎 值捕获

闭包可以在其被定义的上下文中捕获常量或变量。即使定义这些常量和变量的原作用域已经不存在，闭包仍然可以在闭包函数体内引用和修改这些值。

Swift 中，可以捕获值的闭包的最简单形式是嵌套函数，也就是定义在其他函数的函数体内的函数。嵌套函数可以捕获其外部函数所有的参数以及定义的常量和变量。

举个例子，这有一个叫做 makeIncrementer() 的函数，其包含了一个叫做 incrementer() 的嵌套函数：

```
func makeIncrementer(forIncrement amount: Int) -> () -> Int {
    var runningTotal = 0
    func incrementer() -> Int {
        runningTotal += amount
        return runningTotal
    }
    return incrementer
}
```

嵌套函数 incrementer() 从上下文中捕获了两个值：runningTotal 和 amount（非隶属自身函数）。捕获这些值之后，makeIncrementer() 将 incrementer() 作为闭包返回（保持引用，没有被释放）。每次调用 incrementer() 时，其会以 amount 作为增量增加 runningTotal 的值。

makeIncrementer 返回类型为 () -> Int。这意味着其返回的是一个函数，而非一个简单类型的值。该函数在每次调用时不接收参数，只返回一个 Int 类型的值。makeIncrementer(forIncrement:) 函数定义了一个初始值为 0 的整型变量 runningTotal，用来存储当前总计数值。该值为 incrementer 的返回值。

makeIncrementer(forIncrement:) 有一个 Int 类型的参数，其外部参数名为 forIncrement，内部参数名为 amount，该参数表示每次 incrementer() 被调用时 runningTotal 将要增加的量。makeIncrementer() 函数还定义了一个嵌套函数 incrementer()，用来执行实际的增加操作。该函数简单地使 runningTotal 增加 amount，并将其返回。

如果单独考虑嵌套函数 incrementer()，会发现它有些不同寻常：

```
func incrementer() -> Int {
    runningTotal += amount
    return runningTotal
}
```

incrementer() 函数并没有任何参数，但是在函数体内访问了 runningTotal 和 amount 变量。这是因为它从外围函数捕获了 runningTotal 和 amount 变量的引用。捕获引用保证了 runningTotal 和 amount 变量在调用完 makeIncrementer() 后不会消失，并且保证了在下一次执行 incrementer() 函数时，runningTotal 依旧存在。

下面是一个使用 makeIncrementer() 的例子：

```
let incrementByTen = makeIncrementer(forIncrement: 10)
```

该例子定义了一个叫做 incrementByTen 的常量，该常量指向一个每次调用会将其 runningTotal 变量增加 10 的 incrementer() 函数。调用这个函数多次可以得到以下结果：

```
incrementByTen()
// 返回的值为 10
incrementByTen()
// 返回的值为 20
incrementByTen()
// 返回的值为 30
```

如果再创建另一个 incrementer，它会有属于自己的引用，指向一个全新、独立的 runningTotal 变量：

```
let incrementBySeven = makeIncrementer(forIncrement: 7)
incrementBySeven()
// 返回的值为 7
```

再次调用原来的 incrementByTen 会继续增加它自己的 runningTotal 变量，该变量和

incrementBySeven 中捕获的变量没有任何联系：

```
incrementByTen()
// 返回的值为 40
```

🦅 闭包是引用类型

上面的例子中，incrementBySeven 和 incrementByTen 都是常量，但是这些常量指向的闭包仍然可以增加其捕获的变量的值。这是因为函数和闭包都是引用类型。

无论将函数或闭包赋值给一个常量还是变量，实际上都是将常量或变量的值设置为对应函数或闭包的引用。上面的例子中，指向闭包的引用 incrementByTen 是一个常量，而并非闭包内容本身。

这也意味着如果将闭包赋值给了两个不同的常量或变量，两个值都会指向同一个闭包：

```
let alsoIncrementByTen = incrementByTen
alsoIncrementByTen()
// 返回的值为 50
```

🦅 逃逸闭包

当一个闭包作为参数传到一个函数中，但是这个闭包在函数返回之后才被执行，就称该闭包从函数中逃逸。当定义接收闭包作为参数的函数时，可以在参数名之前标注 @escaping，用来指明这个闭包是允许 " 逃逸 " 出这个函数的。

一种能使闭包 " 逃逸 " 出函数的方法是，将这个闭包保存在一个函数外部定义的变量中。很多启动异步操作的函数接收一个闭包参数作为某个操作目标完成后的处理。这类函数会在异步操作开始之后立刻返回，但是闭包直到异步操作结束后才会被调用。在这种情况下，闭包需要 " 逃逸 " 出函数，因为闭包需要在函数返回之后被调用。

例如：当网络请求结束后调用闭包。发起请求后过了一段时间后这个闭包才执行，并不一定是在函数作用域内执行的。

新建 Xcode 的 App 项目，项目名称可为 snippet，修改 ViewController.swift 文件代码如下：

```
1   import UIKit
2
3   class ViewController: UIViewController {
4
5       override func viewDidLoad() {
6           super.viewDidLoad()
7           // 创建一个按钮
8           let startBtn = UIButton(type: UIButton.ButtonType.system)
9           startBtn.frame = CGRect(x: 164 , y: 100, width: 100, height: 35)
10          startBtn.backgroundColor = UIColor.init(red: 255/255.0, green:
                99/255.0, blue: 71/255.0, alpha: 1.0)
11          startBtn.layer.cornerRadius = 5
12          startBtn.titleLabel!.font = UIFont.systemFont(ofSize: 20 .0,
                weight: .bold)
```

```
13          startBtn.setTitleColor(UIColor.white, for: .normal)
14          startBtn.tag = 101
15          self.view.addSubview(startBtn)
16          // 调用带逃逸闭包的函数
17          someFunctionWithEscapingClosure(block: {
18              print("闭包内部")
19          })
20          // 调用带非逃逸闭包的函数
21          someFunctionWithNonescapingClosure(block: {
22              print("Nonescaping-闭包内部")
23          })
24      }
25
26      // 带逃逸闭包的函数
27      func someFunctionWithEscapingClosure(block:@escaping () -> Void) {
28          print("进入函数")
29          // 获得全局队列，尾随闭包形式
30          DispatchQueue.global().async {
31              // 获得主线程队列，用于修改界面并调用闭包
32              DispatchQueue.main.asyncAfter(deadline: DispatchTime.now() +
2.0, execute: {
33                  (self.view.viewWithTag(101) as! UIButton).setTitle("Click",
for: .normal)
34                  print("执行闭包")
35                  block()
36              })
37          }
38          print("结束函数")
39      }
40
41      // 带非逃逸闭包的函数
42      func someFunctionWithNonescapingClosure(block: () -> Void) {
43          print("Nonescaping-进入函数")
44          print("Nonescaping-执行闭包")
45          block()
46          print("Nonescaping-结束函数")
47      }
48
49  }
```

在上述代码中：

第 8 ~ 15 行创建一个按钮，红色背景，无文字。

第 17 ~ 19 行调用带逃逸闭包的函数，这里采用尾随闭包的形式会更简洁。

第 21 ~ 23 行调用带非逃逸闭包的函数，同样可以采用尾随闭包的形式。

第 30 行获得全局队列，并调用 global 对象的 async 方法，参数为一个闭包。

第 32 行获得主线程队列，用于修改界面并调用逃逸闭包，延迟 2 秒执行 execute 参数的闭包。

第 33 行设置主界面上按钮文字为 "Click"。

第 43 ~ 46 行是非逃逸闭包的调用。

项目运行后如图 6-17 和图 6-18 所示，控制台输出信息如图 6-19 所示。项目运行后，显示的界面如图 6-17 所示，控制台输出前 6 行。2 秒后，界面如图 6-18 所示，同时控制台输出最后 2 行。由此可见，可逃逸闭包在 someFunctionWithEscapingClosure(block:) 函数返回后才被调用。

图 6-17　项目启动页面　　　　　　　　　　6-18　项目运行 2 秒后显示页面

图 6-19　项目运行控制台输出信息

逃逸闭包的生命周期为：

（1）闭包作为参数传递给函数。

（2）返回函数，函数周期结束。

（3）闭包被调用，闭包生命周期结束。

即逃逸闭包的生命周期大于隶属函数，函数退出时，逃逸闭包的引用仍被其他对象持有，不会在函数结束时释放。

非逃逸闭包的生命周期为：

（1）闭包作为参数传给函数。

（2）函数中运行闭包。

（3）返回函数。

即非逃逸闭包被限制在隶属函数内。

事实上，区分逃逸闭包和非逃逸闭包主要为了管理内存。将一个闭包标记为 @escaping 意味着必须在闭包中显式地引用 self。闭包会强引用它捕获的所有对象，比如在闭包中访问了当前控制器的属性和函数等，这样闭包会持有当前对象，容易导致循环引用。

非逃逸闭包不会产生循环引用，它会在函数作用域内释放，编译器可以保证在函数结束时闭包会释放它捕获的所有对象。使用非逃逸闭包的另一个好处是编译器可以应用更多强有力的性能优化，例如，当明确了一个闭包的生命周期时，就可以省去一些保留 (retain) 和释放 (release) 的调用。此外，非逃逸闭包的上下文的内存可以保存在栈上而不是堆上。

综上所述，如果没有特别需要，开发中使用非逃逸闭包是有利于内存优化的，默认为非逃逸闭包，特殊情况使用逃逸闭包必须事先用 @escaping 声明。

思考题

1. iOS 常见的音乐播放方式有哪些？
2. AVAudioPlayer 音乐播放类有什么特点？
3. Swift 语言的协议有什么作用？
4. 协议与代理的关系是什么？
5. 闭包与函数有什么区别和联系？